Handbuch Fab Labs

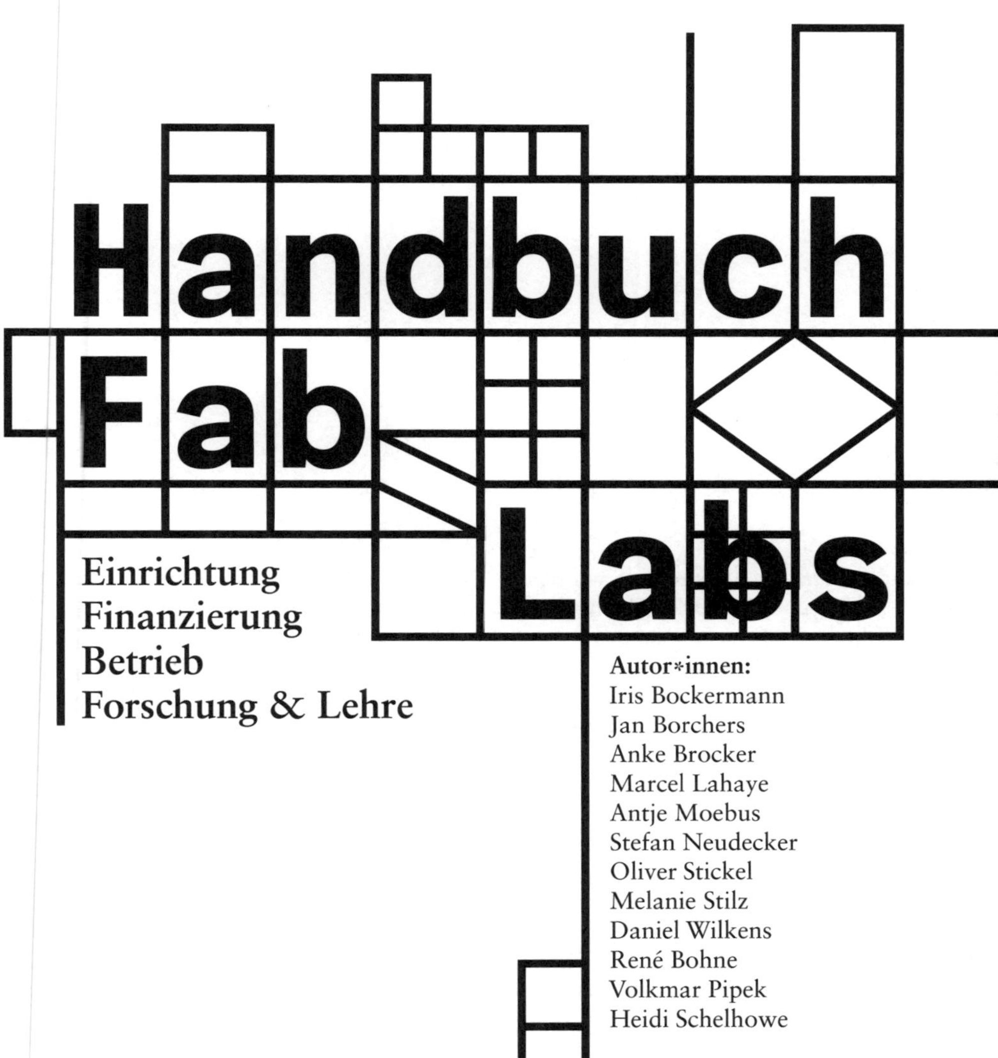

Einrichtung
Finanzierung
Betrieb
Forschung & Lehre

Autor*innen:
Iris Bockermann
Jan Borchers
Anke Brocker
Marcel Lahaye
Antje Moebus
Stefan Neudecker
Oliver Stickel
Melanie Stilz
Daniel Wilkens
René Bohne
Volkmar Pipek
Heidi Schelhowe

Impressum

Die Informationen in diesem Buch wurden mit größter Sorgfalt erarbeitet. Dennoch können Fehler nicht vollständig ausgeschlossen werden. Verlag, Autoren und Übersetzer übernehmen keine juristische Verantwortung oder irgendeine Haftung für eventuell verbliebene Fehler und deren Folgen.

Alle Warennamen werden ohne Gewährleistung der freien Verwendbarkeit benutzt und sind möglicherweise eingetragene Warenzeichen. Der Verlag richtet sich im Wesentlichen nach den Schreibweisen der Hersteller.

Kommentare und Fragen können Sie gerne an uns richten:
Bombini Verlags GmbH
Kaiserstraße 235, 53113 Bonn
E-Mail: service@bombini-verlag.de

Bibliografische Information der Deutschen Nationalbibliothek:
Die Deutsche Nationalbibliothek verzeichnet diese Publikation in der Deutschen Nationalbibliografie; detaillierte bibliografische Daten sind im Internet über `http://dnb.d-nb.de` abrufbar.

Lektorat & Korrektorat:
Lektorat Tuttelberg, Gladbach

Satz, Buch- & Umschlaggestaltung:
Alexander Bönninger, Leipzig
www.alexanderboenninger.de

Druck: mediaprint solutions, Paderborn
www.mediaprint.de

Schriften: Sabon LT Std / Generische Mono

Papier: Munken Lynx Rough, 100g/m²
zartweiß

GEFÖRDERT VOM

Bundesministerium
für Bildung
und Forschung

Vorwort

Ranga Yogeshwar, Mai 2021

Kritische Masse der Kreativität

In der Nuklearphysik entstand im vergangenen Jahrhundert der Begriff der »kritischen Masse«. Darunter versteht man die notwendige Masse an spaltbarem Material (zum Beispiel des Uran-Isotops 235U), um eine selbständig laufende Kettenreaktion in Gang zu bringen. Die kritische Masse ist entscheidend beim Bau von Atombomben und Kernreaktoren. Doch das grundlegende Konzept greift tiefer, denn offenbar benötigen viele Prozesse ein gewisses Minimum, um überhaupt ablaufen zu können: Die kritische Zahl einer Tierpopulation entscheidet etwa, ob eine seltene Art vom Aussterben bedroht ist, oder die Zahl der Gäste bei einer Tanzfeier kann ausschlaggebend sein, ob die richtige Stimmung aufkommt. Es gibt offenbar immer eine Art Schwelle, um eine dynamische Kaskade auszulösen, ein kritisches Minimum, um den versteckten Motor anzuwerfen. Religionen und Pandemien funktionieren in diesem Punkt nach verblüffend ähnlichen Gesetzmäßigkeiten – in dem einen Fall spricht man vom »Missionieren« und im anderen Kontext blickt man mit Sorge auf die Reproduktionszahl. Auch in der Malerei scheint es ähnlich abzulaufen, denn oft entstanden erst in der Wechselwirkung von Künstlern untereinander neue großartige Werke und Kunstrichtungen.

In meinem Verständnis schaffen Fab Labs ebenfalls eine kritische Masse an Kreativität: Neben dem festgelegten Set an Werkzeugen und Maschinen setzen diese Einrichtungen vor allem auf Austausch und Gemeinsamkeit und sind ein fulminanter Nährboden für neue Projekte. Was mich dabei besonders fasziniert, ist ihre Offenheit: Hier treffen sich Ingenieure, Designer, Künstler, Programmierer und Handwerker und jeder lernt vom anderen. Dieser interdisziplinäre Mix ist ein Katalysator für gestalterische Freiheit und so entsteht Neues.

Ein Beispiel: Nach der Reaktorkatastrophe von Fukushima stand ich im Kontakt mit einer Fab-Lab-Gruppe aus Tokio. Das Lab befand sich im bewegten Stadtviertel Shibuya und war ein Treffpunkt für junge Leute. Im Café gab es den besten Kuchen Tokios, während direkt daneben Lasercutter neue Designs abfuhren und Studenten an ihren Laptops ihre Apps programmierten. Damals gab es in Japan ein breites Misstrauen gegenüber den staatlichen Radioaktivitätsmessungen und so entstand in diesem Fab Lab die Idee eines autonomen Messnetzwerks und dank Fab Lab wurde diese Idee auch umgesetzt. In nur wenigen Wochen entstand in Eigenentwicklung ein digitaler Geigerzähler auf der Basis eines selbstprogrammierten Mikrocontollers. Die »Safecast-Gruppe« designte einen Selbstbau-Kit, wobei das Gerät die jeweilige Position per GPS erfasste. Ich selbst baute meinen eigenen Kit zusammen und konnte dank meiner Kontakte zum Forschungszentrum Jülich die Zuverlässigkeit des Geräts im Institut für Strahlenschutz überprüfen. Das Projekt nahm Fahrt auf und mündete in ein weltweites Citizen-Science-Netzwerk: Jeder konnte seine erfassten Messdaten auf das offene Safecast-Portal im Internet hochladen und binnen Wochen entstand somit eine der detailliertesten öffentlich zugänglichen Fallout-Karten der Welt. Fünf Jahre später waren insgesamt über 50 Millionen Messungen in der Datenbank dokumentiert. Das ist nur ein Beispiel für das Potenzial von Fab Labs und ich kann nur hoffen, dass das vorliegende Handbuch eine Inspiration für viele neue Projekte wird. In diesem Fall wünsche ich mir eine kreative Kettenreaktion!

fab101.de/safecast

Cheers
Ranga Yogeshwar

Inhaltsverzeichnis

Vorwort — 003

1 Worum geht's? — 012

1.1 Die Definition von Fab Labs — 016

1.2 Die Herkunft von Fab Labs — 016

1.3 Die Inhalte dieses Buchs — 017

2 Fab Labs & Co. — 022

2.1 Fab Lab oder nicht? — 026

2.2 Fab Labs an Hochschulen — 029

2.3 Das Fab Lab als Verein — 031

2.4 Das Fab Lab als öffentliche Einrichtung — 033

2.5 Fab Labs an Schulen — 034

2.6 Das Fab Lab als Unternehmen — 034

2.7 Fab Labs in Unternehmen — 035

Interview mit Mitch Altman — 036

3 Was braucht's? — 040

3.1 Der Standort — 044

3 2 Die Räumlichkeiten — 044

3.3 Das Inventar — 046

3.3.1 Die Big 5 des Fab Labs — 047

3.3.1.3 Der Folienschneider — 058

3.3.1.4 Die große CNC-Fräse — 059

3.3.2 Das Inventar für die handwerkliche Bearbeitung von Holz, Metall und Kunststoff — 062

3.3.3 Das Inventar für Elektronikarbeiten — 065

3.3.4 Das Inventar für die Platinenherstellung — 066

3.3.5 Das Inventar für den Formenbau und Guss — 067

3.3.6 Das Inventar für Textilarbeiten — 070

3.3.7 Das Inventar für den Siebdruck — 071

3.3.8 Das Inventar für Dokumentationsaufgaben — 072

3.3.9 Das Inventar für die Erfüllung von Sicherheitsanforderungen — 072

3.3.10 Büromaterialien — 072

3.3.11 Reinigungsutensilien — 072

3.3.12 Literatur — 073

3.4 Das Mobiliar — 073

3.4.1 Das Büromobiliar — 073

3.4.2 Das Werkstattmobiliar — 074

3.4.3 Das Lagermobiliar — 074

3.4.4 Das Küchenmobiliar — 075

3.4.5 Das Wohnmobiliar — 075

3.4.6 Sonstiges Mobiliar — 075

3.5 Die Infrastruktur für die Lagerung — 075

3.5.1 Die Lagerung von Werkzeugen und Maschinen, die keinen festen Platz haben — 076

3.5.2 Die Lagerung von Bauteilen und Verbrauchsmaterialien — 076

3.5.3 Die Lagerung laufender Projekte — 077

3.5.4 Die Lagerung von Elektroschrott — 077

3.5.5 Die Lagerung von Gefahrstoffen — 078

3.6 Die IT-Infrastruktur — 079

3.6.2 Die Software — 081

3.7 Ausleihsysteme — 082

3.8 Betriebsanleitungen an Maschinen und im Raum — 082

3.9 Zugangskontrollsysteme — 083

Interview mit Hannah Perner-Wilson — 084

4 Wer macht's? — 086

4.1 Die Anforderungen und Probleme — 090

4.2 Die Aufgabengebiete — 090

4.2.2 Welcome Management — 091

4.2.3 Innen-/Außenkommunikation — 091

4.2.4 Instagram-Pflege/Social Media — 092

4.2.5 Gestaltung der Inneneinrichtung — 092

4.2.6 Ordnung — 092

4.2.7 Finanzen/Public Relations — 092

4.2.8 Lab-Management/operative Leitung — 093

4.2.9 Beschaffung — 093

4.2.10 Lehre — 093

4.2.11 Forschung — 093

4.3 Die Stellenstruktur — 094

4.4 Die Rekrutierung — 095

4.4.2 Maker*innen-Treffen, Plattformen lokaler Communitys, Handwerker*innenmärkte, Start-up- und Gründerevents — 095

4.4.3 Globale Konferenzen, Communitys, »Maker Faire®«-Veranstaltungen etc. — 096

4.4.4 Schulen — 096

4.4.5 »Fab Academy«, »Bio Academy« und »Textile Academy« — 096

4.4.6 Selbst Ausbilden, Langzeitmentoring und andere Rekrutierungspfade — 097

4.5 Die Community-Struktur: Es geht nur gemeinsam! — 097

4.6 Die essentiellen Rollen für eine Minimalbesetzung — 098

Interview mit René Bohne — 099

5 Was kostet's? — 104

5.1 Die Ersteinrichtung – was brauche ich für den Einstieg? — 108

5.2 Die laufenden Kosten und die Wartung — 111

5.3 Vom Underdog bis zum Kronjuwel — 114

6 Safety first! — 118

6.1 Die Grundlagen — 122

6.2 Personen, Rechte und Pflichten — 123

6.3 Wichtige Dokumentationen — 124

6.4 Sicherheitseinweisung für (fast) alle — 126

6.5 Aufsicht, Übersicht und Nutzungsmanagement — 128

6.6 Der Zugang — 129

6.7 Versicherung und Haftung — 130

7 Wie sag ich's meiner Uni? — 132

7.1 Der Nutzen für eine Hochschule — 136

7.2 Die Einbettung in der Hochschule — 136

7.3 Das Vorgehen bei der Kommunikation — 136

7.4 Die Top-Ten-Argumente für ein Fab Lab — 138

Interview mit Peter Troxler — 140

8 Wer schreibt, der bleibt! — 144

8.1 Die Verdeutlichung des Nutzens — 148

8.2 Die Reduzierung des Aufwands hierfür — 149

8.3 Der Umgang mit Fehlern — 151

8.4 Die Dokumentation in Lehrveranstaltungen — 152

9 Learning by Making — 154

9.1 Die Gestaltung der Lernumgebung — 158

9.2 Jenseits der großen Maschinen – der Einstieg in die Arbeit — 159

9.3 Das Making – konkretes Tun und abstrakte Modelle — 161

9.4 Empfehlungen & Hinweise Instant-to-go — 162

Interview mit Isabel Weidlich & Eva Ismer — 164

10 Master of Making — 166

10.1 Stand der Lehrressourcen und Open Educational Resources — 170

10.2 Das »Folkwang FabDiplom« der Folkwang Universität der Künste — 171

10.3 Das »Media Computing Project« an der RWTH Aachen — 174

10.4 Lehre und Bildung an der Universität Siegen — 175

10.5 Die Lehramtsausbildung am Standort Bremen — 176

10.6 Empfehlungen zum curricularen Aufbau und zur Verankerung — 179

10.7 Hinweise und Anregungen zu Lehrformaten — 181

11 Forschen im Fab Lab! — 184

11.1 Forschungsprojekte — 188

11.1.1 Informatikbezogene Forschung am Standort Aachen — 188

11.1.2 Bildungsbezogene Forschung am Standort Bremen — 189

11.1.3 Kollaborationsbezogene Forschung am Standort Siegen — 191

11.2 Qualifizierung – Dissertationen in und über Fab Labs — 192

11.3 Wissenschaftliche Publikationen — 193

Interview mit Garnet Hertz — 197

12 You'll never walk alone! — 200

12.1 Das kleinste Netzwerk: Ihre Fab-Lab-Community — 204

12.2 Die deutschlandweite Community — 205

12.3 Die globale Community — 207

12.3.2 Das Projekt »Fab Foundation Forum« — 207

12.3.3 Das Netzwerk FabLabs.io — 207

12.3.4 Das Netzwerk Global Innovation Gathering (GIG) — 208

13 Geht das auch einfacher? 210

13.1 Die Nutzung von Fab Labs 214

13.2 Der Design-Implement-Analyze-Zyklus 214

13.3 Die Vereinfachung des Designs 215

13.3.1 Der 3D-Scan 215

13.3.2 Das generative Design 216

13.4 Die Vereinfachung der Fabrikation 217

13.5 Die Vereinfachung der Analyse 218

Interview mit Jorge Appiah 220

14 Wir sind's! 222

14.1 Das Fab Lab an der Folkwang Universität der Künste 226

14.2 Das Fab Lab in Aachen 228

14.3 Das Fab Lab in Bremen 230

14.4 Das Fab Lab in Siegen 232

Interview mit Neil Gershenfeld 235

15 (R)evolution! 244

15.1 Fab Labs an Hochschulen: Die 5-Jahres-Perspektive 248

15.2 Die Zukunft der digitalen Fabrikation 250

Abkürzungsverzeichnis 252

Tabellenverzeichnis 253

Literaturverzeichnis 253

Abbildungsverzeichnis 254

Errata-Liste 256

Worum geht's?

Über Fab Labs und dieses Buch

Was ist ein Fab Lab? Wie sieht es aus, wer geht dorthin, was passiert dort, und wem nützt es? Hier finden Sie Antworten auf diese Fragen. Außerdem erhalten Sie einen kompakten Überblick über den Rest dieses Buchs und die nachfolgenden Kapitel. So finden Sie heraus, welche Kapitel für Sie die wichtigsten sind – egal, ob Sie ein Fab Lab besuchen, betreiben, aufbauen, ermöglichen, unterstützen oder darüber berichten wollen.

1.1 Die Definition von Fab Labs

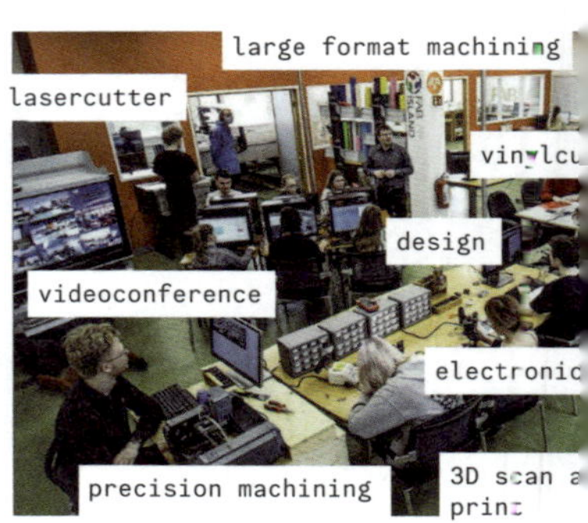

Abb. 1
Ein typisches Fab Lab, hier in Island

Ein Fab Lab – kurz für Fabrication Laboratory – ist eine besondere Werkstatt. Es besteht meistens aus einem typischerweise zwischen 50 und 500 m² großen Raum, in dem Sie an Stationen verschiedene Maschinen und Werkzeuge der digitalen und traditionellen Fertigung benutzen können – vom 3D-Drucker über den Lasercutter bis hin zum Lötkolben. Laute oder Schmutz produzierende Maschinen sind dabei oft in kleine Nebenräume ausgelagert, und es gibt daneben Bereiche für das Arbeiten am Laptop.

Ein Fab Lab ist jedoch viel mehr als nur dieser Raum. Es ist ein Ort, an dem sich Neugierige und Begeisterte, Hacker*innen wie auch Maker*innen, Design- und Kunstschaffende, Forschende und Gründer*innen, Schüler*innen, Studierende sowie Menschen auf Rente treffen, um gemeinsam zu basteln, zu erfinden, zu gestalten und dabei zu lernen.

Und es gibt Wichtiges zu lernen. Denn nach dem Personal Computer (PC) und dem Internet ist die Verfügbarkeit digitaler Fertigung für jeden – die Personal Fabrication – die dritte digitale Revolution. PC und Internet haben unsere Gesellschaft fundamental verändert, denn die Digitalisierung machte es auf einmal möglich, viel schneller, billiger und verlustfrei Daten und Informationen zu verarbeiten, zu speichern und miteinander zu teilen. Mit der Personal Fabrication revolutioniert nun die Digitalisierung die physikalische Welt der Atome um uns herum, denn sie ermöglicht es, das Potenzial der Digitalisierung auf die Fertigung und Manipulation realer Objekte anzuwenden. Diese dritte digitale Revolution wird voraussichtlich die vorausgegangenen noch weit in den Schatten stellen – mehr dazu in Kapitel 15 »(R)evolution! Die Fab-Labs der Zukunft« am Ende dieses Buchs.

Heute ist der Öffentlichkeit spätestens mit dem 3D-Druck-Hype der letzten zehn Jahre klar geworden, dass die digitale Fertigung etwas ist, das kreativen Endusern enorme, neue Möglichkeiten bietet, aber auch unsere Arbeitswelt entscheidend verändern wird – und diese Erkenntnisse vermittelt ein Fab Lab hands-on. Indem Sie dort in wenigen Minuten zum Beispiel selbst gestaltete Schlüsselanhänger für Ihr Handballteam auf einem Lasercutter aus Acryl ausschneiden, erleben Sie die Auswirkungen der digitalen Fertigung unmittelbar.

1.2 Die Herkunft von Fab Labs

Begründer der Fab-Lab-Bewegung ist Neil Gershenfeld, Professor am renommierten Massachusetts Institute of Technology (MIT). Er begann 1998, den Kurs »How to Make Almost Anything« (HTMAA) zu unterrichten, der eigentlich

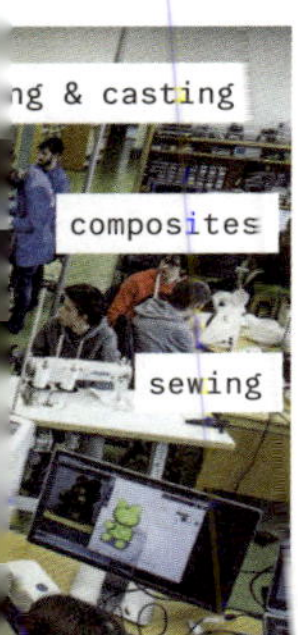

nur einigen Studierenden technischer Fächer die Nutzung digitaler Fertigungsmaschinen für ihre Forschungsprojekte vermitteln sollte, der aber von Studierenden verschiedenster Fachrichtungen – von Technik über Design bis Kunst – überrannt wurde, um mit diesen Fertigkeiten persönliche Projekte umzusetzen. Der Kurs vermittelt, wie mit computergesteuerten Fräsen, 3D-Druckern, Lasercuttern etc. die äußere Form eines Projekts geschaffen werden kann, aber auch, wie insbesondere mit Hilfe einfacher eingebetteter Elektronik und Microcontroller-Programmierung die Funktion und Interaktivität eines Projekts implementiert, zum Leben erweckt und interaktiv gemacht werden kann.

Es lag nahe, diese Fähigkeiten auch der breiteren Öffentlichkeit zu vermitteln. So entstand 2002 in einem Dorf in Indien das erste Fab Lab, das einfachere Varianten des MIT-Maschinenparks in einer kleinen Werkstatt zusammenbrachte. Der Erfolg war überwältigend. Inzwischen gibt es rund 2000 Fab Labs auf der Welt, und ihre Anzahl verdoppelt sich rund alle zwei Jahre – exakt gemäß der Kurve des Moore'schen Gesetzes, das die exponentielle Entwicklung der Computertechnik über fünfzig Jahre hinweg vorhersagte.

In Deutschland eröffnete einer der Autoren, Jan Borchers, 2009 an seinem Lehrstuhl an der Rheinisch-Westfälischen Technischen Hochschule (RWTH) Aachen das erste und lange Zeit einzige Fab Lab Deutschlands. 2014 gab es in Deutschland rund ein Dutzend Fab Labs, 2019 bereits rund 60.

1.3 Die Inhalte dieses Buchs

Dieses Buch ist für Sie besonders interessant, wenn Sie ein Fab Lab gründen möchten. Aber auch wenn Sie bereits eines etabliert haben oder sich einem anschließen möchten, finden Sie hier wertvolle Tipps. Die Autor*innen leiten allesamt Fab Labs an Universitäten, und deshalb sind einige unserer Kapitel für diesen Anwendungsfall besonders nützlich. Die meisten Hinweise gelten jedoch unabhängig davon, wo und wie Sie Ihr Fab Lab betreiben.

Fab Labs sind keine gewöhnlichen Werkstätten. Sie unterscheiden sich in wichtigen Details von ihren engen Artverwandten, den Makerspaces, Hackerspaces, Repair-Cafés, Coworking-Spaces und Lehrwerkstätten. Wenn Sie eine Werkstatt ein Fab Lab nennen, gibt es an Ihr Labor bestimmte Erwartungen. Welche das sind, erfahren Sie in Kapitel 2 »Fab Labs & Co. Ausrichtung und Organisationsformen«. Hier finden Sie auch eine Übersicht, wie und wo Fab Labs üblicherweise eingerichtet werden: von der Ansiedlung an Schulen und Hochschulen oder in Unternehmen bis zur Gründung als eigenständiges Unternehmen oder als Verein.

Als Nächstes wird es handfest: Was braucht ein Fab Lab an Platz und Infrastruktur, welche Maschinen und Werkzeuge sollten mindestens vorhanden sein, und was wird an Mobiliar, Lagerraum, IT-Ausstattung und Verbrauchsmaterial benötigt? Und wie regeln Sie den Zugang zum Fab Lab und erklären Nutzenden die Maschinen für einen sicheren Betrieb? All dies finden Sie in `Kapitel 3 »Was braucht's? Standort, Räumlichkeiten, Inventar«`.

Die kritischste Ressource in Ihrem Fab Lab ist das Personal. Welche Aufgaben fallen an, wie können diese Aufgaben auf Personen sinnvoll verteilt werden, welche Ausbaustufen sind bei mehr oder weniger Budget sinnvoll – und wo finden Sie geeignete Leute? Darum geht es in `Kapitel 4 »Wer macht's? Personal, Aufgaben, Rekrutierung«`.

In `Kapitel 5 »Was kostet's? Budgets und Finanzierung«` dreht sich alles ums Geld. Wir erklären, wie viel die Erstausstattung eines Fab Labs kostet und – viel wichtiger – welche laufenden Kosten für ein erfolgreiches Fab Lab finanziert werden müssen. Fab Labs bieten regelmäßig auch öffentlichen und im Wesentlichen kostenlosen Zugang zu ihren Ressourcen, und das macht sie in den meisten Fällen eher zu einem förderungsfähigen Lernort als zu einem besonders lukrativen Geschäft. Doch es gibt auch wirtschaftlich tragfähige Modelle.

Bevor Sie Ihre Türen öffnen, müssen Sie geregelt haben, wie Sie Ihre Gäste sicher in Ihrem Fab Lab arbeiten lassen, wer wofür haftet und wie Sie sich gegen eventuelle Unfälle versichern. Das ist wenig unterhaltsam, aber wie jede Werkstatt enthält ein Fab Lab phänomenal viele Dinge, mit denen man sich oder andere theoretisch verletzen kann, und das kann gerade für Software-affine Betreibende eine ungewohnte Situation sein. Lesen Sie also auf jeden Fall `Kapitel 6 »Safety first! Sicherheit und Arbeitsschutz«`.

Wenn Sie ein Fab Lab an einer Hochschule einrichten wollen, hilft Ihnen `Kapitel 7 »Wie sag ich's meiner Uni? Argumente für die Hochschule«` weiter: Wir erklären, welchen Nutzen ein Fab Lab einer Hochschule bringen kann, wie Sie die Hochschulleitung von Ihrer Idee überzeugen und wie sich ein Fab Lab sinnvoll in die Strukturen einer Hochschule integrieren kann.

So ganz umsonst ist die Nutzung eines Fab Labs für Besuchende nicht: Sie bezahlen meist, indem sie ihre Projekte und das dabei Gelernte dokumentieren. Eine gute Dokumentation, wie mit welchem Gerät sicher gearbeitet und gute Ergebnisse erzielt werden können, ist für ein Fab Lab unerlässlich, und Projektdokumentationen sind für die Öffentlichkeitsarbeit Gold wert, aber gleichzeitig ist Dokumentation erstaunlich unbeliebt, sowohl bei denen, die sie schreiben, als auch bei denen, die sie lesen sollen. In `Kapitel 8 »Wer schreibt, der bleibt! Dokumentieren und Wissen teilen«` geben wir auf der Basis unserer Erkenntnisse aus insgesamt mehreren Jahrzehnten Fab-Lab-Betrieb Tipps dazu, wie diese Aufgabe in den Griff zu bekommen ist.

Fab Labs sind vor allem Orte des Lernens. Sie unterstützen ein Learning by Making, das – insbesondere an Hochschulen – nicht den gängigen Lernmethoden entspricht. Wie Sie diese neuen Möglichkeiten optimal nutzen und mit unterschiedlichen Veranstaltungs- und Betreuungsformen verschiedene Zielgruppen erreichen können, besprechen wir in Kapitel 9 »Learning by Making. Lehren und Lernen im Fab Lab«.

Wenn Sie ein Fab Lab an einer Hochschule einrichten, bietet es sich an, die Lerninhalte der Personal Digital Fabrication, die Sie dort behandeln können, auch curricular in Studiengängen zu verankern. Hierfür gibt es aber kein Patentrezept, sondern Sie brauchen ein Angebot, das sich an dem Profil Ihrer Hochschule orientiert. Hierzu geben wir aus den Erfahrungen unserer vier Standorte mit unterschiedlichen Hochschulformen heraus Ratschläge in Kapitel 10 »Master of Making. Fab Labs im Hochschulcurriculum«.

Gerade an Hochschulen steht neben der Lehre die Forschung auf der Agenda. Und Fab Labs sind fantastische Orte, um neue Arbeits- und Lernformen zu beobachten, um neue Ansätze für Werkzeuge zum Design von Hard- und Software zu erproben, oder um die Rapid-Prototyping-Möglichkeiten des Fab Labs selbst zu nutzen, um beispielsweise einen Forschungsprototyp für ein Experiment oder eine Studie über die Nutzung zu fertigen. Ob Sie am oder mit dem Fab Lab forschen – oder beides –, hängt wiederum von Ihrem Profil ab. Wir geben in Kapitel 11 »Forschen im Fab Lab! Projekte und Publikationen« dazu Anregungen aus unserer eigenen Arbeit und zeigen mit einigen Beispielen auf, welche Projekte ein Fab Lab ermöglicht.

Ein Fab Lab ohne Unterstützung von außen aufzubauen ist auch mit Hilfe dieses Leitfadens noch eine Herausforderung. Nutzen Sie also die bestehenden Communities und Netzwerke von Fab Labs auf nationaler und internationaler Ebene, die wir in Kapitel 12 »You'll never walk alone! Lokale und internationale Netzwerke« vorstellen.

Die meisten Fertigungsmaschinen werden traditionell von Ingenieur*innen für Ingenieur*innen entwickelt, und ihre Benutzerfreundlichkeit ist meist noch immer katastrophal. Dies bessert sich etwas, wenn moderne Geräte zum Einsatz kommen, die eine Bedienung durch weniger professionell ausgebildete Nutzende bereits bei der Gestaltung im Auge haben. Dennoch bleibt die Usability der Geräte in einem Fab Lab meist eine Herausforderung. Wir erklären in Kapitel 13 »Geht das auch einfacher? Tools für Design und Prototyping«, was hier getan werden kann, und demonstrieren anhand einiger Beispiele, wie neue Software mit besseren Schnittstellen, die oft kostenlos verfügbar ist, die Nutzbarkeit des Maschinenparks verbessern kann.

Sie wollen konkrete Beispiele für Fab Labs? Dann sind Sie in Kapitel 14 »Wir sind's! Vier Fab Labs im Profil« richtig. Hier stellen wir die vier Fab Labs der Autor*innen kurz vor und beschreiben, wie sie die vielen Fragen der vor-

hergehenden Kapitel beantwortet haben, und wie sie funktionieren und arbeiten.
Richtig spannend wird es noch einmal in `Kapitel 15 »(R)evolution! Die Fab Labs der Zukunft«`: Während manche denken, der Hype um 3D-Druck und Fab Labs sei nun vorüber, erklären wir hier, weshalb die digitale Fabrikation noch ganz am Anfang steht und 3D-Druck erst die Spitze des Eisbergs ist. Die nächsten fünfzig Jahre werden – ähnlich wie bei der PC-Revolution – immer weitere Durchbrüche in der digitalen Fabrikation mit sich bringen, die unser Leben noch viel drastischer revolutionieren werden, als Sie es heute vielleicht ahnen. Begleiten Sie uns in die Zukunft und nehmen Sie nebenher ein paar handfeste Argumente dafür mit, weshalb Ihr Fab Lab gerade jetzt dringend gefördert werden muss.

Viel Spaß! Und nicht vergessen:
Machen ist wie Wollen, nur krasser.

2

Fab Labs & Co.

Ausrichtung und Organisationsformen

Abb. 2
Das erste Fab Lab. Kleiner Witz.

Abb. 3
UR5-Roboterarme an der Folkwang Universität der Künste

Abb. 4
Die stets griffbereiten Handwerkszeuge

In diesem Kapitel erfahren Sie, wie sich Fab Labs von Makerspaces und anderen Einrichtungen unterscheiden. Sie lernen die ›Fab-Lab-Verfassung‹ kennen und was von einem Fab Lab erwartet wird. Schließlich bekommen Sie einen Überblick über die vielen verschiedenen Umfelder, in denen Fab Labs eingerichtet werden können, und welche Vor- und Nachteile jedes Umfeld mit sich bringt. Ihre eigenen Beweggründe sind die beste Basis für die Entscheidung, ob Sie ein Fab Lab oder eine andere Einrichtungsform wählen und in welchem Umfeld Sie Ihre Initiative ansiedeln.

Abb. 5
Metall-
Arbeitsplatz

2.1 Fab Lab oder nicht?

Sie wollen ein Fab Lab gründen? Sind Sie sicher? Bitte verstehen Sie uns nicht falsch: Fab Labs sind faszinierende Orte der Innovation, in denen kreative Menschen zusammenkommen und einzeln oder gemeinsam an beeindruckenden Projekten, Prototypen und Produkten arbeiten. Aber mit dem Label *Fab Lab* sind gewisse Erwartungen verbunden. Es ist gut möglich, dass eine andere Einrichtungsform Ihren Zielen, Vorstellungen und Möglichkeiten besser entspricht.

Allen Einrichtungsformen, die wir im Folgenden vorstellen, ist gemein, dass sich Menschen dort – meist außerhalb ihrer Arbeit – treffen, um durch die Nutzung von Technik persönliche Projekte als Hobby umzusetzen, um sich über diese Projekte auszutauschen und einander zu helfen oder um sich für eine gemeinsame Sache zu engagieren. Manche Einrichtungen stehen auch einer kommerziellen Nutzung offen gegenüber, wenn beispielsweise ein Start-up erste Prototypen bauen möchte. Neulingen wird gerne gezeigt, wie etwas funktioniert, aber diese Einrichtungen sind keine Servicebüros, die jedem Gast etwas basteln, sondern erwarten, dass er es dort selbst lernt. Viele Einrichtungen lassen sich als *Offene Werkstätten* bezeichnen, bei denen für die Beteiligten das praktische Arbeiten, neue Wege der Wissensvermittlung und soziale Anliegen im Zentrum stehen.

Lange, Domann, Häfele, 2016, S. 5

Sehen wir uns die verschiedenen Einrichtungsformen einmal an:

Klassische Werkstätten, wie sie oft an Hochschulen zu finden sind, verfügen zwar üblicherweise über einen umfangreichen Maschinenpark, haben aber eine andere Aufgabe als Fab Labs, denn in einer klassischen Werkstatt ist nur das Werkstattpersonal autorisiert und geschult, an den oftmals komplex zu bedienenden und gefährlichen Maschinen zu arbeiten. Besuchende können meist nur ihre Aufträge mit der Werkstattleitung besprechen und das Ergebnis später abholen. Das Ziel ist nicht, Besuchende den Fertigungsprozess hands-on selbst erlernen zu lassen.

Lehrwerkstätten, zum Beispiel an Hochschulen, haben dieses Ziel der Wissensvermittlung hingegen durchaus, aber traditionell nur für eine ausgewählte Zielgruppe, wie beispielsweise Studierende in einem Praktikum eines bestimmten Studiengangs. Beide Werkstattformen legen häufig einen stärkeren Fokus auf traditionelle Fertigungsmethoden, obwohl auch hier moderne Verfahren, wie der 3D-Druck, Einzug halten.

Hackerspaces sind die wohl ältesten Einrichtungsformen, die einen Bezug zu Fab Labs haben. Hackerspaces entstanden mit der Verbreitung von PCs, und in ihren Räumlichkeiten drehen sich die Gespräche und Aktivitäten unter den Anwesenden tendenziell häufiger um Software- als um Hardwareprojekte. Der Open-Source-Gedanke wird großgeschrieben. Sie sind häufig als Vereine und aus Grassroots-

Initiativen heraus organisiert, und da man schon mit dem eigenen Laptop ohne viel Spezialequipment Code schreiben kann, sind Gründung und Betrieb oft mit wenig Geld möglich.

Makerspaces Was Hackerspaces für Software sind, sind Makerspaces für Hardware. Allerdings geht der Hardwarebegriff hier weit über Computer und Elektronik hinaus und umfasst zum Beispiel auch die Bearbeitung von Holz, Metall und Kunststoff. Die Betreibenden und Nutzenden dieser Einrichtungen prägen als Maker*innen die Renaissance des Do-it-yourself seit den 2000er Jahren. Um ihren analogmechanischen Projekten Leben und Interaktivität einzuhauchen, bedienen sich auch Makerspaces regelmäßig der Elektronik und der eingebetteten Programmierung mit einsteigerfreundlichen Systemen, wie beispielsweise Arduino-Mikrocontrollerboards.

fab101.de/reparaturinitiative

In *Repair-Cafés* reparieren Besuchende defekte private Geräte, Möbel, Textilien und andere Produkte selbst, statt sie wegzuwerfen. Dabei helfen ihnen technisch erfahrene Freiwillige kostenlos. Repair-Cafés können somit als Makerspaces mit einem speziellen Fokus betrachtet werden. Für die Reparatur von Elektrogeräten müssen besondere Prüfverfahren die Sicherheit garantieren, und idealerweise haben die Freiwilligen die notwendige fachliche Qualifikation.

fab101.de/coworking

Coworking-Spaces bringen ebenfalls Gleichgesinnte an einem Ort zusammen, aber die Nutzenden sind überwiegend Start-ups und kleine Unternehmen, meist aus der Softwarebranche, die so günstig Büroraum mit gemeinsamer Infrastruktur, wie Drucker, Kaffeemaschine etc., mieten und gleichzeitig die Kontaktmöglichkeiten zu anderen im Space nutzen. Diese Räume müssen meist kommerziell geführt werden und es gibt durch die Miete eine deutlichere Trennung zwischen der Kundschaft und der Dienstleistungsorganisation. Maschinenparks für die digitale Fabrikation sind in Coworking-Spaces bislang eher selten zu finden, auch wenn solche Initiativen in jüngster Zeit zunehmen. So entstehen, während wir diese Zeilen schreiben, beispielsweise in Aachen mehrere Coworking-Spaces mit Hardwarefokus, darunter Europas größter Hardware-Inkubator.

Fab Labs stehen für Wissensvermittlung über moderne, benutzungsfreundliche digitale Fertigungstechniken. Besuchende bekommen Einführungen in die vorhandenen Geräte und Hilfestellung bei der eigenen Umsetzung ihrer Projektidee mit den vorhandenen Maschinen. Dies macht Fab Labs zu einer neuen Einrichtungsform, die erst mit der Verfügbarkeit einfach bedienbarer digitaler Fertigungstechnologien seit den 2000er Jahren entstand.

Anders als für die bisher vorgestellten Einrichtungsformen ist für Fab Labs genauer definiert, was sie sind und tun. Zwar gibt es keine formalrechtliche Prüfung, ob die Bezeichnung »Fab Lab« geführt werden darf oder nicht, aber Besuchende, andere Fab Labs und die weltweit koordinierende *Fab Foun-*

dation erwarten, dass man sich an die *»Fab Charter«* hält. Sie stellt einige Forderungen an das Fab Lab und seine Nutzenden – hier die wichtigsten:

fab101.de/charter

Zum einen sollte ein Fab Lab eine bestimmte Grundausstattung an Maschinen und Bauteilen haben, damit Projekte mit dieser *Grundausstattung* in jedem Fab Lab der Welt umgesetzt werden können. Auf die Ausstattung eines Fab Labs gehen wir ausführlich in `Kapitel 3 »Was braucht's? Standort, Räumlichkeiten, Inventar«` ein.

Zum anderen sind Fab Labs eine Lernressource für die Community. Deshalb sollte ein Fab Lab Besuchenden regelmäßig *freien, also für alle offenen und kostenlosen Zugang* zu seinen Maschinen bieten. Materialverbrauch kann dabei natürlich berechnet werden. Gängig ist mindestens ein »Open Lab Day« pro Woche. Den Rest der Zeit kann das Fab Lab andere Nutzungsmodelle betreiben, zum Beispiel für geschlossene Kurse oder zur Finanzierung auch als kommerzielles Servicebüro.

Schließlich wird von den *Nutzenden* erwartet, dass sie als Gegenleistung für die Nutzung des Fab Labs *Hilfe und Dokumentation* beisteuern: Wer ein Fab Lab nutzt, sollte helfen, es in Ordnung zu halten, und seine eigenen Erfahrungen an andere weitergeben. Nutzende sollten ihre im Fab Lab gefertigten Projekte online für andere dokumentieren und ihre Designdateien zur privaten Nutzung verfügbar machen. Auch für den Schutz geistigen Eigentums und die Nutzung

The Fab Charter

What is a fab lab?

Fab labs are a global network of local labs, enabling invention by providing access to tools for digital fabrication

What's in a fab lab?

Fab labs share an evolving inventory of core capabilities to make (almost) anything, allowing people and projects to be shared

What does the fab lab network provide?

Operational, educational, technical, financial, and logistical assistance beyond what's available within one lab

Who can use a fab lab?

Fab labs are available as a community resource, offering open access for individuals as well as scheduled access for programs

What are your responsibilities?

safety: not hurting people or machines

operations: assisting with cleaning, maintaining, and improving the lab

knowledge: contributing to documentation and instruction

Who owns fab lab inventions?

Designs and processes developed in fab labs can be protected and sold however an inventor chooses, but should remain available for individuals to use and learn from

How can businesses use a fab lab?

Commercial activities can be prototyped and incubated in a fab lab, but they must not conflict with other uses, they should grow beyond rather than within the lab, and they are expected to benefit the inventors, labs, and networks that contribute to their success

durch Firmen gibt es eine Regelung in der »Fab Charter«. Wir haben uns in dieser Übersicht auf die Einrichtungsformen beschränkt, bei denen die Digitalisierung wie in einem Fab Lab eine zentrale Rolle spielt. In der Praxis lassen sich viele Einrichtungen mehreren dieser Kategorien zuordnen, wobei die Grenzen oft fließend sind, und es gibt noch viele weitere Bezeichnungen und verwandte Initiativen. Entscheidend für die Wahl einer Einrichtungsform ist, welche **Ziele** Sie für Ihre Einrichtung haben, welche **Aktivitäten** dazu in Ihrer Einrichtung stattfinden sollen und welche finanziellen und organisatorischen **Rahmenbedingungen** für Ihre Einrichtung gelten. Die nachfolgenden Kapitel zu diesen Themen geben Ihnen die Grundlagen für diese Entscheidung.

Wir gehen im Weiteren davon aus, dass Sie sich für ein Fab Lab als Einrichtungsform entschieden haben. Aber auch, wenn Sie eine andere wählen, finden Sie in diesem Buch viele nützliche Anregungen und Hinweise für den Aufbau und Betrieb.

2.2 Fab Labs an Hochschulen

Wenn Sie sich entschlossen haben, ein Fab Lab zu eröffnen, ist als Nächstes zu klären, wo dies passieren soll: an einem Institut oder in einer Forschungsgruppe, als zentrale Einrichtung einer Hochschule oder doch außerhalb einer Hochschule als unabhängige Institution? Hier folgen ein paar Tipps zur Wahl des Kontextes.

Ein vergleichsweise einfaches Format ist die Etablierung eines Fab Labs an einem *Institut einer Hochschule*. Der Grund dafür ist die relative akademische professorale Freiheit, insbesondere an Universitäten: Wenn Sie als Professor*in beschließen, dass Sie einen Ihrer vorhandenen Räume als Fab Lab nutzen wollen, können Sie dies meist allein und recht schnell entscheiden und umsetzen, sofern dem keine größeren Umbaumaßnahmen im Wege stehen. Geräte für die Erstausstattung sind oft vorhanden oder können aus Forschungsmitteln finanziert werden, ebenso wie laufende Materialkosten. Hier ist das Timing wichtig: Bei Berufungs- oder Bleibeverhandlungen haben Professor*innen besonders viel Spielraum, um mit der Hochschulleitung beispielsweise über zusätzliche Räume, Umbaumaßnahmen oder Gelder für Geräte zu verhandeln.

Für den Betrieb eines institutsinternen Fab Labs kann die Professur Postdocs, Promovierende, andere wissenschaftliche Mitarbeitende (WiMis) und studentische Hilfskräfte (SHKs) rekrutieren, insbesondere dann, wenn das Fab Lab auch als Instituts-Werkstatt fungiert, um Prototypen für die Forschung zu bauen oder institutseigene Praktika zu unterstützen.

Vor allem aber hat die Bindung an ein Institut den entscheidenden Vorteil, dass die zuständige Professur bei Gesprächen innerhalb der Hochschule das Fab Labs als Einrichtung ihres Instituts als ihr eigenes Projekt unterstützt. Das Fab Lab hat damit ein professorales Gesicht nach außen, und die meisten Projekte und Strukturen an Hochschulen brauchen den Support seitens einer Person aus der Statusgruppe der Professorenschaft, um dauerhaft erfolgreich zu sein.

Nachteil eines institutsinternen Fab Labs ist, dass es keine zentral getragene Einrichtung der Hochschule ist und der Betrieb aus einzuwerbenden Institutsdrittmitteln und Fachbereichsgeldern finanziert oder zum Beispiel durch einen Studiengang abgesichert werden muss.

Ein Fab Lab als **zentrale Einrichtung** der Hochschule, ob eigenständig oder zum Beispiel als Teil einer bestehenden zentralen Werkstatt oder Bibliothek, braucht wesentlich mehr Vorlauf und politische Überzeugungsarbeit an der Hochschule. Sinnvoll ist dies vor allem dann, wenn das Fab Lab von mehreren Forschungsgruppen als Infrastruktur in Forschung und Lehre genutzt werden soll.

Finanziell kann dies Vorteile bringen: Daueraufgaben und laufende Kosten können über den Hochschulhaushalt oder Infrastrukturprojekte in größerem Umfang finanziert und langfristiger geplant werden, während Institute eher mit kürzeren Drittmittelprojekten und einem Haushalt arbeiten, der häufig nicht auf den Betrieb eines Fab Labs zugeschnitten ist. Zentrale Fab Labs können Drittmittel gemeinsam mit allen Professor*innen sowie der Hochschulverwaltung akquirieren, was den Zugang zu längerfristigen und größeren Fördermöglichkeiten eröffnet.

Knifflig kann dafür die Umsetzung des offenen Zugangskonzepts sein, das Fab Labs charakterisiert, denn dies ist eine grundsätzlich andere Betriebsart, als sie in etablierten zentralen Werkstätten und ähnlichen Einrichtungen bekannt ist.

Ein Fab Lab in **studentischer Selbstverwaltung** benötigt die Unterstützung der Hochschule, wenn es in Hochschulräumen gegründet werden soll. Ansonsten kann es besonders frei und bottom-up organisiert werden. Firmen spenden hier gerne und stellen beispielsweise ausgemusterte Maschinen zur Verfügung. Diesem Vorteil steht die Herausforderung gegenüber, bei einem im Wesentlichen aus Freiwilligen bestehenden Fab Lab einen regelmäßigen Betrieb mit zum Beispiel wöchentlichen »Open Lab Days« und sein Fortbestehen über den Studienabschluss der Gründer*innengeneration von Studierenden hinweg zu gewährleisten.

Technische Universitäten sind durch ihre inhaltliche Ausrichtung typische Kandidaten für Fab Labs an Hochschulen. Aber auch an anderen Hochschulen greift das Konzept. An **Kunst- und Designhochschulen** sind Fab Labs eine Art »Werkstatt 2.0«. Hier haben Werkstätten stets eine große Rolle in der Ausbildung gespielt, und Fab Labs

Fab Lab Aachen

Das Fab Lab Aachen ist ein Beispiel für die Einrichtung an einem Institut. Es wurde 2009 als erstes Fab Lab Deutschlands am Lehrstuhl Medieninformatik und Mensch-Computer-Interaktion der RWTH Aachen vom Mitautor Prof. Jan Borchers gegründet. Es bietet seitdem wöchentliche »Open Lab Days« für die Öffentlichkeit und monatliche Maker*innen-Treffen an.[fab101.de/amm] Es ist ein Ort der Forschung, die vom Bundesministerium für Bildung und Forschung (BMBF) und anderen Trägern gefördert wird und es dient jedes Semester als Lehr- und Lernort für Vorlesungen und Praktika des Lehrstuhls [mehr in Kapitel 11 »Forschen im Fab Lab! Projekte und Publikationen«] und [Kapitel 14 »Wir sind's! Vier Fab Labs im Profil«].

fab101.de/aachen

Der Makerspace der Technischen Universität Dresden

Ein Beispiel für eine zentrale Einrichtung ist der Makerspace der Sächsischen Landesbibliothek – Staats- und Universitätsbibliothek (SLUB) Dresden. Die SLUB kombiniert die zentralen Aufgaben des Wissensaufbaus und der Wissensvermittlung der Bibliothek mit dem Makerspace. Er bietet einen offenen Raum für kreative Menschen, die ihre Ideen verwirklichen möchten.

fab101.de/slub

Studentisch verwaltetes Fab Lab an der FAU Erlangen-Nürnberg

Ein Beispiel für diese Art von Fab Lab findet sich an der Friedrich-Alexander-Universität Erlangen-Nürnberg, wo es von engagierten Studierenden organisiert und geleitet wird. Interessierte können jederzeit dem betreuenden Team beitreten, um den Alltag mit »Open Lab Days« und anderen Veranstaltungen wie dem »Fräsen-Lab-Day« zu unterstützen. Das Fab Lab bietet acht wiederkehrende Veranstaltungen (FahrradLab, SelfLab etc.) an, um allen Interessierten das Fab Lab näher zu bringen.

fab101.de/erlangen

Das Advanced Technology Lab (ATL) der Folkwang Universität der Künste

Ein Beispiel für ein Lab an einer Kunst- und Designhochschule ist das Advanced Technology Lab (ATL) der Folkwang Universität der Künste in Essen. Hier nutzen Design-Studierende Fab-Lab-Technologien nicht nur zum Erstellen von Design-Modellen und -Prototypen, sondern experimentieren mit den Technologien an sich, da diese auch als reale Produktionsmethoden immer relevanter werden. Eine ausführliche Beschreibung des Labs finden Sie in Kapitel 14 »Wir sind's! Vier Fab Labs im Profil«.

fab101.de/folkwangatl

fab101.de/atlinsta

Das Fab Lab an der Hochschule Rhein-Waal

Das Fab Lab Kamp-Lintfort an der Hochschule Rhein-Waal wurde von der Fakultät Kommunikation und Umwelt der Hochschule Rhein-Waal gemeinsam mit dem zdi-Zentrum Kamp-Lintfort gegründet. Unter Leitung von Prof. Karsten Nebe bietet es auf über 600 m² Maschinen und Platz, um Ideen in die Realität umzusetzen. In zahlreichen Open-Day-Events können Teilnehmende sich austauschen, vernetzen und das Potenzial des Maschinenangebots nutzen. Das Fab Lab in Kamp-Lintfort bietet für Interessierte seit 2016 die »Fab Academy« an, einen fünfmonatigen Intensivkurs über digitale Fertigung, der von MIT-Professor Neil Gershenfeld international koordiniert wird.

fab101.de/kamp-lintfort

Das Fab Lab an der Universität Bremen

Ein Beispiel für ein Lab, das aus der Informatik heraus für Lehramtsstudierende aller Fächer und Schulformen Lehrveranstaltungen anbietet, ist das Fab Lab an der Universität Bremen. Die Veranstaltungen bewegen sich im Spannungsfeld von Medienbildung und informatischer Bildung mit Rückbezug zu den Fächern und Fachdidaktiken. Die Studierenden lernen beispielsweise Grundlagen der Programmierung, die Berücksichtigung gendersensibler Didaktik oder die Herstellung intelligenter Kleidung. Eine ausführliche Beschreibung des Labs finden Sie in Kapitel 14 »Wir sind's! Vier Fab Labs im Profil«.

fab101.de/uni-bremen

sind offener und ergänzen die Ausstattung klassischer Werkstätten um neuartige digitale Maschinen, wie 3D-Drucker, zu denen die Studierenden direkten Zugang haben. Diese Maschinen sind einfach in der Bedienung und erschließen sich einer breiteren Basis von Nutzenden, nicht nur unter den Studierenden.

Weil Grundkenntnisse der digitalen Fabrikation schon in Schulen vermittelt werden können, sind **pädagogische Hochschulen und Lehramtsstudiengänge** an anderen Hochschulen ebenfalls Top-Kandidaten für ein Fab Lab. Allerdings ist wie bei den Kunst- und Designhochschulen hier zu klären, ob ein Open Lab machbar ist, das auch Menschen von außerhalb der Hochschule regelmäßig nutzen können. Hierzu in den folgenden Kapiteln mehr.

An **Fachhochschulen** sind Fab Labs oft eine hervorragende Ergänzung, denn sie bieten praxisnahe Lehrmöglichkeiten für viele Studiengänge, und Unternehmen können hier in Kooperationen digitale Fabrikation praxisnah kennenlernen, was den Gedanken des Transfers in Industrie und Gesellschaft unterstützt. Es fehlt zwar im Vergleich zu Universitäten oft der akademische Mittelbau, aber gerade in den letzten Jahren wurden insbesondere durch Förderprogramme, zum Beispiel vom BMBF, Fachhochschulen spezifisch adressiert, um solche Labore zu etablieren.

2.3 Das Fab Lab als Verein

Die Entscheidung, einen Fab-Lab-Verein zu gründen, hat einige Vorteile: Der Zugang für die Öffentlichkeit ist oft einfacher herzustellen, es besteht eine hohe Heterogenität unter Mitgliedern und Gästen, und auch die Altersstruktur ist breiter angelegt. Oft sind die Aktivitäten und Betätigungsfelder vielfältiger und schließen soziales Engagement in Bereichen der Nachhaltigkeit, wie Repair-, Umwelt- und Upcycling-Themen oder neue Produktions- und Konsumformen, mit ein.

Auch unbürokratisches Beschaffen von Materialien, das Einstellen von Mitarbeitenden und das Einwerben von Spenden- und Sponsorenmitteln sind nicht zu unterschätzende Vorteile.

Allerdings ist zuerst eine Vereinsorganisation zu schaffen und eine aktive Community aufzubauen. Auch der finanzielle, organisatorische und zeitliche Aufwand, den das Betreiben eines Fab Labs als Verein mit sich bringt, ist nicht zu unterschätzen. Eine verlässliche Anzahl motivierter und fachlich versierter Mitglieder ist entscheidend für einen regelmäßigen Fab-Lab-Betrieb mit »Open Lab Days« und Angeboten für die Community. Deshalb ist ein rein ehrenamtlicher Betrieb auf Dauer schwierig. Auch öffentliche Förderung von Vereinen ist selten dauerhaft zuverlässig, das Einwerben von Spenden, Sponsorengeldern und Projektmitteln jedoch aufwendig.

Formal gründen Sie einen Fab-Lab-Verein wie einen Kegel- oder Gesangsverein. Für die Satzung gibt es online kostenlose Muster – oder sie orientiern sich an der Satzung eines etablierten Fab-Lab-Vereins. Wollen Sie als gemeinnütziger Verein anerkannt werden, müssen bestimmte Dinge im Satzungszweck stehen [siehe Infobox zur Gründung eines Vereins]. Dadurch profitieren Sie von Steuererleichterungen, können für eingehende Spenden Spendenbescheinigungen ausstellen und die Übungsleiterpauschale für Fab-Lab-Aktive steuerfrei gewähren. Auch einige staatliche Zuschüsse sind an die Gemeinnützigkeit gebunden. Allerdings gibt es strikte Vorgaben für Ausgaben und Investitionen. Werden sie nicht eingehalten, kann der Vorstand unter Umständen persönlich haftbar gemacht werden.

Das FabLab Bremen e. V.

Ein Beispiel für ein Fab Lab als Verein ist das FabLab Bremen e. V., das 2013 von Mitgliedern der Arbeitsgruppe »Digitale Medien in der Bildung« (AG dimeb) der Universität gegründet wurde. Es nutzt Laborräume im Zentrum von Bremen gemeinsam mit dem Sportgarten und Chaos Computer Club Bremen. Der ehrenamtlich betriebene Verein führt mit der Universität Bremen Forschungsprojekte durch und kooperiert mit Schulen und anderen Bildungseinrichtungen. Für Privatgäste und ansässige Unternehmen ist das Fab Lab auch außerhalb seiner »Open Lab Days« zugänglich.

fab101.de/bremen-ev

Gründung eines Fab-Lab-Vereins

Für die Gründung eines eingetragenen Vereins gibt es ein paar Dinge zu beachten: Sie brauchen mindestens sieben Gründungsmitglieder. Ist Ihr Verein einmal eingetragen, darf die Mitgliederzahl nicht unter drei sinken. Sie müssen eine Satzung erstellen und mit den Gründungsmitgliedern diskutieren. Sie enthält die wichtigsten Regeln für die Zusammenarbeit im Verein. Soll Ihr Verein gemeinnützig werden, legen Sie die Satzung unbedingt vorab dem Finanzamt zur Prüfung vor. Hat es nämlich Bedenken bei der Gewährung der Gemeinnützigkeit, sind Satzungsänderungen und weiterer organisatorischer Aufwand nötig, und es fallen zusätzliche Kosten für das Notariat und die Eintragung ins Vereinsregister an. Für die Gemeinnützigkeit können Sie sich die Zwecke ihres Vereins nicht selbst ausdenken: Ihr Verein muss ausschließlich und unmittelbar gemeinnützige Zwecke im Sinne des Abschnitts »Steuerbegünstigte Zwecke« der Abgabenordnung verfolgen. Hinsichtlich der Gemeinnützigkeit gibt es einen Katalog von Tätigkeiten, die als Förderung der Allgemeinheit anerkennbar sind. Für ein Fab Lab wird meistens die »Förderung der Erziehung, Volks- und Berufsbildung einschließlich der Studentenhilfe« gewählt.

hier exemplarisch: fab101.de/AOgemeinnuetzig

Zusätzlich können Sie Vereinsordnungen erstellen, die Details regeln. Empfehlenswert sind eine Nutzungsordnung für das Fab Lab sowie eine Beitrags- und Gebührenordnung außerhalb der Satzung, damit Sie bei Änderungen nicht mit viel Aufwand die eigentliche Satzung ändern müssen. Mit der Satzung und ggf. zusätzlichen Ordnungen als Basis berufen Sie dann eine Gründungsversammlung mit mindestens sieben Mitgliedern ein. Dort werden die Vereinsgründung, die Satzung und die weiteren Vereinsordnungen beschlossen und der Vorstand wird gewählt. Die Gründungssatzung müssen mindestens sieben Gründungsmitglieder, nach Möglichkeit bei der Gründungsversammlung, unterschreiben, und Sie müssen ein entsprechend den Satzungsregelungen unterschriebenes Protokoll der Gründungsversammlung erstellen.

Die Anmeldung im Vereinsregister erfolgt beim örtlichen Amtsgericht und muss in den meisten Bundesländern notariell beglaubigt werden. Neben dem Anmeldeschreiben müssen Sie beim Registergericht das Original der Gründungssatzung und das Gründungsprotokoll vorlegen. In manchen Bundesländern erlassen die Registergerichte gemeinnützigen Vereinen (auf Nachfrage beim Amtsgericht) die Eintragungsgebühr. Die notarielle Anmeldung erfolgt durch den Vorstand (d.h. durch die vertretungsberechtigten Mitglieder, den sogenannten BGB-Vorstand). Bei der Erstanmeldung müssen alle BGB-Vorstandsmitglieder erscheinen.

Nach der Registereintragung erhalten Sie einen Registerauszug, mit dem Ihr Verein den Status als eingetragener Verein nachweisen kann. Dies brauchen Sie zum Beispiel bei der Bank zur Kontoeröffnung und für das Finanzamt. Die Kosten für die Vereinsgründung – notarielle Beglaubigungsgebühren, Register- und Bekanntmachungsgebühren – umfassen rund 75–120€.

fab101.de/bdvv

Als Quelle dieses Textes diente die Internetseite des »bundesverbandes deutscher vereine & verbände«.

fab101.de/vereinssatzung

Eine Mustersatzung für einen gemeinnützigen Verein bietet das Justizportal des Landes Nordrhein-Westfalen.

fab101.de/freiwilligendienst

Über die Anerkennung als Einsatzstelle für den Bundesfreiwilligendienst informiert das Bundesamt für Familie und zivilgesellschaftliche Aufgaben

2.4 Das Fab Lab als öffentliche Einrichtung

Kulturzentren, Museen und Stadtbibliotheken: Auch jenseits der Hochschulen haben viele öffentliche Einrichtungen die digitale Fabrikation und das Making als Thema für sich entdeckt. Ein 3D-Drucker in einer Bibliothek mag zunächst verwundern, aber als Lernorte unterscheiden sich Fab Labs und Bibliotheken nicht in ihren Zielen, lediglich in ihren Methoden. Wie bei der Ansiedlung an der Hochschule kann die Anbindung an eine bestehende öffentliche Einrichtung große Hürden überwinden helfen: Es bestehen Chancen, auf bezahlte Räumlichkeiten, Stammpersonal, eine etablierte Öffentlichkeitsarbeit, einen attraktiven Standort in der Innenstadt und viel vorhandene Laufkundschaft zugreifen zu können. Das Fab Lab kann seinerseits frischen Wind, engagierte und interessierte junge Menschen und ein ergänzendes Aufgabenfeld für die öffentliche Einrichtung bedeuten.

Digital Columbia Public Library Fab Lab

Ein Beispiel für Fab Labs als öffentliche Einrichtung sind die Einrichtungen der District of Columbia Public Library in Washington, D. C. zum Erstellen, Lernen und Erforschen neuer und computergestützter Technologien sowie alter und neuer Herstellerwerkzeuge. Die Labs sind in der Stadt verteilt und bieten das Lernen und Erforschen neuer und computergestützter Technologien sowie Programmierung für alle Altersgruppen. Um die Labs nutzen zu können, sind eine Sicherheitseinweisung und die Unterzeichnung eines kostenlosen Mitglieder- bzw. Teilnehmerfreigabeformulars erforderlich.

fab101.de/columbia

2.5 Fab Labs an Schulen

Ob allgemeinbildende Schulen oder Berufsschulen – digitale Fabrikation bietet ein großes Potenzial für die kreative Beschäftigung mit Technik, die praxisbasierte Lehre und die Umsetzung eigener Projekte und Ideen. Entscheidend für den Erfolg ist es, engagiertes Lehrpersonal zu finden, das den zusätzlichen Aufwand nicht scheut, denn die Finanzierungssituation an Schulen ist bedeutend schwieriger als an Hochschulen. Aber gerade die immer erschwinglicheren Einsteigergeräte erlauben auch einer Schule oder den Landesinstituten, für ein paar tausend Euro ein kleines Labor einzurichten. An die Grundausstattung, die von Fab Labs erwartet wird, mag das nicht immer heranreichen, und die für Fab Labs vorzusehende Öffnung für alle Nutzenden jenseits des Schulkontextes ist sicher nicht immer gewünscht und eine hohe organisatorische Hürde. Auch in der reduzierten Variante kann das Labor jedoch eine überaus positive Wirkung entfalten, auch wenn es dann nicht unbedingt als »Fab Lab« bezeichnet werden sollte.

Die Gesamtschule Xanten-Sonsbeck

Das creativeLAB an der Gesamtschule Xanten-Sonsbeck wurde eingerichtet, um Schüler*innen neue Technologien und kreatives Arbeiten in den MINT-Fächern (Mathematik, Informatik, Naturwissenschaft und Technik) zu vermitteln.

fab101.de/schulfablab

2.6 Das Fab Lab als Unternehmen

Das Grundkonzept von Fab Labs, wie es in der »Fab Charter« beschrieben ist, macht einen kommerziell tragfähigen

Betrieb schwierig. Dennoch gibt es Beispiele von Fab Labs, die den Spagat erfolgreich geschafft haben. Sie reduzieren beispielsweise die Personalkosten durch automatisierte Zugangskontrollen zu den Maschinen und automatisierte Materialausgaben. Diesen Ansatz zeigt beispielhaft das Happylab in Wien.

fab101.de/wien

Naheliegend ist es, nur zahlenden Mitgliedern die Nutzung des Labs zu ermöglichen. Auch dies tut beispielsweise das Happylab Wien. Allerdings steht dies im Widerspruch zum Grundsatz der »Fab Charter«, regelmäßig offenen Zugang zu gewähren. Gelegentliche kostenlose Schnupperstunden können diesen Zielkonflikt abmildern helfen.

Andere Einrichtungen probieren gar nicht erst, als Fab Lab aufzutreten, sondern sind von vornherein kommerzielle Anbieter, die sich ähnlich wie Fitness-Studios praktisch ausschließlich über Mitgliedsbeiträge und Kursgebühren finanzieren. So müssen Mitglieder zum Beispiel für jedes Gerät eine kostenpflichtige Schulung absolvieren, bevor sie es benutzen dürfen. Oft ist solch eine vorgeschriebene Schulung aus Sicherheitsgründen – oder um Beschädigungen an der Maschine zu vermeiden – ohnehin sinnvoll. Bekanntestes Beispiel für diesen Ansatz war das Unternehmen TechShop, das ab 2006 mehrere solcher Einrichtungen in den USA betrieb, allerdings 2018 insolvent ging. Darüber hinaus gibt es etliche nach wie vor erfolgreiche Beispiele, wie die mit der Technischen Universität München assoziierte UnternehmerTUM MakerSpace GmbH. Zur Werbung neuer Mitglieder bieten auch solche Einrichtungen meist kostenlose Schnuppertermine an.

Die UnternehmerTUM MakerSpace GmbH:

Ein Beispiel für den Betrieb als Unternehmen ist die UnternehmerTUM MakerSpace GmbH. Sie wurde 2015 in Garching bei München gegründet und hat mittlerweile rund 50 Mitarbeitende. Interessierte können Mitglied werden, um die Angebote im Makerspace voll nutzen zu können. Eine Mitgliedschaft kostet rund 150 € pro Monat oder rund 1.000 € pro Jahr. Zur Unterstützung und Vernetzung bietet der Makerspace Trainings- und Beratungsdienstleistungen sowie Veranstaltungen für Mitglieder jeden Wissensstands an. Das Angebot an Kursen für Mitglieder reicht vom Erlernen der Grundfertigkeiten, wie Lasercutting, über Kurse in Computer-Aided Design (CAD) bis hin zu kreativen Kursen in den Bereichen Kunst und Handwerk.

fab101.de/münchen-maker-space.de

2.7 Fab Labs in Unternehmen

Eine andere Zielsetzung verfolgen Unternehmen, die für ihre eigenen Beschäftigten eine Variante eines Fab Labs einrichten. Dabei geht es oft darum, für rasches Hardware-Prototyping im Design-Thinking, für Design-Sprints oder andere agile Prozesse zur Entwicklung neuer Produkte und Lösungen einen Raum zu schaffen. Ein weiterer Aktionsbereich von Fab Labs in Unternehmen und deren Umfeld ist das Thema »Entrepreneur und Start-ups«. Für (Aus-)Gründungen können solche Räume sowohl Arbeitsumgebung als auch Ort für Kollaboration und Netzwerken sein. Andere Unternehmen, insbesondere in den Technikbranchen, stellen die Infrastruktur als einen Anreiz für ihre Beschäftigten für eigene, private Hobbyprojekte zur Verfügung. Eine Kombination aus beiden Ansätzen ist möglich und sinnvoll. Offenen Zugang allerdings bieten diese Einrichtungen ebenso wie kommerzielle Labs im Allgemeinen nicht.

Der Bosch IoT Campus:

Ein Beispiel für eine Fab-Lab-ähnliche Einrichtung in einem Unternehmen ist der Bosch IoT Campus. Der Unterschied bei dieser Einrichtung besteht darin, dass ihn in erster Linie keine Privatpersonen nutzen, sondern andere Unternehmen, externe Kundschaft und Partner*innen-Organisationen von Bosch. Daneben können die Mitarbeitenden am Campus ihre Leidenschaft für das Internet of Things (IoT) und andere Bereiche ausleben.

Interview mit Mitch Altman

Mitch Altman is a hacker from San Francisco and a prominent figure in the hacker and maker movement. In 2004 he became famous on the internet for creating a key chain that turns TVs off in public places called tv-b-gone. At the Chaos Computer Congress in 2006, he started getting interested in the idea of hackerspaces, shortly after he was one of the founding members of one of the first US hackerspaces in San Francisco called Noisebridge. He also travels around the world giving talks, workshops, and mentoring people.

What would you say is the essence of a hackerspace?
Mitch Altman: Community. Absolutely, it's community. It's all really just an excuse to bring people together to support each other in living, learning, and growing. It's a bunch of geeks of all sorts, not just tech but art and craft and design and science and whatever. It's a community that encourages people to explore and find meaningful things, that you're excited about, that you're passionate about, that you might love. People often find projects that they are excited about, that are meaningful and if that's true for that one person it might be true for others in the community. And then there's a project for everyone to work on and if it's the community at large, maybe that's a start-up worth starting, unlike most of the start-ups. So because of stuff like that, it's been good for economic development in local areas, which is why it started growing outside of or above the radar. It became pretty much mainstream, together with *Make:* magazine. They're pushing the phrase "makerspace" instead of hackerspace because hacker has all these different scarier definitions or Fab Lab as a big nonprofit coming from MIT. All this put together: people working together and playing together and creating community together and showing possibilities to the world, it spreads! And a lot of amazingly positive things have come out of it, including helping education and economic development, and personal growth.

So you would say there isn't a difference between hackerspaces and makerspaces?
Well now, there is unfortunately, but there didn't used to be. It used to be exactly the same, except *Make:* magazine was trying to brand everything with "make". But whatever people wanted to call, it didn't matter, if there was a support-

How do you see the role and potential of these spaces within education or for education?
It's supercritical. So hackerspaces, they're the best education environments in the world. Schools could be this way, but unfortunately almost always aren't. Of course, we want educated individuals for having a worthwhile society. How can we make informed choices on what's good for our lives, for our communities, for our planet? So we need this more now than ever, but education is run, of course, by bureaucratic systems, and it kind of makes sense that it is. And given that there's a bureaucracy for education, they need to evaluate how the education is doing. But it has become about the testing, it has become about the assessment rather than about the education that it's supposed to be evaluating. At hackerspaces there is no assessment whatsoever because who gives a fuck about assessment when you want to learn what you want to learn. So how can we have project-based learning where people go to a place to learn because they want to learn and where people are there teaching because they want to teach and interface pragmatically with the rest of the world? There's a lot of experimentation going on in schools having hackerspaces as part of their curriculum. There are even some international organizations that are trying to come up with standards for that. Of course, the trap with that is, then education becomes about creating classes where people can do well in these kinds of assessments. But at least that's better than just a number as the final outcome.

ive community for people to be encouraged, to explore, and find cool things to do. But over time "hacker" became something people were afraid of and the places that call themselves "makerspace" were ones that were afraid to state anything overtly political. And therefore they watered themselves down and became places where lots of stupid start-ups would grow, just to make money and nothing to do with something meaningful. It wasn't exclusively that, but more and more that happened.

Would you say the hacker movement has changed fundamentally in the past years or is there a certain consistency?

There's definitely consistency, it has also changed a lot though. It grew from being a few dozen mostly hackerspaces in the world in 2007, mostly in Germany, to be thousands and thousands of places called hackerspaces, makerspaces, Fab Labs, innovation centers, and so on. Most of the places are just places where investors want to pressure people to make returns on their investment and don't give a shit about anything else. But there are still lots and lots of places that are focused on community and where people are supporting each other into living and growing and learning and doing all these cool things. Coming up with projects that feel great, whether or not you make a living off it, is important. Whether you make any money at all, whether you lose money on it, just doesn't matter as long as it feels worthwhile. And people are supporting each other and you're being supported and you're helping support others, you feel part of something bigger than yourself. Life is way way way cooler this way and that's still a constant through lots of hackerspaces all over the world. Whatever you call them.

Do you have any opinion about what the potential could be within academia or higher education?

Hell, yeah, there are a lot of universities around the world that have Fab Labs, makerspaces, hackerspaces, innovation centers, all these different things. And there are lots of traps to have it go in wrong ways, when industry becomes involved. Of course industry, any funding source is going to be funding things because there's some kind of personal benefit for the people who decide to do the funding. If the organization aligns with the values of actual education or life, that can be a good thing, but it's usually just about maximizing profits in the next quarter for the corporation. But having hackerspaces, makerspaces, Fab Labs whatever you call them as part of education, then these are places where people can go and explore. Having all of that together: people who are good at electronics, people who are good at design, people who are good at crafts, at art, at science – they can all be in this one space. Supporting each other in exploring and finding projects that are worthwhile for all the individuals involved, individual projects, collective collaborative projects, whatever. And that is what real education can be.

Anything else important that I might have forgotten?

One of the challenges also is people are coming and going. What keeps a community alive is that people who are joining, need to feel that they're somehow creating the community that they're part of. If it's created by an outside source, and then a few generations later this place exists, it's just an institution or just a room and it's already there. People go in and they feel like it's just a place, a service for them. If that's what people want, it's okay, then it's just a room

Abb. 6
Mitch Altman

with tools, and people will use it and leave. There's no community that way, but there is some utility in having a place like that. But if you want to have a community where people are going and being motivated for education, there really has to be community. And so the structures have to be able to be renewed continually year to year to year to year. Because there's a new crop of people joining the school as students each year. To have some faculty who have some investment emotionally in the space is important and that provides more continuity and hopefully wisdom as well. But just because someone is faculty and really loves the space doesn't mean they're not going to fall into a trap of having power over other people. So we need to be able to have checks and balances for that as well. We are all human and we mess up and you need to be supported in learning and growing in this way too and that's sometimes often painful. So that kind of touchy-feely stuff is usually not part of schools and organizations like that, but I think it's a necessary part. Where people have to have a place to talk about things and have conflict resolution.

fab101.de/altman

3

Was braucht's?

Standort, Räumlichkeiten, Inventar

Abb. 7
Mobiler Lötarbeitsplatz an der Folkwang Universität der Künste

Abb. 8
Dynamische Nutzung des in Fab Labs vorhandenen Platzes: Geräte auf Rollwagen

Abb. 9
Fräsmaschine

In diesem Kapitel erfahren Sie, was Sie bei der Wahl Ihres Standortes und der Räumlichkeiten beachten müssen und welche Dinge Sie anschaffen sollten und welche Sie anschaffen könnten. Das umfasst vom Mobiliar über Maschinen, Werkzeuge und Software bis hin zu Büromaterial alles, was für einen Fab-Lab-Betrieb benötigt wird. Konkrete, aktuelle Kaufempfehlungen finden Sie auf `fab101.de/inventar`.

Abb. 10
Lasercutter, der Pappe schneidet

3.1 Der Standort

Die Frage nach dem idealen Standort für ein Fab Lab ist nur schwer pauschal zu beantworten. Das Dilemma ist, dass von allen Entscheidungen, die Sie bezüglich Ihres Fab Labs treffen, diese vermutlich jene sein wird, bei der Sie den allerkleinsten Spielraum haben. Gleichzeitig ist die Wahl des Standortes aber immens entscheidend für das, was in Ihrem Fab Lab passiert oder eben nicht.

Wenn Sie ein Fab Lab an einer Universität eröffnen möchten, liegt es natürlich zunächst nahe, dass Sie auf Räumlichkeiten Ihres Lehrstuhls an der Hochschule zurückgreifen, weil Sie sowieso Zugriff darauf haben. In manchen Fällen ist es vielleicht sogar so, dass zuerst der Raum da war und dann die Idee entstand, daraus ein Fab Lab zu machen. Seien Sie sich aber der Tatsache bewusst, dass die räumliche Verortung des Fab Labs einen entscheidenden Einfluss auf sein Publikum haben wird. Radiotechnikprofis im Ruhestand, die in der Tageszeitung von den neuen Möglichkeiten des 3D-Drucks gelesen haben, werden vermutlich eher in einem zentral gelegenen Fab Lab als in einem ehemaligen Ladenlokal erscheinen als in dem zum Fab Lab umgenutzten Lagerraum in der verstecktesten Ecke der Universität. Haben Sie dabei im Hinterkopf, dass ein heterogenes Publikum in der Regel einen synergetischen Einfluss auf die Arbeit in Ihrem Fab Lab haben wird. Je zentraler und besser erreichbar das Fab Lab gelegen ist, desto größer und heterogener wird das Publikum sein, das das Lab am »Open Lab Day« besucht. Das kann – von Eltern mit ihren Kindern über die besagten technikinteressierten Personen auf Rente, Schüler*innen, Modelleisenbahnfans, Tabletop-Spielenden, Architektur-Studierenden, Hobby-Tüftler*innen bis hin zu Profis aus kreativen Berufen und Kunstschaffenden – eigentlich jede beliebige Person sein. Wenn Sie diese Heterogenität wünschen, ziehen Sie in Erwägung, den Elfenbeinturm zu verlassen und Ihr Fab Lab zentral in der Stadt anzusiedeln. Auf der anderen Seite können Sie dabei auch Gefahr laufen, dass die Akademiker*innen fernbleiben.

Sollten Sie sich entschließen, Ihr Fab Lab an einem Standort außerhalb der Universität zu eröffnen, kann es sich lohnen, städtische Immobilien oder leerstehende Ladenlokale anzufragen. In der allgemeinen Hyperventilation um das Thema »Digitalisierung« sind Fab Labs etwas, das in der Politik auf fruchtbaren Boden fallen könnte, und auch privater Leerstand wird bei Nutzung für kreative Zwecke nicht selten vergünstigt vermietet.

3.2 Die Räumlichkeiten

Eng verknüpft mit der Frage nach dem Standort ist die Frage nach der Beschaffenheit der Räumlichkeiten Ihres Fab Labs. Sollten Sie nicht neu bauen, wird die Wahl des Standortes höchstwahrscheinlich die Beschaffenheit der Räumlichkeiten beeinflussen oder umgekehrt. Anders gesagt: Bei der Wahl der Räumlichkeiten müssen Sie höchstwahrscheinlich einen Kompromiss zwischen idealen Räumlichkeiten und dem idealen Standort eingehen.

Die Fab Foundation gibt die Mindestgrundfläche eines Fab Labs mit 140 m² an und bietet mit dem sogenannten »Chicago Layout« den Grundriss des ca. 180 m² großen Fab Labs im Museum of Science and Industry in Chicago als konkretes Beispiel für ein Fab Lab an. Dieser recht unübersichtliche Plan wird um ein vereinfachtes Grundriss-Layout eines ›idealen Labs‹ mit 380 m² Fläche ergänzt, die sich auf 18 m × 20 m erstreckt und in acht Arbeitszonen unterteilt ist:

- Zone für das Laserschneiden: 6,0 m × 8,0 m
- Zone für den Formenbau/Guss und Siebdruck: 5,2 m × 2,5 m
- Zone für das CNC-Fräsen: 6,0 m × 4,5 m
- Zentrale Arbeitszone mit Lagerraum für Projekte: 5,0 m × 6,0 m
- Konferenz-/Lernzone: 6,0 m × 6,0 m
- Zone für Elektronikarbeiten: 5,2 m × 4,3 m
- Zone für den 3D-Druck: 3,5 m × 5,0 m
- Büro, Lager und Ausstellungszone: 18,0 m × 4,0 m

Sie finden das »Chicago Layout« und die Detailpläne unter: fab101.de/chicagolayout fab101.de/fablabdetail

Zu einzelnen dieser Arbeitsbereiche stellt die Fab Foundation ebenfalls Detailpläne zur Verfügung, die einen Vorschlag zur Anordnung der einzelnen Geräte nebst zugehöriger Infrastruktur (Möbeln, Computern o. Ä.) anbieten.

Betrachten Sie diese Pläne als einen Vorschlag. Ihre räumliche Einteilung nach Tätigkeiten oder Prozessen ist grundsätzlich sinnvoll und kann als erste Orientierung dienen. Und auch wenn im Idealfall alle Fab Labs gleich strukturiert sind, werden Sie nicht darum herumkommen, sich selbst Gedanken über das Layout Ihres Fab Labs zu machen.

Planen Sie Ihr Fab Lab so, dass dort die Dinge, die Sie wirklich machen wollen, funktionieren. Wenn Sie nicht siebdrucken wollen, brauchen Sie auch keinen Platz für einen Siebdrucktisch. Wenn Sie höhere Priorität auf 3D-Druck legen und ggf. sogar mehrere Verfahren nutzen wollen, planen Sie mehr Platz dafür ein.

Ein entscheidender Aspekt, den Sie bei der Raumplanung unbedingt mit einbeziehen sollten, ist die Belästigung durch Lärm, Staub und Geruch. Eine CNC-Fräse produziert Staub und ein Laserschneider je nach Art der Absaugung mehr oder weniger unangenehme Gerüche. Je nach Verfahren und Modell können 3D-Drucker laut sein und aufgeschmolzene Kunststoffe riechen. Überlegen Sie daher, welche Tätigkeiten unbedingt räumlich voneinander getrennt werden müssen, auch um gesundheitliche Risiken zu minimieren. Bedenken Sie dabei, dass sich der Lärm mehrerer Geräte potenzieren kann.

Einen grundlegenden Unterschied im Umfang Ihrer Planung macht es, wenn Sie auf bereits vorhandene Grundstrukturen zurückgreifen können. Ist Ihr Fab Lab an Ihr Institut angegliedert, brauchen Sie sich über Aspekte, wie Toiletten, Kaffeeküche, Konferenz- und Lagerräume und Ähnliches, keine oder weniger Gedanken machen, da diese vermutlich sowieso schon vorhanden sind. In diesem Fall kann Ihnen ein einziger weiterer Raum in Seminarraumgröße (von ca. 140 m²) als Fab Lab dienen. Bedenken Sie aber hier ebenso, dass es vorteilhaft ist, ›dreckige‹ Arbeiten räumlich abzutrennen.

Denken Sie auch sicherheitsrelevante Aspekte mit. Ein Laserschneider benötigt im Idealfall eine Absaugung nach draußen, die installiert werden muss. Mit welchem Aufwand ist das zu realisieren? Gibt es ausreichend Platz für die sicherheitsrelevante Zusatzinfrastruktur für einzelne Tools? Machen Sie sich zudem Gedanken über Fluchtwege und Barrierefreiheit.

Ein weiterer wichtiger Aspekt bei der Auswahl Ihrer Räumlichkeiten ist das Vorhandensein einer Grundausstattung an IT-Infrastruktur oder die Möglichkeit, sie zu installieren. Für den Betrieb eines Fab Labs sollten Sie mindestens einen Internetzugang und WLAN haben. Wenn Ihr Fab Lab in den Räumlichkeiten der Universität verortet ist, können Sie vermutlich auf zentral bereitgestellte Netzwerkservices, wie LAN, WLAN (zum Beispiel eduroam®) und Server-Storage, zurückgreifen. Dabei sollten Sie unbedingt mit den Verantwortlichen der Hochschule (zum Beispiel der IT-Abteilung) abklären, inwieweit eine grundsätzlich geschlossene Hochschul-IT-Infrastruktur mit hohen Sicherheitsstandards auch in einem halböffentlichen Fab Lab mit externen Gästen genutzt werden kann. Das betrifft vor allem die einfache Einrichtung von Gast-Accounts und den direkten Zugriff auf netzwerkfähige Fertigungs-Hardware. In anderen Fällen sollten die Räumlichkeiten mindestens über einen Telefonanschluss verfügen, so dass Sie damit über kommerzielle Internet-Provider Netzwerkdienste beziehen und mit einem Minimum an Hardware grundlegende IT-Services bereitstellen können.

3.3 Das Inventar

Die Fab Foundation hat eine sehr umfangreiche Inventarliste, das sogenannte »Fab Inventory«, mit Artikeln zusammengestellt, deren Kauf sie zur Ersteinrichtung eines Fab Labs empfiehlt. Diese Liste wird ständig aktuell gehalten und ist als Google-Dokument abrufbar.

Sie enthält vom Laserschneider über zahlreiche Elektronikbauteile bis zum Kugelschreiber rund 1 000 rtikel im Gesamtwert von etwa 110.000 US-Dollar. Vorab sei gesagt: Wenn Sie diese Summe zur Verfügung haben und es sich einfach machen wollen oder müssen, können Sie die Sachen kaufen, ohne einen groben Fehler zu begehen. Wir raten je-

fab101.de/fabinventory

doch zu einer etwas differenzierteren Auseinandersetzung mit dieser Liste, da einiges in Deutschland nicht erhältlich ist, anderes je nach Ausrichtung des Fab Labs schlichtweg überflüssig sein kann und eventuell Dinge, die nicht auf der Liste stehen, zusätzlich beschafft werden sollten. Dennoch kann diese Liste eine gute Orientierung geben. Sie weist jedoch mindestens zwei große Mankos auf, die ihre Nutzung erschweren: Zum einen sind die Produkte in englischer Sprache und manchmal unzureichend betitelt und zum anderen erfolgt ihre Sortierung nur grob nach dem Zweck des jeweiligen Gegenstandes, sondern vielmehr nach der (Online-)Bezugsquelle. Diese Sortierung ist prinzipiell nicht schlecht. Da die Fab Foundation jedoch eine US-amerikanische Institution ist, liefern die Bezugsquellen in erster Linie in die USA. Selbst wenn teils eine Lieferung nach Deutschland möglich ist, ist es nur im Ausnahmefall ratsam, in den USA zu bestellen, da in der Regel eine Verzollung und Nachbesteuerung erfolgt, was zusätzliche Kosten und unnötige Wartezeiten mit sich bringen kann. So sind also die eigentlich praktischerweise bei fast allen Artikeln beigefügten Links für eine Bestellung aus bzw. nach Deutschland nur bedingt brauchbar.

Im Folgenden soll Ihnen mit Bezug auf die Liste und die eigenen Erfahrungen der Autor*innen ein Überblick darüber gegeben werden, was Sie an Inventar in Ihrem Fab Lab benötigen könnten. Zur groben Strukturierung dienen die in Fab Labs typischerweise genutzten Maschinen und Prozesse.

Dort, wo es sinnvoll ist, werden explizite Kaufempfehlungen ausgesprochen. An anderer Stelle gibt es Listen mit Dingen, die Sie für spezielle Tätigkeiten benötigen, und in einigen Fällen werden lediglich Leitfragen formuliert, mit deren Hilfe Sie entscheiden können, ob und was angeschafft werden sollte.

3.3.1 Die Big 5 des Fab Labs

Ein entscheidendes Charakteristikum eines Fab Labs ist die Möglichkeit zur digitalen Fertigung. Methoden wie 3D-Druck und Laserschneiden machen es möglich, ohne ausgereifte handwerkliche Fähigkeiten und mit verhältnismäßig geringem Aufwand Bauteile auf einem professionellen Niveau herzustellen. Dementsprechend sollten Sie besonderes Augenmerk auf diese Geräte legen – zumal sie vermutlich auch die größten Einzelkostenfaktoren darstellen.

Die Big 5 des Fab Labs sind der 3D-Drucker, der Laserschneider, der Vinylschneider sowie die große und die kleine CNC-Fräse und werden übrigens von der Fab Foundation als obligatorisch für ein Fab Lab erachtet. Diese Geräte sind es also, die ein Fab Lab von anderen Offenen Werkstätten unterscheiden.

»Fab labs are a global network of local labs, enabling invention by providing access to tools for digital fabrication.« *(Fab Foundation, 2012)*

3.3.1.1 Der 3D-Drucker

Seit Anfang der 1980er Jahre die ersten additiven Fertigungsverfahren entwickelt wurden, wird der Einsatz von 3D-Druckern immer günstiger, effizienter und einfacher. Das Auslaufen einiger Patente Mitte/Ende der 2000er Jahre hat der Entwicklung zusätzlichen Schub gegeben. Der Markt bietet heute eine beachtliche Zahl an benutzungsfreundlichen 3D-Druckern in brauchbarer Qualität zu erschwinglichen Preisen. Mit unterschiedlichen Verfahren lassen sich verschiedenste Materialien drucken.

War der 3D-Drucker bei der Entstehung der Fab-Lab-Idee noch gar nicht Teil der Fab-Lab-Ausstattung, so ist er heute zur ›Symbolfigur‹ für Fab Labs geworden. Mit seiner Hilfe lassen sich komplexe Bauteile nach eigener digitaler Vorlage meist aus Kunststoff materialisieren. Der 3D-Drucker ist neben dem Laserschneider eines der am meisten benutzten Geräte in Fab Labs.

Unser Vorschlag für ein Fab Lab: Der FDM-Drucker

Das gängigste und sicherlich auch für ein Fab Lab praktikabelste Verfahren zum 3D-Drucken ist das sogenannte Schmelzschicht-Verfahren, das sogenannte Fused Deposition Modeling (FDM).

Ein FDM-Drucker kann eine ganze Reihe verschiedener Kunststoffe, wie zum Beispiel Acrylnitril-Butadien-Styrol (ABS) oder die Maisstärke-basierten Polyactide (PLA), verdrucken. Das Kunststoff-Filament ist in der Regel günstig und wird mittlerweile von vielen Anbietern verkauft. Neben Energie und Filament gibt es keine weiteren Verbrauchsmaterialien und auch der Ausschuss des Materials ist gering. Ein FDM-Drucker arbeitet weitgehend verschleißfrei und die Wartung sowie Reparaturen sind je nach Gerät vergleichsweise einfach durchzuführen.

Die Erfahrung der Autor*innen hat gezeigt, dass 3D-Drucker in einem Fab Lab zwei verschiedene Zwecke erfüllen und es eine Überlegung wert ist, für beide Zwecke separate Drucker zu kaufen:

Zum einen ist der 3D-Drucker eine Produktionsmaschine, die einfach zu bedienen, zuverlässig und wartungsarm sein soll. Er dient der reinen Produktion von Teilen. Für den Kauf eines solchen Druckers sollten Sie ruhig etwas mehr Geld in die Hand nehmen. Die Routine in den Labs der Autor*innen hat gezeigt, dass teurere Geräte langfristig weniger technische Probleme bereiten als günstige, bei denen das anfangs gesparte Geld später in Wartungs- und Reparaturarbeiten investiert werden muss.

Zum anderen dient der 3D-Drucker als Lehr- und Lernmittel sowie als Werkzeug für Experimente. Bei einem solchen Drucker stehen eher Kriterien, wie die Sichtbarkeit des Prozesses, eine offene Möglichkeit zur Ansteuerung oder auch eine Manipulierbarkeit der Hardware, im Vordergrund. Natürlich schließt das nicht aus, dass auch ein sol-

Abb. 11
3D-Drucker im Regal

cher Drucker zuverlässig produziert. Da 3D-Drucker in Fab Labs sehr nachgefragt sind, ist es nicht verkehrt, mehrere Drucker anzuschaffen.

Im Folgenden sind einige Kriterien/Spezifika aufgeführt, die Sie bei der Entscheidung für den Kauf eines FDM-Druckers bedenken/beachten sollten (einige davon gelten auch für Drucker, die nach anderen Verfahren arbeiten):

Die Größe des Bauraums
Die Größe des Bauraums eines Druckers bestimmt die Größe der Objekte, die mit ihm ausgedruckt werden können. Eine aktuell markttypische, durchschnittliche Bauraumgröße ist etwa 20 cm × 20 cm × 20 cm. Die Praxis in den Labs der Autor*innen zeigt, dass eine solche Bauraumgröße in der Regel ausreicht. Als Lab einer Designhochschule verfügt das ATL der Folkwang Universität der Künste auch über einen Drucker mit größerem Bauraum, weil dort teilweise größere Teile gedruckt werden. Überlegen Sie also, was in Ihrem Fab Lab gedruckt werden soll, und machen Sie Ihre Entscheidung bezüglich der Bauraumgröße davon abhängig.

Ein beheiztes Druckbett
Ein beheiztes Druckbett kann ein vorzeitiges Ablösen des Bauteils während des Druckvorgangs durch erkaltungsbedingte Schwindung verhindern. Das kann gerade bei Bauteilen mit großer Auflagefläche oder bei einigen speziellen Kunststoffen generell ein Problem sein. Viele FDM-Drucker sind standardmäßig mit einem beheizten Druckbett ausgestattet, manche aber auch nicht. Achten Sie daher beim Kauf darauf.

Ein beheizter Bauraum
Einen ähnlichen Zweck wie das beheizte Druckbett erfüllt ein geschlossener und beheizter Bauraum. Er hält das gesamte Bauteil während des Druckvorgangs konstant auf einer bestimmten Temperatur und verhindert einen Verzug des gedruckten Bauteils. Wenn Sie hohen Wert auf Maßhaltigkeit legen, sollten Sie einen Drucker mit geschlossenem und beheiztem Bauraum kaufen.

Der Dualextruder/Farbwechselextruder
Einige Drucker gibt es auch mit zwei Druckköpfen, einem sogenannten Dualextruder, was das Drucken von zwei verschiedenfarbigen oder -artigen Materialien in einem Druckvorgang erlaubt. So kann zum Beispiel einer der Druckköpfe zum Drucken von wasserlöslichem Stützmaterial verwendet werden, das nötig ist, wenn das zu druckende Bauteil Überhänge aufweist, während der andere Druckkopf das eigentliche Bauteil druckt. Des Weiteren gibt es sogenannte Multimaterial- oder Farbwechselextruder, die aber nur einen Druckkopf haben und dennoch in der Lage sind, mehrere verschiedenfarbige oder -artige Materialien in einem Druckvorgang zu drucken.

Offenheit versus Proprietät

Material: Material für FDM-3D-Drucker gibt es in verschiedenen Darreichungsformen. Am gängigsten ist eine offene Spule, auf die das Filament gewickelt ist. Sie wird in der Regel auf einen Rollenhalter am Drucker gesteckt und das Material muss dann manuell eingefädelt werden. Solche Spulen sind vergleichsweise günstig und viele Drucker arbeiten mit ihnen. Es gibt aber auch Drucker, für die es spezifische Kartuschen gibt, die die Filamentspule umschließen. Diese Kartuschen lassen sich mit einem Handgriff in den Drucker einsetzen und das Einfädeln übernimmt dann das Gerät. Sie sind sehr benutzungsfreundlich, aber entsprechend gerätespezifisch und in der Regel teurer.

Software: Ähnliches gilt für das Thema ›Software‹. Es gibt Drucker, deren Firmware eine absolut offene Ansteuerung erlauben, und solche, die nur mit einer speziellen eigenen Steuerungssoftware funktionieren. Das eine macht einen 3D-Drucker ›durchschaubar‹ und qualifiziert ihn somit als Lehr- und Lerndrucker, der auch ›Experimente‹ zulässt, während der andere ein bedienungsfreundliches, zuverlässiges ›Arbeitstier‹ ist.

Reparierbarkeit: Einfach konstruierte und ggf. sogar aus Halbzeugen aufgebaute 3D-Drucker sind in der Regel einfacher zu reparieren, aber auch hier können Material und vor allem die zu investierende Arbeit Geld kosten. Teurere, professionellere Geräte laufen erfahrungsgemäß störungsfreier. Ihre Reparatur muss dann aber der entsprechende Kundendienst übernehmen. Wir haben bereits auf unsere Erfahrung hingewiesen, dass anfangs beim Kauf gespartes Geld später in Wartungs- und Reparaturarbeiten investiert werden muss.

Wie vielleicht schon deutlich geworden ist, sollten Sie bei diesen Punkten die beiden Drucker-Typen – Produktions- und Experimentierdrucker – mit verschiedenen Maßstäben bewerten. Der Drucker zu Lehr- und Lernzwecken sollte offen, selbst zu reparieren und universell ansteuerbar sein. Ein Drucker, der verlässlich produzieren soll, muss das nicht. Er muss langlebig, benutzungsfreundlich und zuverlässig sein.

Die Community

Ein weiteres Kriterium, das Sie bei Ihrer Kaufentscheidung unbedingt berücksichtigen sollten, ist eine aktive Online-Community rund um ein 3D-Drucker-Modell, die bei Problemen weiterhelfen kann. Das ist mit Geld nicht zu bezahlen. Eine solche Community gibt es mehr oder weniger ausgeprägt für diverse Drucker, so auch zum Beispiel bei jenen, die auf Empfehlung der Fab Foundation weltweit in vielen Fab Labs zum Einsatz kommen. Auf diese Empfehlung gehen wir weiter unten noch ein.

Andere 3D-Druck-Verfahren

Neben dem FDM-Verfahren gibt es natürlich weitere 3D-Druck-Verfahren, die sich für ein Fab Lab eignen. Mit einem

SLA-(Stereolithografie-)3D-Drucker können Sie zum Beispiel Teile drucken, die eine höhere Oberflächengüte aufweisen. Mit einem Binder-Jetting-Drucker können Sie mehrfarbige Bauteile zum Beispiel aus Gips drucken. Mit dem SLS-(Selective Laser-Sintering-)3D-Druckverfahren ist es möglich, sogenannte technische Kunststoffe, wie Polyamid (PA), oder auch Metalle zu verarbeiten. Der große Vorteil des FDM-3D-Drucks bleibt aber die Einfachheit in der Handhabung. Sollten Sie nicht aus irgendeinem Grund ein anderes 3D-Druck-Verfahren einsetzen müssen oder wollen, würden wir in jedem Fall zu einem FDM-Drucker raten. Sollte es Ihr Budget erlauben, können Sie natürlich noch einen zusätzlichen Drucker kaufen, der nach einem anderen Verfahren arbeitet.

Bedenken Sie, dass es mittlerweile auch einige 3D-Druck-Dienstleister*innen, wie Shapeways, i.materialise, 3D Hubs etc., gibt, bei denen Sie Teile aus vielen verschiedenen Materialien mit verschiedenen 3D-Druck-Verfahren ausdrucken lassen können. Vielleicht müssen Sie dann nicht auch noch einen Metalldrucker kaufen, der teuer, komplex zu bedienen und wartungsintensiv ist.

Unsere Kaufempfehlung für einen 3D-Drucker

Oft werden wir gefragt, welchen 3D-Drucker man denn nun für ein Fab Lab kaufen soll. Eine klare Empfehlung für den Kauf eines bestimmten Gerätes auszusprechen, fällt uns jedoch schwer, da sie letzten Endes Ihre eigenen Anforderungen an einen 3D-Drucker nicht repräsentieren kann. Dennoch ein Versuch:

Die Fab Foundation empfiehlt aktuell (Stand 26.01.2021) zwei FDM-3D-Drucker-Modelle, die auch in Deutschland erhältlich sind. Sie liegen preislich nah beieinander, unterscheiden sich jedoch in ihren Spezifikationen:

- 3DWOX 1 von Sindoh ca. 1.500 €
  oder
- Prusa i3 MK3 von Prusa Research:
  Bausatz ca. 750 € zusammengebaut ca. 1.000 €

Eine der Grundideen der Empfehlungen der Fab Foundation ist eine gewisse Universalität der Ausstattung von Fab Labs weltweit. Eine Person, die sich in einem bestimmten Fab Lab auskennt, sollte sich im besten Fall auch in jedem anderen Fab Lab zügig zurechtfinden können. Ein Projekt, das in einem Fab Lab durchgeführt wurde, sollte nach Anleitung in einem anderen Fab Lab reproduzierbar sein. Dennoch besteht natürlich keinerlei Pflicht, einen dieser Drucker zu kaufen.

Basierend auf den Erfahrungen in den Fab Labs der Autor*innen würden wir aktuell diese FDM-Geräte in drei verschiedenen Preisklassen empfehlen:

- Unter oder etwa 1.000 €: Prusa i3 MK3
- Wenige 1.000 €: Ultimaker 2 oder 3
- Viele 1.000 €: Stratasys Dimension

Neben FDM-3D-Druckern im ›Desktop-Format‹ sind in den Labs der Autor*innen auch größere FDM-3D-Drucker und Geräte, die nach einem anderen 3D-Druck-Verfahren arbeiten, im Einsatz:

- Roboterarme *(Universal Robots 5, 10)* mit 3D-Druck-Extrudern als (Großvolumen-)Drucker *(FDM)*
- Builder Extreme 1500 PRO *(FDM)*
- ProJet MJP 2500 Plus *(Multijet Printing [MJP])*
- Prusa SL1 *(SLA)*
- Formlabs Form 1, Form 2 und Form 3 *(SLA)*
- Sinterit Lisa *(SLS)*
- Sintratec S1 Kit und S2 *(SLS)*
- Markforged Mark 1 und Mark 2 *(FDM mit Faserverbund-Verstärkungen)*

Fragenkatalog zur Anschaffung eines 3D-Druckers

Aufgrund eines sich rasant entwickelnden Marktes hat eine solche Empfehlung sicherlich nur eine geringe Halbwertzeit. Deshalb sind in dem folgenden Katalog noch einmal alle aus unserer Sicht entscheidenden Kriterien/Leitfragen bei der Wahl eines FDM-3D-Druckers zusammengefasst:

- Gibt es triftige Gründe, die gegen die Anschaffung eines FDM-3D-Druckers sprechen?
- Wie hoch ist das Budget?
- Möchte ich höhere Wartungs- und Reparaturkosten bei der Anschaffung eines günstigen Druckers in Kauf nehmen?
- Wie hoch sollen die Druckkosten sein?
- Wie viele Nutzende sollen gleichzeitig an Druckern arbeiten?
- Wie maßhaltig soll mein gedrucktes Bauteil sein?
- Brauche ich ein beheiztes Druckbett (heute Standard)?
- Brauche ich einen beheizten Bauraum?
- Möchte ich mehrere Farben/Materialien in einem Druckvorgang verdrucken?
- Lege ich Wert auf eine aktive Online-Community rund um das Gerät?
- Lege ich Wert auf eine offene Software?

Die Zusatzinfrastruktur

Je nach eingesetztem Druckverfahren kann es sein, dass spezifische Zusatzinfrastruktur benötigt wird. Für das gängige FDM-Verfahren ist das benötigte Zubehör überschaubar. Schaffen Sie einige Werkzeuge zum Nachbearbeiten der

Druckteile, wie Schlüsselfeilen, Cuttermesser, kleine Seitenschneiderzange und einen Spachtel zum Entfernen des Druckteils vom Druckbett, an. Drucken Sie mit Polyvinylalkohol (PVA) als Stützmaterial, können Sie ein Wasserbad zum Lösen des PVAs benötigen.

Unumstritten ist mittlerweile, dass FDM-3D-Drucker Nanopartikel und potenziell gesundheitsschädliche Dämpfe emittieren (siehe z.B. Zhang, Wong, Davis, Black, Weber, 2017). Sorgen Sie daher immer für eine gute Belüftung oder planen Sie besser direkt eine Einhausung samt Absauganlage für Ihre 3D-Drucker ein.

Ein einfacher Backofen kann zudem nützlich sein, um Filament, das Wasser gezogen hat und somit nicht mehr so gut verdruckt werden kann, zu trocknen.

Das Verbrauchsmaterial

Zum Drucken mit einem FDM-3D-Drucker eignen sich einige thermoplastische Kunststoffe. Sehr gängig und empfehlenswert ist beispielsweise das erwähnte PLA. Dabei handelt es sich um polymerisierte, also kettenartig miteinander verbundene Derivate der Milchsäure, die industriell durch einen mehrstufigen mikrobiologischen Prozess in der Regel aus Maisstärke gewonnen werden. PLA basiert also nicht auf fossilen Rohstoffen und gehört somit zu den sogenannten Biokunststoffen. Es kann nach EN 13432 in industriellen Kompostieranlagen biologisch abgebaut werden und seine PET-ähnlichen Eigenschaften machen es zu einem geeigneten Werkstoff für den FDM-3D-Druck. Im Gegensatz zu anderen Kunststoffen neigt PLA jedoch zum spröden Brechen bei Belastung. Weitere gängige thermoplastische Kunststoffe für den FDM-3D-Druck sind ABS, Polyethylenterephthalat (PET) – häufig eingesetzt in mit Glycol modifiziertem, viskoserem PET (PETG) – und das elastische thermoplastische Polyurethan (TPU), das aber je nach Konstruktionsart des Druckkopfes nicht mit jedem Drucker verdruckt werden kann. Interessant ist auch der Einsatz des wasserlöslichen Kunststoffs PVA als Stützmaterial, das sich nach dem Druckvorgang im Wasserbad entfernen lässt.

Abb. 12 Lagerung von Filamentrollen für den FDM-3D-Drucker

Die Fab Foundation empfiehlt zu Beginn einen sehr umfangreichen Vorrat an Filamenten. Neben knapp 20 Rollen Standard-PLA in verschiedenen Farben (jeweils ca. 0,75 kg bis 1,00 kg) umfasst er auch PLA-Blends – also PLA mit Additiven –, die Hitze- und UV-beständiger sind oder einen gewissen Anteil an Holz oder Metall enthalten. Neben PLA wird die Anschaffung kleinerer Mengen PETG, TPU und TPE, einem weiteren Thermoplastischen Elastomer, empfohlen.

Für die meisten Teile, die in einem Fab Lab gedruckt werden, reicht PLA als günstiger und verhältnismäßig umweltfreundlicher Kunststoff völlig aus und sollte daher der Standardkunststoff in einem Fab Lab sein. Wir würden empfehlen, einen PLA-Vorrat anzulegen, der Ihren Bedürfnissen und Ihrer Lagerkapazität entspricht. PLA unterliegt auch gewissen Alterungsprozessen. Überlegen Sie, wie viele verschiedene Farben immer vorrätig sein müssen. Kaufen Sie einen Grundstock und bestellen Sie weitere Farben bei Bedarf.

Wollen Sie auch Bauteile herstellen, an die Sie höhere Ansprüche in puncto Stabilität, thermische Belastbarkeit – PLA beginnt bereits ab 60 °C weicher zu werden –, UV-Beständigkeit oder Elastizität stellen, können Sie auch einen Vorrat an ABS, PETG, TPU oder Polycarbonat (PC) anlegen oder Sie bestellen diese bei Bedarf. Viele Anbieter verschicken auch Probesets mit verschiedenen Materialien zum Ausprobieren.

Überlegen Sie auch, wie Sie die Kosten für das Verbrauchsmaterial decken können. 3D-Druck-Filament lässt sich gut nach verbrauchtem Gewicht abrechnen. Lesen Sie hierzu in Abschnitt 5.5.2 »Die laufenden Kosten und die Wartung«. Ein bewährtes Konzept ist auch, dass Besuchende ihr eigenes Filament mitbringen, das sie entweder im Fab Lab lagern können oder direkt wieder mitnehmen, wenn sie gehen.

Achten Sie beim Kauf des Filaments auf den Durchmesser. Mittlerweile haben sich zwei Standarddurchmesser etabliert: 1,75 mm und 2,85 mm. Kaufen Sie die für Ihren Drucker passenden Durchmesser.

Planen Sie, einen 3D-Drucker zu kaufen, der nach einem anderen Prinzip arbeitet, müssen Sie das entsprechende Verbrauchsmaterial dafür kaufen. Bedenken Sie zudem, dass die Preise für Verbrauchsmaterial für alle anderen Verfahren teilweise um ein Vielfaches teurer sind als beim FDM-3D-Druck.

3.3.1.2 Der Laserschneider

Ein Laserschneider ist ein digital gesteuertes, hochpräzises Schneidegerät, das Plattenmaterial mit Hilfe der Wärmeenergie eines Lasers schneiden oder gravieren kann. Seine Einsatzgebiete sind mannigfaltig. Materialien, die mit ihm geschnitten werden können, sind zum Beispiel Holz, Sperrholz, Furnier, Hochdichte Faserplatte (HDF)/Mitteldichte Faserplatte (MDF), Acrylglas, Polystyrol, weitere nicht chlorhaltige Kunststoffe, Leder, Papier und diverse Textilien. Je nach Leistung und Bettgröße des Gerätes geht das bis zu einer gewissen Materialdicke bzw. -größe. In der Regel sind die Geräte auch dazu in der Lage, Materialien, wie Stein, Glas und Aluminium, zu gravieren. Mit einem Laserschneider lassen sich also computergesteuert Teile aus Plattenmaterial ausschneiden bzw. Beschriftungen o. Ä. auf Teilen anbringen. Er eröffnet damit auch die Möglichkeit, Plattenmaterial so zuzuschneiden, dass man es zu dreidimensionalen Strukturen zusammensetzen kann. Auf diese Weise lassen sich schnell und professionell zum Beispiel Gerätegehäuse herstellen.

Der Laserschneider ist vermutlich nicht nur das teuerste Gerät eines Fab Labs, sondern sein Betrieb ist auch mit den höchsten Sicherheitsanforderungen verbunden. Deshalb sollten Sie besonderes Augenmerk auf die Auswahl des Laserschneiders legen.

Ein Laserschneidegerät zeichnet sich vor allem durch die Bauart des verwendeten Lasers, dessen Leistung und die Größe des Schneidebettes aus. In Laserschneidegeräten können Laser mit verschiedenen Lasermedien zum Einsatz kommen. Am gängigsten in Fab Labs sind aufgrund ihrer geringeren Anschaffungskosten sicher CO_2-Laser, wobei unter den Laserschneidern, die die Fab Foundation empfiehlt, auch ein Faserlaser zu finden ist. Faserlaser sind zwar teurer, bieten aber auch einige entscheidende Vorteile. Neben dem geringeren Wartungsaufwand sind sie auch in der Lage, Metall zu schneiden. Unabhängig von der Bauart definiert die Leistung des Lasers die mögliche Schnitttiefe und die Größe des Schneidebettes sowie die maximale Größe des zu schneidenden Plattenmaterials. Es gibt auch Geräte auf dem Markt, die es durch eine Durchschubklappe theoretisch ermöglichen, Material zu bearbeiten, das größer als das Schneidebett ist –, aber Achtung: Durch eine solche Öffnung gilt ein Laserschneider nicht mehr als eigensicheres Gerät und Sie brauchen eine (zertifiziert) laserschutzbeauftragte Person im Hause.

Bedenken Sie, dass zu den Anschaffungskosten für den Laserschneider an sich im Betrieb weitere Kosten für Betreuung, Wartung und Verschleiß auf Sie zukommen [siehe ebenfalls Abschnitt 5.5.2 »Die laufende Kosten und die Wartung«].

Die Fab Foundation empfiehlt im »Fab Inventory« eine ganze Reihe an Laserschneidegeräten mit passendem Zubehör der Firmen Epilog, TROTEC und GCC in verschiedenen Preisklassen (20.000 US-Dollar bis 50.000 US-Dollar und 5.000 US-Dollar bis 10.000 US-Dollar Abluft), die alle über Händler auch in Deutschland erhältlich sind. In der Regel handelt es sich dabei um CO_2-Laser, es ist aber auch ein CO_2-/Faserlaser-Kombigerät darunter.

In den Fab Labs der Autor*innen kommen folgende Geräte zum Einsatz:

- Epilog Zing 24, 40 Watt, CO_2-Laser
- EAS 1290, 30 Watt, CO_2-Laser
- TROTEC SP 500, 200 Watt, CO_2-Laser
- Epilog Fusion M2 40

Eine konkrete Empfehlung für ein Gerät auszusprechen, ist auch im Falle des Laserschneiders schwierig. Die folgenden Leitfragen fassen die oben genannten Punkte noch einmal in Bezug auf Ihre Kaufentscheidung zusammen:

- Wie viel Budget habe ich zur Verfügung?
- Beachten Sie auch die Wartungskosten.
- Welchen Raum habe ich zur Verfügung?

- Beachten Sie auch die Zusatzinfrastruktur.
- Welche Materialien möchte ich schneiden/gravieren?
- Welches Plattenmaß will ich mindestens lasern können?
- Welche Plattendicke will ich schneiden können?

Die Zusatzinfrastruktur

Zusätzlich zum Laserschneider brauchen Sie neben einem passenden Kühlsystem, das in der Regel vom Hersteller des Laserschneiders mit angeboten wird, und einem Computer, mit dem der Laserschneider bedient wird, eine geeignete Abluft- und Filteranlage, um den während des Laservorgangs entstehenden Rauch abzuleiten. Ohne eine solche Anlage kann ein Laserschneider nicht betrieben werden. Grundsätzlich gibt es drei Möglichkeiten, mit dem aus dem Laserscheider abgesaugten Rauch zu verfahren:

1. Der Rauch wird abgesaugt und gut gefiltert und die gefilterte Luft wird zurück in den Raum geleitet.
2. Der Rauch wird abgesaugt und nach draußen befördert.
3. Der Rauch wird abgesaugt, gefiltert und nach draußen befördert.

Die letzte Variante ist sicherlich die empfehlenswerte und im Idealfall wird der filtrierte Rauch über das Dach abgeleitet, was die Geruchsbelästigung in der Umgebung minimiert. Das kann entscheidend zur Akzeptanz Ihres Fab Labs beitragen, ist aber auch mit größeren Umbaumaßnahmen verbunden, die Geld kosten. Eine solche Investition ist aber langfristig durchaus sinnvoll.

Filtrierte und in den Raum zurückgeleitete Abluft führt in der Regel trotz Filtration zu erheblicher Geruchsbelästigung und diese Variante sollte deshalb nur dann angewendet werden, wenn alle anderen nicht zu realisieren sind.

Für Laserschneider, die keinen integrierten Standfuß haben, brauchen Sie noch eine Aufstellmöglichkeit. Viele Hersteller bieten einen passenden Aufstelltisch an. Für Laserschneider, die keine integrierte Luft- oder Gaszublasung haben, kann diese dazugekauft werden. Als weiteres Zubehör bieten viele Hersteller eine Rotationsachse an, mit deren Hilfe runde Werkstücke graviert werden können.

Das Verbrauchsmaterial

Die gängigsten Materialien, die in einem Fab Lab lasergeschnitten werden, sind sicherlich Acrylglas (Polymethylmethacrylat) und Sperrholz sowie verschiedene Pappen. Acrylglas ist von verschiedenen Herstellern in verschiedenen Dicken als gegossene oder als extrudierte Platte erhältlich, was einen Unterschied in der Verarbeitbarkeit macht. Als

Sperrholz (meist synonym für Furniersperrholz) werden Platten aus mehreren dünnen aufeinander geleimten Holzschichten (Furnieren) bezeichnet, wobei die Faserrichtung des Holzes immer um 90° gedreht ist. Das Holz ist somit gesperrt und ›arbeitet‹ so gut wie nicht mehr.

Es ist sinnvoll, Plattenmaterial zum Lasern in einem Fab Lab vorzuhalten, da der Laserschneider erfahrungsgemäß eines der meistgenutzten Geräte ist. Kann man den Besuchenden noch zumuten, dass sie ihre 3D-Druck-Filamentrollen selbst kaufen und mitbringen, wird es bei Acryl- und Holzplatten schon schwieriger.

Legen Sie daher ein Ihrer Lagerkapazität entsprechendes Plattenlager für Acrylglas und Sperrholz an, aus dem Sie Material – ggf. gegen Bezahlung – an die Besuchenden abgeben können.

Acrylglas lässt sich bei diversen Händlern online kaufen, aber es gibt auch lokale Firmen, die Dienstleistungen rund um Plexiglas anbieten und in der Regel auch Material verkaufen. Reste gibt es dort oft sehr günstig. Wir empfehlen die Bevorratung mit Plattenmaterial in zwei bis drei Stärken (3 mm, 6 mm und ggf. in einer weiteren dazwischen) in Farben Ihrer Wahl. In der Regel reicht das günstigere, gegossene Acrylglas aus. Der Fab-Foundation-Standard ist ebenfalls gegossenes Acrylglas in vier Farben in den Stärken 3 mm und 6 mm.

Auch Sperrholz lässt sich online ordern. Aber auch hier kann sich der Blick ins Branchenbuch lohnen. Lokale Holzhändler bieten ganze Platten in der Regel wesentlich günstiger an als der Zuschnitt im Baumarkt. Die Platten können dann mit einer Handkreissäge auf das Format des Lasertisches zugeschnitten werden. Leider ist Sperrholz jedoch nicht gleich Sperrholz. Seine Eignung zum Laserschneiden unterscheidet sich zum Teil deutlich, je nachdem welcher und wie viel Leim enthalten ist. Das beeinflusst nicht nur die Rauchgasentwicklung, sondern auch die Laserparameter, die zum Schneiden optimal sind. Es kann sich also durchaus lohnen, Holz aus verschiedenen Bezugsquellen zu testen und dann auf Kontinuität in der Bestellung aus geeigneter Quelle zu setzen. Wir empfehlen die Bevorratung mit Plattenmaterial in zwei bis drei Stärken (3 mm, 6 mm und ggf. in einer weiteren dazwischen) in Abhängigkeit zur Größe und Leistung des Laserschneiders. Der Fab-Foundation-Standard sieht die Anschaffung von 30 Platten in einer Größe von ca. 30 cm × 60 cm in einer Dicke von 1/8 Zoll (= 3,175 mm) vor.

Zusätzlich kann es sinnvoll sein, auch Papiere und Pappen vorrätig zu halten, die ebenfalls mit dem Laserschneider geschnitten werden können. Sie können als Schablonen oder als Baumaterial für einfache Konstruktionen dienen.

Weitere Materialien können Sie projektbezogen zukaufen oder die Besuchenden bringen sie mit. Achten Sie bei mitgebrachten Materialien aber streng darauf, um was es sich genau handelt – insbesondere am »Open Lab Day«. Chlorhaltige Verbindungen, wie PVC-(Polyvinylchlorid-)haltige Kunststoffe, dürfen zum Beispiel auf keinen Fall gelasert werden, da das dabei entstehende Chlorgas nicht nur hochgiftig ist, sondern auch Komponenten des Laserschneiders zerstören kann.

Neben Acrylglas, Sperrholz und Papier/Pappe können mit dem Laserschneider weitere Materialien, wie Leder, Kork, Textilien, bestimmte Stempelgummis und andere Kunststoffe als Acryl, geschnitten werden. Je nach Leistung sind Laserschneider darüber hinaus in der Lage, Aluminium, Stein oder Glas zu gravieren. Eine Bevorratung ist nur dann sinnvoll, wenn eines dieser Materialien häufig nachgefragt wird.

3.3.1.3 Der Folienschneider

Ein Folienschneider – häufig auch als Vinylschneider oder Vinylplotter bezeichnet – ist ein Gerät, mit dem Folien, Klebefolien und Papier bis zu einer gewissen Grammatur computergesteuert geschnitten werden können. Ein Schleppmesser, das in z-Richtung wenige Millimeter angehoben bzw. zum Schneiden abgesetzt werden kann, wird dazu an der x-Achse hin und her bewegt. Mit Hilfe einer Rolle wird das zu schneidende Material unter dem Messer in y-Richtung bewegt. Man spricht vom Media-Moving-Prinzip. Es gibt auch Geräte, bei denen das Material nicht und das Messer in x- und y-Richtung bewegt wird. Diese Geräte sind dann größer und in der Regel teurer.

Mit einem Folienschneider können zum Beispiel Beschriftungen, Aufkleber und Sprüh- oder Siebdruckschablonen hergestellt werden.

Folienschneider sind vergleichsweise günstig und es gibt auch einen Gebrauchtmarkt. Der von der Fab Foundation empfohlene Folienschneider ist das Modell CAMM-1 GS-24 Desktop Cutter von Roland, das auch in Deutschland erhältlich ist. Das Gerät kostet etwa 2.000 € und hat einen Schneidbereich von maximal gut 58 cm × 2.500 cm – ein großer Vorteil des Media-Moving-Prinzips. Es liegt mit dieser Schnittbreite von ca. 60 cm im Mittelfeld und hat sich im Fab Lab der RWTH Aachen bewährt. Wer weniger Geld ausgeben möchte, kann auf das Modell CAMEO von Silhouette zurückgreifen. Dieses Gerät hat zwar mit 30 cm × 300 cm einen wesentlich kleineren Schneidebereich, kostet aber in seiner aktuellsten Ausführung auch nur gut 300 €. Es ist im Fab Lab der Universität Bremen im Einsatz und hat sich dort bewährt. Eine höhere Schneidbreite von etwa 120 cm bietet das Gerät CE6000-120 Plus von GRAPHTEC, das im Lab der Folkwang Universität der Künste in Essen im Einsatz ist. Bezogen auf die Schneidbreite ist es mit etwa 3.400 € relativ günstig und hat sich ebenfalls im Einsatz bewährt. Im Fab Lab in Siegen ist ein älterer Plotter der Firma Roland im Einsatz, der sowohl drucken als auch schneiden kann, außerdem kann auch die CNC-Fräse des Labors optional mit einem Schneidmesser ausgerüstet werden. Beide Systeme werden aufgrund ihrer technischen Komplexität eher selten eingesetzt.

Ein vielleicht wichtigeres Kriterium als der Schneidebereich ist die Bedienbarkeit des Gerätes. Reicht der Schneidebereich mal nicht aus, lassen sich zumindest Klebefolien auch gut beim Aufkleben aneinanderstückeln. Funktioniert die Software jedoch nicht zuverlässig oder ist sie benutzungsunfreundlich, kommen Sie vielleicht gar nicht zum Schneiden. Bedenken Sie dies ebenfalls beim Kauf des Folienschneiders.

Für den Betrieb eines Folienschneiders brauchen Sie keine Zusatzinfrastruktur. Es empfiehlt sich, ein Cuttermesser zur Hand zu haben, um die geschnittenen Flächen zu entgittern, also die nicht benötigten Bereiche zu entfernen.

Das Verbrauchsmaterial

Der Folienschneider ist zwar in der Lage, Papier und Folien aller Art zu schneiden, aber erfahrungsgemäß wird er am häufigsten zum Schneiden von Klebefolie benutzt. Die Beschaffung dieser Klebefolien kann (vor allem in Mindermengen) schwierig sein. Deshalb sind Klebefolien etwas, das in Ihrem Fab Lab vorrätig sein sollte. Kaufen Sie eine kleine Auswahl an Farben Ihrer Wahl auf Rolle. Kaufen Sie auch eine Rolle Transferfolie, die Sie brauchen, um die Klebefolie ordentlich auf Wänden oder Gegenständen anzubringen. In größeren Städten gibt es in der Regel auch Händler, die Klebefolien meterweise verkauft.

3.3.1.4 Die große CNC-Fräse

Mit einer computergesteuerten Fräsmaschine können Werkstücke präzise aus verschiedenen Materialien herausgefräst werden. Je nach Anzahl der Bearbeitungsachsen der Fräsmaschine reicht das vom Ausschneiden von Teilen aus Plattenmaterial bis zum 3D-Fräsen komplexer Strukturen.

In einem Fab Lab findet sich typischerweise eine einfachere 3-Achs-CNC-Fräsmaschine, deren z-Hub (Höhe der z-Achse) tendenziell gering ist. Mit einer solchen Fräse kann zum Beispiel Plattenmaterial aus Holz mit einer Dicke, die der Laserschneider nicht mehr schneiden kann, präzise ausgefräst werden. Je nach Höhe des z-Hubs ist es aber durchaus möglich, auch dreidimensionale Formen aus Holz oder PU-(Polyurethan-)Schaum zu fräsen.

Die wesentlichen Spezifika einer CNC-Fräse sind neben dem z-Hub die Längen der x- und der y-Achse, die Leistung des Motors und das Vorhandensein einer Haube. Darüber hinaus haben die allgemeine Güte der Bauteile und der Verarbeitung sowie die Art der Steuerungstechnik einen wesentlichen Einfluss auf die mögliche Frägeschwindigkeit. Aus Sicht der Steuerungstechnik unterscheidet man sogenannte Open- und Closed-Loop-Systeme. In einem Closed-Loop-System besitzt das Gerät zusätzlich Sensoren, die den Soll-

Ist-Zustand abgleichen. Diese gibt es in einem Open-Loop-System nicht, was sie um einiges günstiger, aber in der Regel auch langsamer macht.

Überlegen Sie, welche Materialien Sie in welcher Größe fräsen wollen. Wählen Sie anhand dessen die Größe der Fräsmaschine (x-, y-, z-Achse) und die Leistung des Motors aus. Ob Sie sich für ein Open- oder ein Closed-Loop-System entscheiden, ist eine finanzielle Frage. Auch mit vergleichsweise günstigen Open-Loop-Fräsmaschinen lassen sich gute Ergebnisse erzielen. Kaufen Sie wegen der Staubentwicklung unbedingt eine Fräsmaschine mit Einhausung, wenn Sie keinen gesonderten Raum dafür haben. Eine solche Haube dient auch der Sicherheit, weil sie ein Hineinlangen in den Fräsbereich sowie das Wegfliegen von Material verhindert.

Eine Alternative zu den stationären Portalfräsen stellt die handgeführte CNC-Fräse Origin von Shaper Tools dar. Sie ist seit Anfang 2020 auch in Deutschland verfügbar und wird ebenfalls im »Fab Inventory« empfohlen.

Abb. 13 Studierende bei der Arbeit mit der Schaper-Origin-Fräse

Aktuell (Stand 26.01.2021) empfiehlt die Fab Foundation (je nach Budget) eine Open- und eine Closed-Loop-Fräsmaschine des Herstellers ShopBot Tools:

- PRSstandard96 (Open-Loop-Fräse, mit Zubehör etwa 18.000 US-Dollar)
- PRSalpha96 (Closed-Loop-Fräse, mit Zubehör etwa 23.000 US-Dollar)

In den Fab Labs der Autor*innen sind folgende Geräte im Einsatz:

Siegen:
Heavy 800 XL von EAS

Essen:
- Origin von Shaper Tools
- STEPCRAFT-2/D.840 von STEPCRAFT
- FlatCom M 30 von isel
- FlatCom® XL 102/112 von isel

Aachen:
SRM-20 von DGSHAPE

Das Zubehör und das Verbrauchsmaterial

Zusätzlich zur Fräsmaschine selbst können bzw. müssen in der Regel noch einige teils sicherheitsrelevante Zubehörteile gekauft werden. Die bereits erwähnte Haube schützt vor Staub und Verletzungen. Zusätzlich kann auch bei einer Fräse mit Hilfe einer Absauganlage Frässtaub abgesaugt werden. Sind Haube und Absaugung bei entsprechenden Vorsichtsmaßnahmen optional, so brauchen Sie zur Fixierung und Bearbeitung der Werkstücke in jedem Fall geeignete Spannmittel, Spannzangen und Fräsköpfe, deren Anschaffung mit nicht zu unterschätzenden Kosten verbunden ist.

Häufig dient die große CNC-Fräse in einem Fab Lab dazu, Holzplatten zum Beispiel für den Möbelbau auszufräsen. Daher ist es ratsam, einen gewissen Vorrat an zum Beispiel Seekiefer- oder Siebdruckplatten vorzuhalten. Um Modelle oder Gussformen zu fräsen, kann es auch sinnvoll sein, Modellbauschaum (PU-Schaum) vorrätig zu halten. Metalle können mit den üblichen Portalfräsen in einem Fab Lab nur sehr begrenzt bearbeitet werden und müssen in der Regel nicht bevorratet werden.

Abb. 14
CNC-Fräse mit Absaugung

3.3.1.5 Die kleine CNC-Fräse

Die kleine CNC-Fräse dient dazu, kleinere Platten sowie filigrane 3D-Teile zu fräsen. Typische Einsatzgebiete in einem Fab Lab sind das Fräsen von Leiterplatten aus Platinenmaterial, das Fräsen von (Guss-)Formen aus Fräswachs oder PU-Schaum und das Fräsen von Schildern aus Gravurlaminaten. Planen Sie, die Fräse regelmäßig zum Fräsen von Platinenmaterial einzusetzen, sollten Sie beachten, dass die Frässtäube der Kupfer- und glasfaserverstärkten Kunststoff-(GFK-)Schichten abrasive Wirkung haben und mechanische Teile der Fräsmaschine beschädigen können. Schaffen Sie daher entsprechende Schutzbälge an. Um Verunreinigungen zu vermeiden, ist eine Einhausung sinnvoll. Einige Modellfräsen gibt es bereits mit geschlossenem Fräsraum.

Die Fab Foundation empfiehlt aktuell Fräsmaschinen des Herstellers Roland in drei Preiskategorien (Stand 26.01.2021).

- monoFab SRM-20 (ca. 6.000 US-Dollar einschließlich Zubehör und Versand)
- Modela MDX-40A (ca. 12.000 US-Dollar einschließlich Zubehör und Versand)
- Modela MDX-540 (ca. 26.000 US-Dollar einschließlich Zubehör und Versand)

Achtung: Die Maschine mit der Bezeichnung »Modela MDX-40A« wurde im April 2019 vom Nachfolgemodell mit der Bezeichnung »Modela MDX-50« abgelöst, das neben einem leicht vergrößerten Fräsraum einen automatischen Fünffachwerkzeugwechsler sowie einen stärkeren Motor besitzt.

Geräte, die in den Fab Labs der Autor*innen genutzt werden:

- ProtoMat S104 von LPKF
- Modela MDX-40 von Roland
- Personal Fabricator von FABtotum

Das Zubehör und das Verbrauchsmaterial

Was das Zubehör und das Verbrauchsmaterial betrifft, gilt für die kleine Fräsmaschine Ähnliches wie für die große. Eine

Absaugung ist auch hier sicherlich zu empfehlen – vor allem, wenn Platinen gefräst werden; ein günstiges Kosten-Nutzen-Verhältnis bietet ein Trichter unter der Fräsmaschine, der in einen Sammelbehälter mündet und so Staub und Späne sammelt. Auch für die kleine Fräse benötigen Sie Spannmittel und (Präzisions-)Fräsköpfe und ggf. die bereits erwähnten Schutzbälge und eine Einhausung.

Als Verbrauchsmaterial für die kleine Fräsmaschine können Sie Fräswachs, Frässchaum, Platinenmaterial, Gravurlaminate und ggf. eloxierte Aluminiumplatten kaufen.

3.3.2 Das Inventar für die handwerkliche Bearbeitung von Holz, Metall und Kunststoff

Digitale Fabrikationsmethoden allein machen ein Fab Lab noch nicht zu einem Ort, an dem man (fast) alles herstellen kann. Klassisches Handwerkszeug zur Bearbeitung von Holz, Metall und Kunststoff ist in diesem Kontext nicht wegzudenken. Neben Handwerkzeugen und handgehaltenen oder ortsfesten Elektrowerkzeugen umfasst das auch Verbrauchsmaterialien, wie Schrauben, Nägel, Klebstoff, Klebeband etc. Als passende Analogie dazu kann ein gut ausgestatteter Hobbykeller herangezogen werden, in dem handwerkliche Tätigkeiten, wie Schrauben, Nageln, Kleben, Nieten, Schweißen, Schneiden, Sägen, Bohren, Feilen, Schleifen usw., durchgeführt werden können.

Konkrete Kaufempfehlungen auszusprechen, halten wir an dieser Stelle für unnötig. Beherzigen Sie jedoch den allzu oft gehörten, aber wahren Leitsatz: Wer billig kauft, kauft doppelt.

Die folgende Liste enthält Werkzeuge und Materialien zum Handwerken im Bereich der Holz-, Metall- und Kunststoffbearbeitung, deren Anschaffung für ein Fab Lab sinnvoll ist:

Werkzeuge und Materialien im Bereich der Holz-, Metall- und Kunststoffbearbeitung

Handgeführte Elektrogeräte:

- ☐ Akkuschrauber einschließlich Bits (SL, PH, PZ, Torx und ggf. Inbus)
- ☐ Oberfräse einschließlich Fräswerkzeugen
- ☐ Handkreissäge einschließlich Sägeblättern (ggf. eine Tischkreissäge)
- ☐ Stichsäge einschließlich Sägeblättern
- ☐ Delta-, Exzenter- oder Schwingschleifer einschließlich Schleifpapier mit verschiedener Körnung
- ☐ Dremel-Multitool einschließlich Zubehör
- ☐ Heißluftfön einschließlich unterschiedlicher Düsen
- ☐ Heißklebepistole einschließlich Schmelzklebstoff

Ortsgebundene Elektrowerkzeuge:

- ☐ Standbohrmaschine einschließlich Holz- und Metallbohrer
- ☐ Bandsäge
- ☐ Dekupiersäge
- ☐ (Kappsäge)

Handwerkzeuge:

- ☐ Schraubendreherset (SL, PH und PZ)
- ☐ Elektronik- und Feinmechanikschraubendreherset (auch: Sonderformate, zum Beispiel für das Öffnen von Verbraucherelektronik)
- ☐ Inbusschlüsselset (Innensechskant)
- ☐ Steckschlüsselset (Außensechskant)
- ☐ Schraubenschlüsselset (Maul- ggf. auch Ringschraubenschlüssel)
- ☐ Torx-Schraubenzieherset
- ☐ Feilenset
- ☐ Stechbeitelset
- ☐ Schraubzwingen
- ☐ Schraubstock für Werkbank
- ☐ Hammer
- ☐ Körner
- ☐ Metallsäge
- ☐ Gehrungssäge
- ☐ Zangen gemäß Standard

- ☐ Senker
- ☐ Teppichmesser einschließlich Klingen
- ☐ (Skalpell)
- ☐ (Gewindeschneider)

Messwerkzeuge:

- ☐ Stahllineal
- ☐ Metallwinkel
- ☐ Schieblehre
- ☐ Maßband
- ☐ Gliedermaßstab

Sonstiges:

- ☐ Holzschraubensortiment
- ☐ Maschinenschraubensortiment
- ☐ Nagelsortiment
- ☐ Unterlegscheibensortiment
- ☐ Federringsortiment
- ☐ Holzleim
- ☐ Alleskleber
- ☐ Sekundenkleber
- ☐ Zweikomponentenkleber
- ☐ Klebebänder in variabler Ausführung einschließlich doppelseitigem
- ☐ Kabelbinder
- ☐ Schneidematte
- ☐ Kompressor einschließlich Zubehör
- ☐ Schweißgerät
- ☐ Beschriftungsgerät einschließlich Auswahl an Bandsorten
- ☐ Staubsauger [siehe auch Abschnitt 3.3.11 »Reinigungsutensilien«]
- ☐ Handstaubsauger [siehe auch Abschnitt 3.3.11 »Reinigungsutensilien«]
- ☐ Eine geeignete Werkzeugaufbewahrung [siehe auch Abschnitt 3.5 »Die Infrastruktur für die Lagerung«]

3.3.3 Das Inventar für Elektronikarbeiten

Neben der Herstellung von Formteilen mit Hilfe von digitalen wie analogen Herstellungsmethoden spielt das Thema »Elektronik« eine zentrale Rolle in einem Fab Lab. Deshalb gehört ein gut ausgestatteter Arbeitsplatz mit Geräten zum Prüfen, Messen und Löten zur Standardausstattung eines Fab Labs. Wenn nur ein sehr kleines Budget zur Verfügung steht, kann man sicherlich mit der absoluten Minimallösung, die aus einem einfachen Lötkolben, einem Multimeter, einer Löthilfe (üblicherweise als »dritte Hand« bezeichnet), einer Zange und dem benötigten Verbrauchsmaterial besteht, schon einiges machen. Wir empfehlen jedoch einen Arbeitsplatz mit mindestens einer Lötstation, einem Universalnetzteil, einem Labormessgerät, einer Absaugung für entstehenden Lötrauch, einer kleinen Seitenschneiderzange, einer Spitzzange, einer Pinzette und einem Abisolierwerkzeug sowie entsprechendem Verbrauchsmaterial. Vor allem eine angemessene Lötrauch-Absaugung ist für den sicheren Betrieb eines Fab Labs Pflicht.

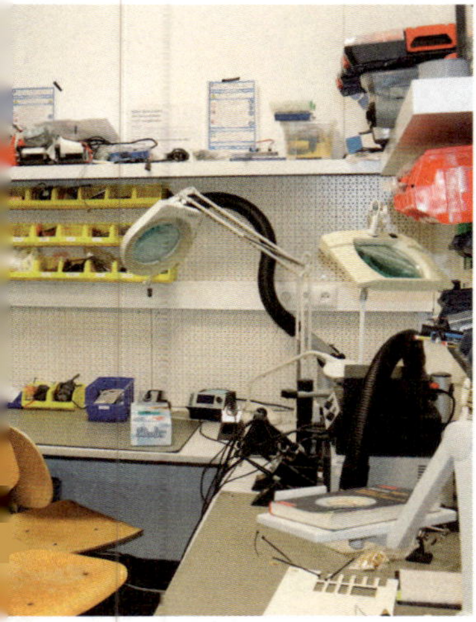

Abb. 15 Lötarbeitsplatz mit stets griffbereiten Verbrauchsmaterialien

In der Luxusversion kann Ihr Lötarbeitsplatz zusätzlich mit einer Entlötstation, einer (beleuchteten) Tischlupe/einem Binokular, einem Platinenhalter, einem Oszilloskop und einem Signalgenerator ausgestattet sein, wenn er nicht schon im Oszilloskop integriert ist. Auch ein Reflow-Ofen, eine Heißluftlötstation sowie spezielle Werkzeuge zum Öffnen und zur Reparatur von Verbraucherelektronik können ggf. sinnvoll sein.

Treffen Sie Entscheidungen entsprechend Ihren Bedürfnissen. Wägen sie ab, ob nicht mehrere einfach ausgestattete Lötarbeitsplätze wertvoller sind als ein voll ausgestatteter.

Beachten Sie auch, dass das Arbeiten mit Spannungen über 40 V besondere Sicherheitsanforderungen stellt und zusätzliches Equipment, wie einen Trenntransformator, nötig macht. Auch die Anschaffung einer Crimpzange kann dann sinnvoll sein.

Als Verbrauchsmaterial empfehlen wir Lötzinn, Flussmittel, Entlötlitze (wenn keine Entlötstation vorhanden ist), Litze mit Isolierungen in mehreren Farben, Schrumpfschläuche, Lötschwämmchen und eine gute Auswahl an elektrischen Bauelementen. Die Liste an elektrischen Bauelementen im »Fab Inventory« ist sehr umfangreich und kann im Einzelnen dort eingesehen werden. Sie umfasst alle gängigen Bauelemente in verschiedenen Ausführungen, so zum Beispiel Widerstände, Kondensatoren, Transistoren, Dioden, Leuchtdioden, Spulen, Potentiometer, Schalter, Sensoren und Aktuatoren sowie Kabel, Stecker und Klemmen.

Ergänzt werden die elektronischen Bauelemente um ein Sortiment an Microcontroller-Plattformen (zum Beispiel Arduino) und Einplatinencomputer (wie beispielsweise Raspberry Pi) mit einigen zugehörigen Erweiterungsmodulen (zum Beispiel Shields für Bluetooth oder WLAN, Sensormodule, Aktorik-Komponenten etc.).

Wir empfehlen Ihnen hierbei, zunächst lediglich die gängigsten Bauteile zu kaufen und Spezialteile nach Bedarf zu besorgen. Auf der Ebene der komplexeren Einplatinencomputer sind jene von Raspberry Pi – idealerweise in verschiedenen Modellvarianten – empfehlenswert. Im Bereich der maschinenassoziierten Microcontroller empfiehlt sich das Arduino UNO als Urform der Arduino-Plattform, die einen sehr niederschwelligen Einstieg in das Thema »Programmierung« bietet und eine große (Online-)Community hat, die ihr Wissen und Tutorials teilt.

Wir möchten an dieser Stelle außerdem auf neuere Systeme mit Schwerpunkt auf dem Einsatz in der Bildung, wie zum Beispiel Adafruit Circuit Playground Express oder das aus Deutschland stammende CALLIOPE mini hinweisen, die häufig gebrauchte Zusatzmodule (zum Beispiel LEDs, Lichtsensoren, Mikrofon, Lautsprecher etc.) direkt integrieren. Darüber hinaus lohnt sich auch ein Blick auf ESP8266-basierte Systeme, wie zum Beispiel NodeMCUs, da sie extrem günstig sind und sich damit gerade für den Einsatz und Verbleib in Projekten eignen. Alle der genannten Systeme lassen sich (auch) mit der Arduino-IDE programmieren, die Sie kostenlos und quelloffen herunterladen können und die vermutlich das verbreitetste Werkzeug in Fab Labs zur Programmierung von Microcontrollern überhaupt ist.

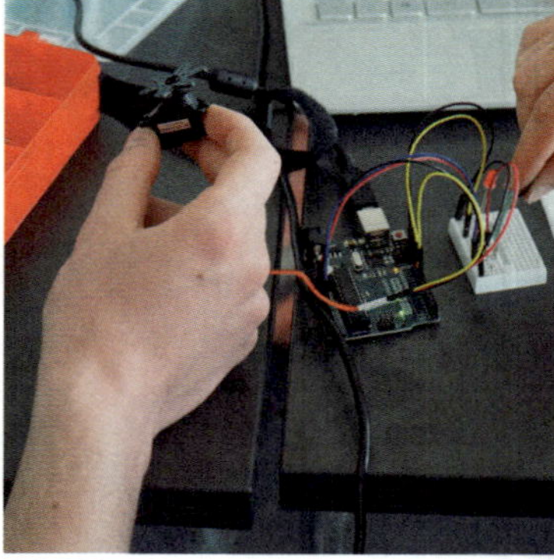

Abb. 16
Mit Hilfe der Arduino-Plattform lassen sich mit einfachen Programmierkenntnissen »interaktive« Prototypen erstellen.

Von verschiedenen Anbietern gibt es Arduino-Starter-Kits, die grundlegende Bauelemente sowie ein Arduino-Board enthalten und für Lehrzwecke gut geeignet sind. Solche Kits können natürlich auch eigenständig – je nach Bedarf – zusammengestellt werden. Erfahrungsgemäß müssen diese Sets gut gepflegt und regelmäßig nachgefüllt werden. Der Einsatz von Microcontrollern, die verschiedene Zusatzfunktionen integrieren (zum Beispiel den vorgenannten CALLIOPE mini), kann den Pflege- und Nachfüllaufwand minimieren.

3.3.4 Das Inventar für die Platinenherstellung

Zur Eigenproduktion von selbstgestalteten Platinen wurde im Kontext von Fab Labs eine Vielzahl von verschieden aufwendigen Verfahren entwickelt, die sich teils nur in Einzelschritten unterscheiden. Die gängigsten Methoden sind im Folgenden beschrieben. Überlegen Sie, was Sie davon praktizieren wollen, und kaufen Sie das entsprechende Equipment. Selbstkonfigurierte Platinen lassen sich mittlerweile alternativ auch günstig und schnell in Internet kaufen.

Als Basis zur Eigenproduktion von Platinen dient in der Regel Plattenmaterial, das ein- oder beidseitig dünn kupferbeschichtet ist und dessen Kern typischerweise aus (faserverstärktem) Epoxidharz oder Hartpapier besteht. Durch selektives Entfernen der Kupferbeschichtung lassen sich Leiterbahnen nach einem selbst gestalteten Layout erzeugen.

Mit Hilfe der kleinen CNC-Fräse kann die Kupferschicht

Abb. 17 Eigene Platinenherstellung mit einer CNC-Fräse

an den Stellen, wo sie nicht benötigt wird, mechanisch entfernt werden. Bedenken Sie hierbei, dass Fräsköpfe bei Epoxidharz schneller verschleißen als bei Hartpapier. Sind zusätzlich Glasfasern enthalten, entsteht ein unangenehmer Glasstaub.

Alternativ kann die Kupferschicht mittels ätzender Stoffe nasschemisch entfernt werden. Dazu werden die Bereiche, die bestehen bleiben sollen, mit einer Schutzschicht maskiert und die Platine anschließend mit einer Ätzlösung behandelt. Dort, wo die Kupferschicht abgedeckt ist, bleibt sie bestehen. Zum Maskieren gibt es verschiedene Methoden und zum Ätzen stehen verschiedene Chemikalien zur Verfügung.

Auf einfachste Weise kann manuell mit einem Edding oder einem Stiftplotter maskiert werden. Verbreitet ist auch das sogenannte Direkt-Toner-Verfahren, bei dem die Maskierung zunächst mit einem Laserdrucker auf ein Transferpapier gedruckt und dann mit Hilfe von Hitze und Druck auf das Platinenmaterial übertragen wird. Eine Maskierung kann auch im Siebdruckverfahren aufgebracht werden. Darüber hinaus gibt es Platinenmaterial, das mit einem ätzresistenten Fotolack kaschiert ist. In einem dem Ätzen vorgelagerten Schritt muss dieser Fotolack partiell entfernt werden. Dazu werden die Stellen, an denen am Ende keine Leiterbahn sein soll, abgedeckt und der Fotolack wird mit UV-Licht ausgehärtet. Der nicht ausgehärtete Lack wird weggewaschen und die Platine dann geätzt. Wo ausgehärteter Lack war, bleibt auch die Kupferschicht erhalten. Zum Maskieren des Fotolackes bieten sich geplottete Klebefolien oder bedruckte Folien an.

Auch zum Ätzen stehen mehrere alternative Verfahren zur Verfügung, die sich in verschiedenen Punkten unterscheiden. Gängig sind das Ätzen mit Natriumpersulfat oder mit Eisen-III-Chlorid. Benutzt man Platinenmaterial mit Fotolack, muss die Platine zwischen dem Belichten und dem Ätzen in der Regel noch mit Natriumhydroxid ›entwickelt‹ werden.

Es gibt außerdem einige neuere Möglichkeiten im Rapid Prototyping von Platinen, zum Beispiel das ›Drucken‹ von Leiterbahnen mit leitfähiger ›Tinte‹, wodurch zum Beispiel auch flexible Platinen realisiert werden können. Mit solchen Systemen gibt es noch vergleichsweise wenig Praxiserfahrung. Allerdings können sie aufgrund ihrer Ähnlichkeit mit dem 3D-Druck und ihrem Schwerpunkt auf Rapid Prototyping für ein Fab Lab je nach Ausrichtung und finanziellen Rahmenbedingungen prinzipiell von Interesse sein.

3.3.5 Das Inventar für den Formenbau und Guss

Um dreidimensionale Formteile, zum Beispiel für Gehäuse, zu erzeugen, sind Gießverfahren eine Alternative zu generativen Prozessen, wie dem 3D-Druck, oder spanenden Verfahren, wie dem CNC-Fräsen, wobei diese Prozesse bei der Erzeugung der Gussform eine Rolle im Gießprozess spielen können. Es gibt eine Vielzahl an Gießverfahren, die sich im Detail unterscheiden, von denen sich aber einige mit einfachen Mitteln in einem Fab Lab durchführen lassen. So können zum Beispiel kostengünstig funktionale, professionell anmutende Kunststoff- oder sogar Metallteile in Kleinserie, flexible Teile aus Silikon oder Teile mit einer besonderen Oberflächengüte hergestellt werden.

Jedem Gießverfahren liegt eine Gussform zugrunde. Man unterscheidet zwischen verlorenen Formen, die nur einmal verwendet werden können, und Dauerformen, die mehrfach verwendet werden können. Verlorene Sandformen finden vor allem im Metallguss, der durchaus in einfacher Form in Fab Labs durchgeführt werden kann, Anwendung. Dauerformen können verwendet werden, um zum Beispiel Silikonteile, Teile aus Polymerkunststoffen oder Keramikobjekte zu erzeugen. Solche Formen können ein- oder mehrteilig sein und in verschiedenen Gießverfahren eingesetzt werden. Zur Erzeugung einer Form stehen in einem Fab Lab verschiedene Methoden zur Verfügung:

1. Mit einer CNC-Fräse lassen sich ein- oder mehrteilige Formen aus dichtem PU-Schaum oder speziellem Fräswachs herstellen. Die Oberflächengüte kann teilweise durch Schleifen und Verspachteln veredelt werden. Auf diese Weise hergestellte Formen können mit Silikon, Zweikomponentenkunststoffen oder Beton befüllt werden.
2. Auch mit einem 3D-Drucker lassen sich solche Formen herstellen, deren Oberflächengüte ebenfalls durch Schleifen verbessert werden kann. Beachten Sie, dass Polymerisationsreaktionen hohe Temperaturen erzeugen, die den thermoplastischen Kunststoff der Form schmelzen lassen können.
3. Niederkomplexe Gussformen lassen sich ggf. aus Plattenmaterial herstellen, das manuell oder mit dem Laserschneider aus MDF geschnitten werden kann.
4. CNC-gefräste, 3D-gedruckte, handgeformte oder vorgefundene Gegenstände können als Positivform zur Herstellung einer Gussform dienen. Ihre Gestalt wird mit Hilfe von Silikon abgeformt, die so entstandene Silikonform nach dem Erhärten aufgeschnitten, der Gegenstand entfernt, die Silikonform wieder zusammengesetzt und durch eine Angussöffnung mit einem Zweikomponentenkunststoff befüllt.
5. Mit Gips anstelle von Silikon lassen sich auf diese Weise Formen zum Gießen von Keramik herstellen.
6. Auch mit Sand kann man Gegenstände abformen und die entstandene Form für das Gießen von Aluminium- oder Zinkteilen benutzen.

Darüber hinaus gibt es zahlreiche weitere Varianten von Gießverfahren, die auch mit einfachen Mitteln durchführbar sind. Zu diesem Thema bietet das Internet zahlreiche Anleitungen. Ein wertvolles Hilfsmittel für die blasenfreie Verarbeitung von Zweikomponentenkunststoffen, wie Epoxidharz, ist eine Vakuumkammer. Sie ist aber nicht zwangsläufig ein Muss. Ein vorsichtiges Verrühren der zwei Komponenten kann eine Blasenbildung von vornherein verhindern. Beim Gießen ist oft der Einsatz eines Trennmittels sinnvoll.

Erfahrungsgemäß kommen Gießverfahren in den Fab Labs der Autor*innen seltener zum Einsatz als zum Beispiel der 3D-Drucker. Schrecken Sie dennoch nicht davor zurück, denn auch ein Laie kann mit Gießtechniken professionell anmutende Ergebnisse erzielen.

Die folgende Übersicht zeigt, welche Ausrüstung und Materialien zum Gießen sinnvoll sein können:

Material zum Erstellen einer Form

- ☐ Fräswachs
- ☐ PU-Schaum
- ☐ Ggf. Plattenmaterial
- ☐ Ölformsand
- ☐ Gießmaterial:
- ☐ Gips
- ☐ Zement
- ☐ Zweikomponenten-Gießharze
- ☐ Zink
- ☐ Silikon
- ☐ Trennmittel
- ☐ Gefäße und Spatel zum Anrühren des Gießmaterials
- ☐ Schmelztiegel für Metallguss einschließlich Zange
- ☐ Vakuumkammer
- ☐ Vakuumpumpe

3.3.6 Das Inventar für Textilarbeiten

Typischerweise findet sich in einem Fab Lab auch eine Grundausstattung für Textilarbeiten. Neben Utensilien für das Nähen per Hand verfügen viele Fab Labs über ein Bügeleisen, eine Nähmaschine, eine Overlock-Nähmaschine und eine Stickmaschine, mit der zum Beispiel Aufnäher hergestellt oder Kleidungsstücke bestickt werden können, und eine Thermotransferpresse zum Beflocken von T-Shirts. Der Markt für solche Geräte ist überschaubar und eine konkrete Kaufempfehlung an dieser Stelle nicht sinnvoll. Auch Strickmaschinen können Teil einer Fab-Lab-Ausstattung sein. Hier können Sie zum Beispiel mit Hilfe des AYAB-Boards diverse gängige Strickmaschinenmodelle von Brother und Electroknit zu einer ›digitalen Strickmaschine‹ machen, mit der Motive nach digitalen Vorlagen erzeugt werden können.

Abb. 18
Nähmaschinen im Fab Lab Siegen

fab101.de/ayab

Folgende Übersicht zeigt eine sinnvolle Grundausstattung für Textilarbeiten in einem Fab Lab:

Equipment Textilarbeiten

- ☐ Nähmaschine einschließlich Zubehör
- ☐ Ggf. Overlock-Nähmaschine
- ☐ CNC-Stickmaschine einschließlich Software und Zubehör
- ☐ Bügeleisen
- ☐ Bügelbrett
- ☐ Thermotransferpresse
- ☐ Aufbügelfolie, die mit dem Vinylschneider zugeschnitten werden kann
- ☐ Auswahl an Stoffen
- ☐ Stickvlies
- ☐ Maßband
- ☐ Tuchelle
- ☐ Stoffschere und/oder Rollenschneider
- ☐ Nähgarn-Set
- ☐ Stickgarn-Set
- ☐ Schneiderkreide
- ☐ Stecknadeln
- ☐ Nähnadeln
- ☐ Sicherheitsnadeln
- ☐ Klettverschluss
- ☐ Nahtauftrenner
- ☐ Druckknöpfe
- ☐ Ösen
- ☐ Leitfähige Garne und weiteres Zubehör für sogenannte ›E-Textiles‹

3.3.7 Das Inventar für den Siebdruck

Das Siebdruckverfahren ist ein verhältnismäßig junges Druckverfahren, das heute noch vielfach industriell genutzt wird. Mit einem Rakel wird Farbe durch ein Sieb gedrückt, das über dem zu bedruckenden Material liegt. Dieses Sieb wird in einem vorgelagerten Prozess teilweise für die Farbe undurchlässig gemacht, so dass es ein Motiv ›enthält‹. Im professionellen Siebdruck geschieht das mit Hilfe eines fotochemischen Verfahrens. In Fab Labs wird dagegen in der Regel eine sehr ›schmutzige‹ Variante des Siebdrucks angewendet, bei der die Bereiche des Siebes, durch die nicht gedruckt werden soll, mit Klebefolie abgeklebt werden. Die Klebefolie wird mit dem Vinylschneider geschnitten.

Eine typische Anwendung für den Siebdruck in Fab Labs ist das Bedrucken von T-Shirts oder anderen Textilien oder der Druck von Plakaten. Auch Platinen können so beschriftet werden. Selten wird Siebdruck aber auch als Teilschritt bei der Herstellung einer Platine selbst eingesetzt.

Die Ausrüstung, die die Fab Foundation für das Siebdrucken vorsieht, ist sehr rudimentär, aber für die ›schmutzige‹ Variante ausreichend:

Ausstattung Siebdruck

- ☐ Siebdruckrahmen in verschiedenen Größen
- ☐ Diverse Siebdruckfarben
- ☐ Klebefolie
- ☐ Rakel in verschiedenen Größen

3.3.8 Das Inventar für Dokumentationsaufgaben

Kapitel 8 »Wer schreibt, der bleibt! Dokumentieren und Wissen teilen« beschäftigt sich eingehend mit dem Thema »Dokumentation«. Um Projekte angemessen zu dokumentieren, sollten Sie eine Kamera kaufen, die auch filmen kann. Darüber hinaus kann die Anschaffung eines kleines Fotostudio-Setups mit Hohlkehle oder Fotozelt und (Blitz-)Lichtanlage sinnvoll sein.

3.3.9 Das Inventar für die Erfüllung von Sicherheitsanforderungen

Dem Thema »Sicherheit in Fab Labs« widmet sich ausgiebig Kapitel 6 »Safety first! Sicherheit und Arbeitsschutz«. An dieser Stelle sei jedoch darauf hingewiesen, dass Sie einige Dinge, die die Sicherheit in Ihrem Fab Lab betreffen, anschaffen und finanziell miteinkalkulieren müssen.

Das betrifft nicht nur sicherheitsrelevante Zusatzinfrastruktur für Fertigungsgeräte, die in Abschnitt 3.3.1 »Die Big 5 des Fab Labs« gerätespezifisch beschrieben ist, sondern auch Dinge, wie einen Feuerlöscher und eine Feuerdecke, einen Erste-Hilfe-Kasten, einen Rauchmelder und Ausrüstung zum persönlichen Schutz, wie Schutzbrillen, Utensilien für den Atem- und Gehörschutz sowie Schutzkittel und -handschuhe.

Abb. 19 Persönliche Schutzausrüstung & Erste-Hilfe-Kasten im Fab Labs Siegen

3.3.10 Büromaterialien

Eine Standardbüroausstattung sollte in jedem Fab Lab vorhanden sein. Ist Ihr Fab Lab strukturell an der Hochschule angesiedelt, sind Büromaterialien sowieso vorhanden. Planen Sie ein Fab Lab außerhalb des universitären Kontextes, denken Sie daran, Büromaterial anzuschaffen.

3.3.11 Reinigungsutensilien

Auch triviale Dinge, wie das Reinigen des Fab Labs und der darin befindlichen Maschinen sollten nicht vergessen werden. Zur Grundausstattung sollte daher alles gehören, was auch in einem Haushalt vorhanden ist:

- ☐ Besen, Kehrblech und Handbesen
- ☐ Ein herkömmlicher Staubsauger und ein Handstaubsauger
- ☐ Allzweckreiniger und Glasreiniger
- ☐ Bürsten und Lappen
- ☐ Putzhandschuhe

Dazu kommen einige speziellere Dinge, die im weitesten Sinne der Reinigung dienen:

- ☐ Aceton
- ☐ Ethanol
- ☐ Isopropanol
- ☐ Wattestäbchen

3.3.12 Literatur

Auch wenn im Internet viele Informationen, Anleitungen und Tutorials zur Verfügung stehen, ist die Einrichtung einer kleinen Präsenzbibliothek sinnvoll. Vor allem Standardwerke und Grundlagenliteratur aus den Bereichen der Elektronik, der Programmierung, des Handwerkens und der Textilbearbeitung sowie Fab-Lab-spezifische Literatur können hilfreich sein. Ein einfaches Bücherregal ggf. mit einer Ausleihliste hält den Zugang zur Literatur niederschwellig. Eine Liste der Bücher, deren Anschaffung die Fab Foundation aktuell empfiehlt, finden Sie unter: `fab101.de/buecherFF`

Eine weitere Liste mit Büchern, die in den Fab Labs der Autor*innen gerne genutzt werden, finden Sie unter: `fab101.de/buecher`

3.4 Das Mobiliar

Wie in einer Wohnung, einem Büro oder einer Werkstatt – und ein Fab Lab kann man durchaus als ein Hybrid aus diesen Orten verstehen – benötigen Sie Mobiliar, um Ressourcen und Prozesse nutzbar zu machen, Dinge zu lagern oder alltäglichen Aufgaben nachzugehen. Ihr Bedarf an Mobiliar wird davon abhängig sein, was in Ihrem Fab Lab passiert oder passieren soll. Welche Geräte haben Sie? Welche Technologien benutzen Sie? Welche Geräte müssen einen festen Platz haben? Welche Geräte sollen einen festen Platz haben? Was müssen oder wollen Sie lagern? Lesen Sie daher ebenfalls Abschnitt 3.3 »Das Inventar« und planen Sie die Anschaffung des Mobiliars zusammen mit dem Inventar. Auch Ihr Budget und das Raumangebot werden einen Einfluss auf Ihre Planungen haben. Das macht es schwer, konkrete Empfehlungen auszusprechen. Die folgenden Vorschläge sind daher zunächst umfangreich und verdeutlichen, was Sie an Mobiliar möglicherweise benötigen könnten. Überlegen Sie dann selbst, was Sie davon tatsächlich brauchen, und priorisieren Sie. Haben Sie beispielsweise wenig Platz, können Sie vielleicht auf einen Besprechungstisch verzichten. Eine Besprechungssituation lässt sich auch durch das Zusammenschieben von Projektarbeitsplätzen erzeugen. Während bestimmte Geräte auf jeden Fall einen festen Platz auf einem eigenen Tisch haben sollten, können sich andere Geräte eventuell einen Tisch teilen. Nicht genutzte Geräte können platzsparend eingelagert werden. Eine Nähmaschine lässt sich zum Beispiel einfach verstauen, wohingegen dies bei einem 3D-Drucker schon schwieriger wird.

Generell lässt sich das benötigte Mobiliar in sechs Kategorien einteilen, wobei eine eindeutige Zuteilung nicht immer möglich ist:

3.4.1 Das Büromobiliar

In praktisch jedem Fab Lab gibt es einen Bedarf an Büromobiliar. Ein Standardbüroarbeitsplatz (Schreibtisch, Rollcontainer und Aktenschrank) gewährleistet die angemessene Durchführung von administrativen Aufgaben durch die Lab-Leitung. Zusätzlich können Möbel für weitere Computerarbeitsplätze sowie ein Besprechungstisch nebst Bestuhlung benötigt werden. Planen Sie das Büromobiliar zusammen mit Ihrer IT-Infrastruktur und lesen Sie diesbezüglich auch Abschnitt 3.6 »Die IT-Infrastruktur«. Wird eine Maschine zum Beispiel von einem eigenen Computer aus bedient, braucht dieser ggf. auch einen separaten Tisch.

3.4.2 Das Werkstattmobiliar

Diese Kategorie stellt einen großen Posten dar. Sie umfasst nicht nur Mobiliar zum Aufstellen von Maschinen, sondern auch weitere Arbeitsplätze, wie Projekt- und Lötarbeitsplätze oder eine Hobelbank.

Als Projektarbeitsplätze können einfache Werkbänke mit Holzplatte und Metallgestell oder robuste Tische mit einem Stuhl oder Werkstatthocker dienen. Schubladen unter dem Tisch können beispielsweise für Werkzeug praktisch sein. Lesen Sie zum Thema »Projektarbeitsplätze« auch Abschnitt 3.5.3 »Die Lagerung laufender Projekten«. Ähnlich kann auch ein Lötarbeitsplatz aussehen. Für Holzarbeiten bietet sich eine Hobelbank an und eine Standbohrmaschine braucht auch einen Platz.

Suchen Sie passende Tische zum Aufstellen der Maschinen aus. Das kann durchaus etwas Einfaches – eventuell sogar Rollbares – sein. Manche Maschinen erzeugen jedoch Schwingungen und sollten entsprechend stabil stehen. Wählen Sie Tische ggf. etwas größer, wenn ein zur Bedienung notwendiger Computer danebenstehen soll. Nicht alles muss auf Tischen stehen: Kleinere 3D-Drucker können auch in einem Regal Platz finden und komfortabel bedient werden. Einige Geräte, wie Vinylschneider, CNC-Fräsen, Lasercutter oder größere 3D-Drucker, können auch ein eigenes Untergestell besitzen oder es gibt spezielle Untergestelle/Tische dafür. Lesen Sie dazu auch Abschnitt 3.3.1 »Die Big 5 des Fab Labs«. Überlegen Sie, ob weitere Tätigkeiten an einem eigenen Arbeitsplatz ausgeführt werden sollen, und planen sie entsprechendes Mobiliar mit ein (für das Nähen, den Siebdruck, den Formenguss etc.).

3.4.3 Das Lagermobiliar

Die richtige Lagerung spielt in einem Fab Lab eine zentrale Rolle für die Ordnung und eine effiziente Platznutzung, gerade dann, wenn es von einer Vielzahl von Besuchenden benutzt wird. Noch stärker als bei anderem Mobiliar ist die Auswahl von geeignetem Lagermobiliar an die Dinge geknüpft, die gelagert werden sollen. Weil der Lagerung eine so entscheidende Rolle zukommt, wird ihr ein eigener Abschnitt, Abschnitt 3.5 »Die Infrastruktur für die Lagerung« gewidmet, in dem auch das Lagermobiliar behandelt wird.

Abb. 20 Robuste Lagerregale zur Lagerung und zum Gebrauch von Geräten

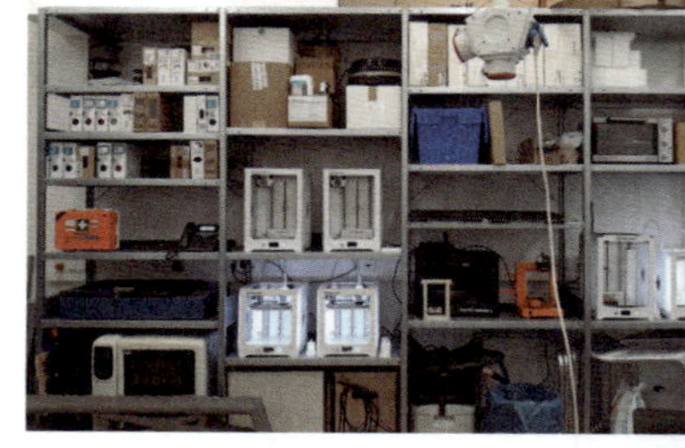

3.4.4 Das Küchenmobiliar

Ein Fab Lab ist mehr als eine Werkstatt. Planen Sie deshalb auch eine Küche ein, wenn Raumangebot und Budget es erlauben. Eine Küche ist skalierbar. Es müssen nicht unbedingt Herd und Ofen vorhanden sein. Ggf. reichen ein Mikrowellengerät oder zwei Kochplatten. Ein Kühlschrank, eine Spüle und (ggf. ein kleiner) Esstisch sind empfehlenswert. Es braucht auch nicht unbedingt einen eigenen Raum für eine Pantryküche.

3.4.5 Das Wohnmobiliar

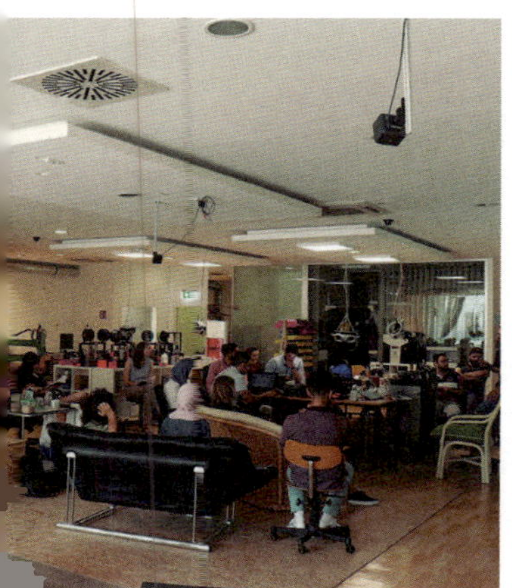

Abb. 21
Ein Fab Lab - nicht nur eine Werkstatt, sondern auch ein Lebensraum, wo gemeinsam diskutiert, gegessen oder auch mal gefeiert werden kann

Ebenso gemeinschaftsstiftend wie eine Küche kann im Fab Lab ein Bereich sein, der ein gemütliches Beisammensein ermöglicht. Wenn es der Platz erlaubt, kann eine Sofa-Ecke oder etwas Ähnliches bewirken, dass in lockerer Atmosphäre Projekte besprochen werden und ›freie‹ Zeit gemeinsam verbracht wird. Häufig entstehen so gute Ideen. Dafür braucht es in der Regel keine teuren Anschaffungen. Sofas und Sessel lassen sich günstig gebraucht beschaffen. Lesen Sie zum Thema »Küche und Sitzecke« auch Abschnitt 12.1 »Das kleinste Netzwerk: Ihre Fab-Lab-Community«.

3.4.6 Sonstiges Mobiliar

Diese Kategorie subsummiert das gesamte Mobiliar, das nicht eindeutig einer der anderen Kategorien zugeordnet werden kann. Zum Beispiel kann es in Ihrem Fab Lab sinnvoll sein, seine Jacke an eine Garderobe hängen und seinen Schirm in einen Schirmständer stellen zu können.

3.5 Die Infrastruktur für die Lagerung

Wie praktisch in jedem Arbeits- und Lebensumfeld müssen in einem Fab Lab Dinge gelagert werden. Und weil die Lagerung nicht nur für eine Person, sondern für die ganze Community funktionieren muss, wird an sie noch ein besonderer organisatorischer Anspruch gestellt. Es muss also nicht nur alles, was gerade nicht von jemandem in der Hand gehalten wird, irgendwo verstaut werden, sondern es sollte auch so geschehen, dass alle es finden können. Das gilt für Werkzeuge und Verbrauchsmaterialien ebenso wie für (quasi) Immaterielles, wie Wissen und Anleitungen.

Wie fast immer gibt es auch für das Thema »Lagerung« kein Patentrezept. Grundsätzlich hängen die Lagerfläche und die Lagerart von dem ab, was in Ihrem Fab Lab schwerpunktmäßig passiert, welche Maschinen es gibt und welche Tätigkeiten durchgeführt werden. Natürlich spielen auch die Beschaffenheit der Ihnen zur Verfügung stehenden Räumlichkeiten und letztendlich Ihr Budget eine Rolle bei der Lagerplanung. Vernachlässigen Sie das Thema »Lagerung« nicht und schaffen Sie ein angemessenes Verhältnis der Lagerfläche zur übrigen Fläche.

Im Folgenden werden im Zusammenhang mit den Dingen, die potenziell in einem Fab Lab gelagert werden können, einige Punkte dargelegt, die Sie in Ihre Lagerplanung mit einbeziehen sollten.

3.5.1 Die Lagerung von Werkzeugen und Maschinen, die keinen festen Platz haben

Zur Lagerung von Handwerkzeugen (Schraubendrehern, Schraubenschlüsseln, Inbusschlüsseln, Hämmern, Feilen etc.) empfiehlt sich eine wandmontierte Werkzeugtafel oder ein Werkzeugschrank mit Schubladen, der sich gut unter einer Werkbank unterbringen lässt. Platzsparender als eine Werkzeugtafel und günstiger als ein Schubladenschrank ist eine einfache Werkzeugkiste, die wiederum andere Nachteile, wie Unübersichtlichkeit, Verletzungsgefahr und die Gefahr der Beschädigung des Werkzeugs, birgt. Auch hier müssen Sie Ihre Entscheidung unter Berücksichtigung des Budgets und des Ihnen zur Verfügung stehenden Platzes treffen.

Für die Lagerung handgeführter Elektrowerkzeuge (Akkuschrauber, Handkreissägen, Stichsägen etc.) empfiehlt sich ein Regal oder ein Schrank. Ein Schrank kann abschließbar sein, während ein Regal seinen Inhalt direkt offenbart. Häufig können solche Geräte auch in stapelbaren Boxen – sogenannten Systainern – gekauft werden, in denen meist noch Platz für das nötigste Zubehör ist. Bedenken Sie hier: Gelegenheit macht Maker*innen! Verbannen Sie Maschinen in unsichtbare Bereiche, werden sie vermutlich weniger benutzt, aber zum Beispiel eine Nähmaschine, die nicht erst aus dem Schrank hervorgeholt werden muss, ist leichter zugänglich und wird vermutlich öfter benutzt. Beachten Sie auf der anderen Seite eventuelle Sicherheitsaspekte.

3.5.2 Die Lagerung von Bauteilen und Verbrauchsmaterialien

Was soll gelagert werden?

Worauf Sie bei der Lagerung den Schwerpunkt legen, sollte von Ihren eigenen Vorstellungen, von dem, was in Ihrem Fab Lab passieren soll, und von der Klientel Ihres Fab Labs abhängen. Legen Sie einen Lagerbestand von Dingen an, die häufig gebraucht werden, und bedenken Sie bei bei der Auswahl, wie schwierig jeweils deren Beschaffung ist: Etwas, das im lokalen Bau- bzw. Elektronikbauteilemarkt verfügbar ist, muss nicht in rauen Mengen gelagert werden. Lagern Sie keine ›Spezialteile‹ – sie können bei Bedarf im Internet bestellt werden – und beachten Sie das Lagervolumen: Halten sie ruhig einen Fundus an Widerständen vor, denn sie sind klein und günstig. Lagern Sie aber nicht zig Quadratmeter Sperrholzplatten, wenn der Platz begrenzt ist. Bei einigen Dingen ist es vielleicht sogar sinnvoll, sie grundsätzlich von den Besuchenden mitbringen zu lassen. Treffen Sie aber genaue Regelungen, ob und wie die Besuchenden solche Materialien im Fab Lab lagern dürfen.

Abb. 22
Handwerkzeuge

Wie soll gelagert werden?

Ordnung ist das halbe Leben. Deshalb ist es wichtig, sich für die verschiedenen Materialien geeignete Lagerarten zu überlegen: Genormte Boxen (Euronormboxen) sind in guter Qualität und verschiedenen Größen von diversen Firmen über das Internet verfügbar. Günstigere Boxen – aber somit in der Regel qualitativ minderwertige – gibt es in Baumärkten und Möbelhäusern. Beschriften Sie die Boxen hinreichend und ziehen Sie in Erwägung, dies in reversibler Form zu tun. Eventuell kommen für Sie auch transparente Boxen in Betracht, bei denen sofort ersichtlich ist, was sich darin befindet, und stellen Sie diese in Regale:

Die kleinere Variante sind sogenannte Sortier- oder Sortimentskästen, wie sie für das Lagern von Schrauben o. Ä. verwendet werden und die es in Form von stapelbaren Kisten, als kleine Schränkchen mit Schubfächern zur Wandmontage oder als Schubladeneinsätze für Werkstattschränke gibt und gerade für Schrauben, Muttern, Nägel etc., aber auch für Elektronikbauteile mittlerer Größe geeignet sind.

Verschwenden Sie keinen Platz für überdimensionierte Boxen, denn Kleinteile lassen sich auch anders lagern. Ein platzsparendes Sortiment von kleineren Elektronikbauteilen (Widerständen etc.) gibt es auch in Form von Ringordnern.

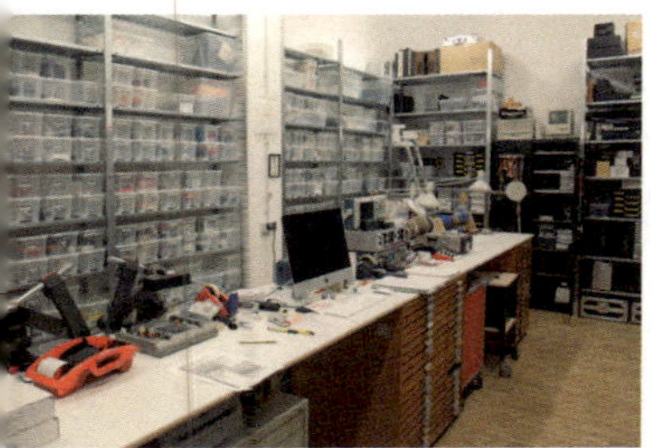

Abb. 23 Transparente Lagerboxen in der Elektromechanischen Werkstatt

3.5.3 Die Lagerung laufender Projekte

Was im privaten Hobbykeller kein Problem darstellt, kann die räumliche Kapazität eines Fab Labs schnell an ihre Grenzen stoßen lassen, wenn Fab-Lab-Projekte bis zum folgenden Tag bzw. bis zum nächsten »Open Lab Day« liegengelassen werden. Je nach Raumangebot in Ihrem Fab Lab können Sie Szenarien entwickeln, wie dieses Liegenlassen aussehen kann: Haben Sie viel Platz und Budget für entsprechendes Mobiliar, können Sie einige temporär personalisierte Arbeitstische (zum Beispiel Werkbänke mit Schrankfach darunter) einrichten, die zum Beispiel wochenweise reservierbar sind. Das andere Extrem wäre ein konsequentes Wiederwegräumen und Nach-Hause-Nehmen der Projekte. Eine durchaus auch mit kleinerem Budget und Raumangebot realisierbare Variante ist die Anschaffung von Projektboxen. Diese Boxen, in denen bei längerer Arbeitsunterbrechung alle Teile eines Projekts verstaut werden können, sind in Regalen lagerbar. Sie brauchen dafür ein Regal mit entsprechenden Boxen. Empfehlenswert sind zum Beispiel verschieden große Euronormboxen, die dann dem Umfang der zu lagernden Teile entsprechend ausgewählt werden. Transparente Boxen erleichtern den Überblick darüber, was sich in einer Box befindet, enorm.

Abb. 24 Projekt-Boxen

3.5.4 Die Lagerung von Elektroschrott

Im Betrieb des Fab Labs werden Sie schnell feststellen, dass sich mit der Zeit eine nicht zu vernachlässigende Menge an Elektroschrott zum Ausschlachten ansammeln wird: Motoren aus alten Druckern, ausrangierte Computernetzteile, Kabel aller Art – das alles kann zu einem bestimmten Zeitpunkt Gold wert sein, nämlich dann, wenn jemand genau dieses Teil aus dem Fundus braucht. Geben Sie dem Schrott deshalb Platz, aber wägen Sie ab, wie viel Lagerfläche Sie dafür veranschlagen wollen, oder schlachten Sie ihn direkt aus, um somit dafür zu sorgen, dass wirklich nur brauchbare Teile eingelagert werden und diese vor allem auch auffindbar sind. Ein Teil, das bei Bedarf unauffindbar ist, ist nämlich nichts wert. Sauber ausgebaute Teile können gut mit in ein Lager für gekaufte Bauteile eingepflegt werden.

3.5.5 Die Lagerung von Gefahrstoffen

Wenn Sie ein Fab Lab (im universitären Kontext) eröffnen, werden Sie um eine Auseinandersetzung mit den gesetzlichen Vorgaben zum Arbeitsschutz nicht herumkommen. Dazu zählt neben dem sachgemäßen Umgang mit potenziellen Gefahrstoffen ihre sachgemäße Lagerung. Auch, wenn es sich dabei in der Regel nicht um außergewöhnliche Stoffe handelt, gibt es praktisch in jedem Fab Lab Chemikalien, die zum Beispiel giftige Dämpfe erzeugen oder leicht entzündlich und brennbar sind. Die gesetzliche Grundlage stellt in diesem Fall die Gefahrstoffverordnung (GefStoffV) im Rahmen der deutschen Gesetze zum Arbeitsschutz dar. Sie definiert, was ein Gefahrstoff ist und welche Maßnahmen bezüglich des Umgangs mit Gefahrstoffen inklusive ihrer Lagerung zu ergreifen sind. Konkretisiert wird die GefStoffV durch die Technischen Regeln für Gefahrstoffe (TRGS), dabei im Speziellen die TRGS 510 »Lagerung von Gefahrstoffen in ortsbeweglichen Behältern«.

fab101.de/gefstoffv
fab101.de/trgs510

Mit hoher Wahrscheinlichkeit werden Sie in Ihrem Fab Lab jedoch lediglich Kleinmengen entsprechender Stoffe lagern, für die Sie keinen gesonderten Lagerraum benötigen. Für leicht entzündliche Flüssigkeiten, wie Brennspiritus, gilt beispielsweise eine Kleinmengenobergrenze von 20 kg (siehe Tab. 1 in der TRGS 510). Zusätzlich zu den individuellen Mengenbegrenzungen gilt eine Gesamtnettobegrenzung von 1 500 kg. Neben einigen Zusammenlagerungsverboten (die natürlich auch für separate Lagerräume gelten) sind für Kleinmengen die »Allgemeinen Schutzmaßnahmen für die Lagerung von Gefahrstoffen« zu beachten, die im Detail in Abschnitt 4.2 der TRGS 510 nachzulesen sind. Das beinhaltet unter anderem,

- dass Verpackungen und Behälter so beschaffen sein müssen, dass der Inhalt nicht ungewollt nach außen gelangen kann.
- dass Gefahrstoffe nicht in solchen Behältern aufbewahrt oder gelagert werden dürfen, durch deren Form oder Bezeichnung der Inhalt mit Lebensmitteln verwechselt werden kann.

- dass Verpackungen und Behälter eindeutig gekennzeichnet sind.
- dass Gefahrstoffe nicht auf Verkehrswegen, in Pausen-, Bereitschafts-, Sanitär- oder Sanitätsräumen bzw. Tagesunterkünften gelagert werden dürfen.

Abb. 25
Gefahrstoff-schrank

Auch wenn die Kleinmengenregelung vermutlich für die meisten Fab Labs zutrifft, möchten wir dennoch an dieser Stelle auf die Möglichkeit der Anschaffung eines Gefahrstoffschrankes hinweisen. Ein solcher Schrank kann entscheidend zur Sicherheit in Ihrem Fab Lab beitragen. Die Spezifikation von Gefahrstoffschränken regelt Teil 1 der europäischen Norm EN 14470 für »Feuerwiderstandsfähige Lagerschränke«. Diese Norm beinhaltet vier verschiedene Typen von Sicherheitsschränken: Typ 15, Typ 30, Typ 60 und Typ 90. Die Zahl beschreibt dabei die Widerstandsfähigkeit des Schrankes gegenüber Feuer in Minuten, denn die wesentliche Aufgabe eines solchen Schrankes ist das Verhindern der brandbeschleunigenden oder explosiven Wirkung feuergefährlicher Stoffe im Brandfall. Zusätzlich kann der Gefahrstoffschrank an eine Abluftanlage angeschlossen oder mit einem Umluftfilteraufsatz ausgerüstet werden, um das Entstehen von explosiven und giftigen Gas-Luft-Gemischen zu verhindern. Dies empfiehlt sich insbesondere dann, wenn Sie auch Lösemittel lagern wollen. Sollten Sie sich für die Anschaffung eines Gefahrgutschrankes entscheiden, beziehen Sie ihn und ggf. die Abluftanlage unbedingt in die Raumplanung mit ein.

Bedenken Sie zu guter Letzt auch, dass für potenzielle Gefahrstoffe generell eine Gefährdungsbeurteilung [siehe Abschnitt 6.2 »Personen, Rechte und Pflichten«] erstellt werden muss.

Dinge, die in einem Fab Lab in einem Gefahrgutschrank gelagert werden sollten:

- Ethanol
- Isopropanol
- Aceton
- Waschbenzin
- Zweikomponentenharze
- Lacke/Sprühlacke
- Nitro-Verdünnung
- Ggf. Lithium-Ionen-Akkus

3.6 Die IT-Infrastruktur

3.6.1 Die Hardware

Zum Betrieb der digitalen Fertigungsmaschinen, für die digitale Kommunikation, für Verwaltungsaufgaben und eventuell die Bereitstellung von Netzwerkservices wird natürlich auch eine grundlegende IT-Hardware-Ausstattung benötigt. Der Aufwand ist aber generell begrenzt. Viele der genutzten Softwarepakete sind plattformunabhängig, jedoch nicht alle.

Bedenken sie dies bei der Entscheidung, welche Betriebssysteme Sie nutzen, auch in Bezug auf eigene Softwarestrukturen.

Einige Fertigungsmaschinen, wie Lasercutter, CNC-Fräsen und 3D-Drucker [siehe Abschnitt 3.3.1 »Die Big 5 des Fab Labs«], setzen zur Datenübermittlung eine ständige physische Verbindung mit einem Computer (USB oder LAN) voraus. Für ihren Betrieb ist zudem oft teure Spezialsoftware zur Datenaufbereitung notwendig, die nur über einzelne Rechner lizenzierbar ist. Ein Desktopcomputer der mittleren Leistungsklasse, der auch mehrere Fertigungsmaschinen gleichzeitig bedienen kann, ist das Minimum, das dafür benötigt wird. Je nach Ressourcen lässt sich dies natürlich ausweiten, bis alle entsprechenden Fertigungsmaschinen mit eigenen Rechnern ausgestattet sind, was aber auch den administrativen Aufwand erhöht.

Da die Nutzenden meist an eigenen Laptops mobil arbeiten, ist es nicht unbedingt notwendig, zusätzliche Arbeitsplatzrechner zur Erstellung von Daten bereitzustellen. Um die Flexibilität zu steigern, hat sich aber bewährt, zumindest zwei Computerarbeitsplätze ständig vorzuhalten, auf welchen alle im Fab Lab benötigten Softwarepakete, wie CAD-Programme und Programmierumgebungen, vorinstalliert sind. Dies Anzahl von Arbeitsplätzen kann und muss natürlich je nach Ausrichtung eines Labs vergrößert werden. Im Gegensatz zu Studierenden kann bei Nutzendengruppen, wie Kindern oder Senioren, nicht davon ausgegangen werden, dass private Rechner vorhanden sind. Die Anzahl der benötigten Rechner richtet sich dann nach der geplanten Gruppenstärke. Für die Beschaffung der Computer sind keine besonderen Anforderungen zu beachten. Mobile Laptops der mittleren Leistungsklasse sollten für fast alle üblichen Anwendungen ausreichend sein. Leistungsfähigere Rechner werden dann sinnvoll, wenn mit Animationsprogrammen, Videoschnittsoftware oder VR-Hardware gearbeitet wird. Planen Sie, mit E/A-Boards, wie dem Arduino, zu arbeiten, sollten Sie bei der Beschaffung von Rechnern darauf achten, dass diese noch mit physischen Schnittstellen, wie USB, ausgestattet sind oder über Schnittstellenadapter eine Verbindung bereitstellen können.

Für die Administration eines Fab Labs wird als Minimum ein Computer mit der herkömmlichen Office-Ausstattung angesehen, wie einem Drucker und einem Scanner, über welche die üblichen Verwaltungsvorgänge und die Organisation des Fab Labs zentral abgewickelt werden können. Für Kurse, Veranstaltungen und die Dokumentation sind zudem ein Beamer und eine digitale Fotoausrüstung notwendig. Darüber hinaus ist eventuell noch weitere Rechnerausstattung für Mitarbeitende sinnvoll, soweit diese nicht von der Hochschule zur Verfügung gestellt wird.

Entfernt können zur in Fab Labs benötigten Rechnerausstattung auch die Einplatinencomputer gezählt werden, die als Verbrauchsmaterial häufig in Projekten verwendet werden. Es gibt hier inzwischen eine fast unüberschaubare Zahl von unterschiedlichen Modell- und Leistungsvarianten. Als Grundausstattung kann man aber immer noch die robusten Microcontroller Arduino UNO betrachten, die für die verschiedensten Zwecke wie auch in Schulungen eingesetzt werden können. Ein Bestand an solchen Einplatinencomputern mit üblicher Bauteilausstattung in Kursgruppengröße sollte immer vorgehalten werden. Je nach inhaltlicher Ausrichtung des eigenen Labs kann diese um andere leistungsfähigere Plattformen erweitert werden, wie zum Beispiel Module, die sich besonders gut für die Arbeit mit Textilien eignen.

3.6.2 Die Software

Im Allgemeinen werden häufig die gleichen Softwaretools in Fab Labs genutzt. Gründe dafür könnten sein, dass Menschen einerseits dazu neigen, immer jene Software zu verwenden, die sie einmal erlernt haben. Auch wenn es sinnvoll ist, sich mit der Handhabung eines neuen Werkzeugs vertraut zu machen, das möglicherweise eine umfassendere und leistungsfähigere Funktionsvielfalt bietet, muss die Zeit berücksichtigt werden, die zum Erlernen des Umgangs mit dem neuen Werkzeug erforderlich ist. Ein weiterer Grund, warum ein bestimmter Software-Pool häufig benannt wurde, könnten die Kosten und die Professionalität des Tools sein. Viele Tools sind Open-Source-Software und kostenlos erhältlich, aber andere erfordern den Erwerb einer Lizenz. Natürlich ist der Aspekt der Kosten für Privatpersonen wichtiger als für Organisationen, wenn zum Beispiel Lizenzen für Software über eine Universität oder den Arbeitgeber genutzt werden können. In einem Fab Lab sind folgende Software-Kategorien notwendig:

Beispiele für Software zur Erstellung von **2D- und 3D-Modellen** sind:

- Adobe® Illustrator®,
- Inkscape,
- InDesign®,
- Tinkercad,
- OpenSCAD,
- Fusion 360®,
- Blender.

Die meisten Maschinen haben eine **eigene, spezielle Software**, um die Maschine zu steuern. 3D-Drucker brauchen eine sogenannte Slicer-Software, um das 3D-Modell für den Druck vorzubereiten. Hierbei gibt es kostenlose Varianten, die für viele Drucker funktionieren, wie beispielsweise Cura. VisiCut ist eine freie Software zur Steuerung von Lasercuttern.

Für die **Herstellung eigener Elektronik und Printed Circuit Boards (PCBs), englisch für Leiterplatte**, wird spezielle Design-Software benötigt. Am meisten verbreitet sind Eagle™, KiCad und Fritzing.

Zur **Programmierung der Elektronikkomponenten** gibt es wieder eine Reihe an Möglichkeiten, wobei die gängigsten folgende sind: Arduino IDE, ArduBlock, CALLIOPE-Editoren, App Inventor, Scratch™, Processing, Python™ & C++™.

Die Dokumentation im Fab Lab und über Projekte im Fab Lab ist äußerst wichtig. Ausführliche Infos dazu haben wir in Kapitel 9 »Learning by Making. Lehren und Lernen im Fab Lab« einschließlich der genutzten Tools und Software zusammengetragen.

Für die **Organisation des Fab Labs** und die **Kommunikationsinfrastruktur** gibt es einige Optionen. Dazu gehören Tools, wie Slack® und Git, Wikis, Basecamp® oder Google Calendar™.

Abb. 26
Tafel für Brainstormings im Fab Lab Siegen

3.7 Ausleihsysteme

Im Sinne des Sharing-Gedankens ist es eine Überlegung wert, ob einige Werkzeuge des Fab Labs ausleihbar sein sollen. Wenn Sie sich dafür entscheiden, müssen Sie überlegen, welche Geräte dies betreffen soll und wie eine solche Ausleihe organisiert und wie unter Umständen der Verlust entliehener Utensilien abgesichert werden kann.

Ein funktionierendes Ausleihsystem bedarf der konsequenten Betreuung – ist also personeller Aufwand – und setzt ggf. eine Infrastruktur für die Entleihe voraus. Deren Ausgestaltung kann von einem sehr einfachen Ausleihzettelsystem bis hin zu einem bibliotheksartigen System mit Barcode-Stickern, einem entsprechenden Scanner und zugehöriger Software reichen

Entscheiden Sie sich für eine Lösung, die in puncto Budget, Betreuungsaufwand und Komplexität dem angemessen ist, was Sie vorhaben. Wenn es lediglich fünf Geräte zur Ausleihe gibt, sind vielleicht eine Ausleihliste und ein Jahreswandkalender ausreichend, auf dem mit fünf verschiedenfarbigen Markern und einem Kugelschreiber markiert wird, wer wann welches Gerät geliehen hat.

Bedenken Sie aber, dass eigentlich das Fab Lab der Ort des Machens sein sollte und jedes entliehene Werkzeug dort dann zeitweise nicht zur Verfügung steht.

3.8 Betriebsanleitungen an Maschinen und im Raum

Wie war das noch gleich? Wird eine Maschine nicht regelmäßig benutzt, fehlt trotz Maschineneinführung oft die nötige Routine. Neben der Betriebsanleitung [siehe auch Abschnitt 6.3 »Wichtige Dokumentationen«], die alle sicherheitsrelevanten Informationen zu einer Maschine enthält und zwingend nötig ist, kann eine kleine Gedächtnisstütze in Form einer Kurzanleitung hilfreich sein, um sich das Wesentliche in Bezug auf die Bedienung wieder zu vergegenwärtigen. Diese Kurzanleitung sollte die wesentlichen

Schritte der Bedienung, potenzielle Gefahrenquellen und nötige maschinenspezifische Informationen – zum Beispiel was am Laserschneider gelasert werden darf und was nicht – enthalten. Knappe Infos darüber, was die Maschine eigentlich kann und was man tun muss, um mit ihr arbeiten zu dürfen, ergänzen die rein technische Anleitung sinnvoll. Zusätzlich kann eine Kategorisierung nützlich sein, die festlegt, ob eine Maschine eigenständig (ohne bzw. nur nach Einführung) oder nur von bzw. unter Beisein einer Fachperson betrieben werden darf. Diese Kategorisierung kann zum Beispiel durch ein Farbkodierungssystem verdeutlicht werden (zum Beispiel mittels Grün, Gelb und Rot).

Gestalten Sie Beschriftungen und Anleitungen so, dass sie nicht zum Bedienen der Maschine ohne Einführung verleiten und/oder machen Sie auf der Anleitung deutlich, dass sie eine Einführung nicht ersetzt. Bringen Sie die Anleitung direkt an der Maschine oder in ihrer unmittelbaren Nähe – zum Beispiel als Poster an der Wand dahinter – an, wenn dies möglich ist. Natürlich ist eine Anleitung für jedes Maschinenmodell spezifisch und Sie kommen um die Arbeit, sie zu erstellen, wahrscheinlich nicht herum.

3.9 Zugangskontrollsysteme

Abb. 27 Elektronisches Zugangskontrollsystem im Fab Lab Siegen

Ein Zugangskontrollsystem kann den Zutritt zu Ihrem Fab Lab sowie den Zugang zu einzelnen Maschinen in Ihrem Fab Lab elektronisch regeln.

Klassischerweise handelt es sich dabei um Kartensysteme mit NFC-(Near-Field-Communication-)Technologie. Wird eine Karte vor ein geeignetes Lesegerät gehalten, öffnet sich eine Tür oder ein Gerät wird eingeschaltet. Diese reine Zugangskontrolle kann um ein Mitglieder-Management-System ergänzt werden, das im Hintergrund agiert. In diesem System können Geräte zum Beispiel gemäß den Befugnissen der Mitglieder freigeschaltet, Nutzungszeiten erfasst und in Rechnung gestellt sowie kostenfreie Nutzungszeiten für Geräte gutgeschrieben werden.

Ein Beispiel für ein kommerziell erhältliches System ist Fabman®, eine Entwicklung des Happylabs in Wien, das als Dienstleistung eingekauft werden kann. Darüber hinaus gibt es zahlreiche Individuallösungen von Fab Labs und Hackerspaces, die mehr oder weniger gut dokumentiert sind. Sie stehen häufig als offene Ressource zur Verfügung.

fab101.de/fabman
fab101.de/zugangskontrolle

Überlegen Sie, ob so ein System für Sie sinnvoll ist und ob Sie es bezahlen können bzw. wollen oder ob Sie die Kapazitäten haben, selbst eine Open-Source-Variante zu bauen und zu installieren. Entscheidend ist dabei sicherlich die Betreuungsdichte in Ihrem Fab Lab, denn wenn immer genug Betreuende vor Ort sind, ist ein Zugangskontrollsystem vielleicht gar nicht nötig.

Interview mit Hannah Perner-Wilson

Hannah Perner-Wilson ist E-Textile-Artist und arbeitet seit dreizehn Jahren mit elektronischen Textilien. Sie hat zunächst Industriedesign studiert, wo sie eher die alten Making-Skills, wie das Verarbeiten von Holz, Metall oder Kunststoff, kennengelernt hat, bis sie auf Elektronik und Digitales gestoßen ist. Hannah war Fellow im Distance Lab in Schottland, hat im MIT Media Lab bei Leah Buechley in der Gruppe »High-Low Tech« geforscht und war 2008 Mitbegründerin des Kollektivs KOBAKANT, in dem sie bis heute aktiv ist.

Was macht für Sie Making aus – im Gegensatz zu rein handwerklichen oder technischen Fertigkeiten?

Hannah Perner-Wilson: Making bedeutet für mich persönlich die praktische Nähe zum Material, das Selbstherausfinden, wie etwas funktioniert und wie man etwas selbstmachen kann. Es ist für mich Lernen durch Ausprobieren im Gegensatz zum Lernen aus Büchern oder mit Hilfe von Tutorials. I need to get my hands on the materials! Making hat aber auch mit der Optimierung von Lehr- und Lernprozessen zu tun, indem zum Beispiel Kits entwickelt werden, mit denen Leute schnell und effizient Sachen bauen können. In diesem Ansatz steckt, denke ich, der Wunsch, das, was eine Person gemacht hat, zu teilen und an andere weiterzugeben. Ich persönlich finde es aber interessanter, etwas zu machen, das nicht als zusammengestelltes Set aus Bauteilen entsteht. Und ich finde es ebenfalls wichtig zu erfahren, dass Dinge eben oft nicht auf Anhieb funktionieren, und das dann auch zu teilen. Denn durch Scheitern und das Selbsterarbeiten von Lösungen wird viel mehr gelernt als durch das (Nach-)Bauen von Kits.

Sie erwähnen das Teilen und Beibringen. Wie wichtig ist für Sie und Ihre Arbeit der Kontakt zur Maker*innen-Community?

Ich fühle mich grundsätzlich schon stark mit der Maker*innen-Community verbunden, aber ich finde mich dort nicht immer wieder. Die Community ist ja recht heterogen. Ich kann zum Beispiel nichts damit anfangen, wenn Leuten einfach nur Geräte zur Verfügung gestellt und ihnen Trainingskurse dazu angeboten werden. Ich denke, dass ich mich auch eher der Online-Community statt einem bestimmten Makerspace vor Ort zugehörig fühle. Als ich damit anfing,

Aber haben Sie den Eindruck, dass Making sowohl Leute aus dem Kreativbereich als auch aus dem Technikbereich anzieht und beides vielleicht auch miteinander vereint?

Das glaube ich schon, aber mir kommt es so vor, als würde viel mehr über das Technische geredet als über das Kreative: »Wie haben Sie das gemacht?«, »Wie funktioniert das?« und »Wo haben Sie das gekauft?«. Nicht: »Wie kamen Sie auf die Idee, das überhaupt zu machen?« und »Wie war der Prozess, bis es funktioniert hat?« Die Gespräche sind sehr von dieser Technik-Faszination bestimmt. Es ist aber gerade schön zu sehen, wenn Leute mit kreativen Ideen kommen und das Gefühl haben, sie können mit neuen Technologien etwas ausprobieren. Es ist beeindruckend, zu sehen, was herauskommen kann, wenn jemand Kreatives mit einem Lasercutter arbeitet. Aber selbst dann wird meistens trotzdem nicht über den kreativen Prozess geredet.

Das Thema »E-Textiles« wird ja gerne als Ansatz genannt, um auch bei Mädchen und Frauen Interesse für Elektronik zu wecken. – Können Sie das bestätigen?

Ja schon, in unseren Workshops liegt der Frauenanteil der Teilnehmenden bei fast 90 %. Ich glaube, das liegt daran, dass sich Mädchen bereits häufiger mit Textilarbeit auseinandergesetzt haben und sich bei etwas, das sie schon können, wohler fühlen, etwas Neues zu lernen. Häufig wird das krasse ›textile Können‹, das diese Leute mitbringen, unter-

war die ›E-Textile-Sache‹ noch nicht weit verbreitet und physisch haben wir uns auf Veranstaltungen, wie »Maker Faire®« oder ähnlichen, getroffen. In letzter Zeit merke ich auch, dass das Feedback der Community meine Arbeit beeinflusst. Stelle ich fest, dass andere Leute meine Projekte interessant oder sinnvoll finden, treibe ich sie viel weiter, als wenn sich niemand dafür interessiert.

Haben Sie das Gefühl, dass das Thema »Wearables und E-Textiles« auch in Fab Labs sichtbarer wird?
Ich merke auf jeden Fall, dass das mehr wird, aber bin dann trotzdem erstaunt, wie wenig. Ich glaube, es wird oft mehr geredet als wirklich umgesetzt, möglicherweise, weil – und das ist vielleicht auch eine generelle Kritik oder Reflexion – Making oft als so einfach dargestellt wird. Es will zugänglich sein und sagen: Jede Person kann im Making-Bereich tätig sein. Aber Machen ist nicht einfach und das schreckt dann wiederum Leute ab, die denken: »Oh, ich kann das ja doch nicht.« Es wird nicht darüber geredet, dass man Zeit investieren und ›üben‹ muss. Und so ist eine Nähmaschine eben auch nicht so einfach zu bedienen, wie manche Leute denken, ganz zu schweigen von Strickmaschinen. Aber ich glaube, dass die Maker*innen-Community mit der Aussage, dass Machen einfach ist, eigentlich sagen will: »Wir helfen Ihnen!« Ich glaube, dass viele Fab Labs gerne mehr mit Textilien arbeiten würden, es aber an fachkundigen Personen mangelt, die vor Ort sind, um ihr Wissen mit anderen zu teilen. Und ich sehe eben noch nicht, dass sich diese bis jetzt eher Lasercutter- und 3D-Druck-lastige Szene für textilaffine Leute attraktiv gemacht hat. Die Leute in unseren Workshops, die eher aus der Elektronik kommen, denken häufig, es sei einfach zu nähen, während die Textilaffinen denken: »Oh, die Elektronik wird schwierig sein«, – einfach, weil das oft so dargestellt wird. Dann ist es schön zu erleben, dass die Leute aus dem Elektronikbereich so schlecht nähen, dass es praktisch nicht funktioniert. Bei dieser fehlenden Wertschätzung von textiler Arbeit würde ich gerne ansetzen und schauen, was da gemacht werden kann. Es stimmt also, dass Textilien eher Mädchen ansprechen, und deshalb überlegen wir, wie wir mehr Männer in die Kurse bekommen. Eine unserer Überlegungen ist, den gleichen Workshop unterschiedlich anzukündigen: Einmal nennen wir ihn vielleicht »Handcrafting Textile Sensors«, und dann nennen wir ihn noch »Flexible Sensoren selbstmachen«. Ich würde erwarten, dass sich da jeweils verschiedene Leute anmelden, die aber dann im inhaltlich identischen Workshop gemeinsam arbeiten.

Abb. 28
Hannah
Perner-Wilson

Möchten Sie noch etwas ergänzen?
Ja, eine Sache habe ich da: Ich finde es wirklich wichtig, dass die Leute verstehen, dass Making ein Prozess ist und das auch wertgeschätzt wird. Es geht nicht nur um das, was am Ende entsteht, und auch nicht unbedingt darum, dass am Ende etwas entsteht. Making muss nicht zielführend gedacht werden. Es ist okay, nicht unbedingt zu wissen, was ich mache, während ich es mache. Es ist okay, wenn ich ›nur‹ mit einem Material oder einer Maschine herumspiele. Oft entstehen dabei gute Ideen. Making kann auch einfach mal ein Making-Adventure sein!

fab101.de/pernerwilson

4

Wer macht’s?

Personal, Aufgaben, Rekrutierung

Abb. 29
Ordnung muss
sein!

Abb. 30
Nur gemeinsam
funktioniert
ein Fab Lab

Ein kreativer Ort, eine Community, ein Raum voll Material und Maschinen … – Klar, so etwas braucht Menschen, die sich darum kümmern. Ohne ein Team, das mit Wissen, Leidenschaft und viel Interdisziplinarität bei der Sache ist, wird der Betrieb eines Fab Labs nichts werden. Der laufende Betrieb eines Fab Labs erfordert verschiedene Facetten, die das Personal erfüllen muss. In diesem Kapitel möchten wir Ihnen vorstellen, wie ein solches Team zusammengesetzt sein kann, wie viele Personen ungefähr benötigt werden und welche Aufgaben auf diese zukommen.

Abb. 31
Arbeiten am Lasercutter

4.1 Die Anforderungen und Probleme

Die Struktur einer Hochschule bietet zum einen Vorteile, da Leute und Studierende leicht zu erreichen sind, um passende Personen für einige der Rollen zu finden. Jedoch bereitet der Hochschulkontext auch umständliche Arbeit, beispielsweise ist die Beschaffung von Materialien und Maschinen ein sehr komplexer Vorgang. Zu Anfang des Kapitels gibt es eine kurze Übersicht über die Rollen in einem Fab Lab. Für alle Beschäftigen im und um ein Fab Lab herum ist es wichtig, eine Rolle innezuhaben, um zu wissen, welche Aufgaben von ihnen erfüllt werden müssen. Dabei können die Grenzen zwischen all den genannten Rollen sehr fließend sein. Nicht jede Rolle muss genau mit einer Person besetzt werden, denn eine Person kann durchaus mehrere Rollen übernehmen. Die Anzahl der Mitarbeitenden, die die Rollen besetzen können, hängt natürlich mit den finanziellen Mitteln und der Größe eines Fab Labs zusammen. Im weiteren Verlauf des Kapitels beschreiben wir die Aufgabengebiete der Rollen im Detail. Zusätzlich wird erläutert, wie die Qualifizierung für die jeweiligen Aufgabengebiete erfolgen kann und wie Leute, vor allem auch junge Studierende, für diese Tätigkeiten akquiriert werden können.

4.2 Die Aufgabengebiete

4.2.1 Maschinenbetreuung und Handwerkertätigkeiten mit Involvement in Lab-Betrieb und -Lehre

In einem Fab Lab gibt es jede Menge Maschinen, die wartungsintensiv sind und einmal defekt sein können. Wenn eine Maschine ausfällt, ist es in Projekten und der Lehre oft notwendig, sie schnell wieder einsetzen zu können. Deshalb ist es notwendig, dass es genügend Leute gibt, die das Knowhow haben, um die verfügbaren Maschinen zu reparieren und ihre Funktion zu kontrollieren. Man kann das Ganze quasi als ›Patenschaft‹ für eine Maschine ansehen. Je nach Größe des Labs und der Anzahl der Maschinen reicht eine einzige Person als Grumpy Technician für die Maschinenbetreuung nicht aus. In diesem Fall ist es möglich, die Maschinenpatenschaften an mehrere Leute zu verteilen. Jedoch sollte es eine Person geben, die den Status der Maschinen kennt, damit das Wissen über den Stand der Maschinen zentral gebündelt ist. Zur Maschinenbetreuung gehört jedoch nicht nur, dass die Maschine funktional in Ordnung ist, sondern auch, dass alle Materialien für die Maschine immer vorrätig sind. Außerdem ist es für die praktische Arbeitsfähigkeit wichtig, dass notwendiges Zubehör und zum Beispiel persönliche Schutzausrüstung immer im Labor vorrätig sind. Auch die Nutzenden eines Fab Labs benötigen viel technische Unterstützung und gerade jene mit wenig Erfahrung in einer Werkstatt müssen von einer Person überwacht werden, die sich mit dem sicheren Arbeiten im jeweiligen Fab Lab sehr gut auskennt.

Am besten wird das Material nie leer. Diese Aufgaben werden am besten vom Grumpy Technician ausgefüllt. Man stelle sich hier eine Person vor, die schon fast im Fab Lab wohnt, die jedes Gerät und auch obskure technische Entwicklungen in- und auswendig kennt und die ihr Wissen zwar bereitwillig mit den Nutzenden teilt, dabei aber auch eine gewisse (zuweilen ›knurrige‹) Strenge und Autorität an den Tag legen kann, insbesondere wenn es um Sicherheit geht.

4.2.2 Welcome Management

Ein Fab Lab lebt davon, dass das Arbeitsklima entspannt ist und sich alle dort während ihrer Arbeit wohlfühlen. Vor allem für neue Gesichter im Fab Lab ist eine freundliche Begrüßung sehr wichtig, damit diese auch gerne ein zweites Mal zum Fab Lab kommen. Wir nennen diese Rolle »Welcome-Management«, eine Person, die immer ein offenes Ohr für alle Fragen hat und vor allem stets ein Lächeln trägt und vielleicht am besten auch eine Führung durch das Labor anbietet. Auch bei den zweiten, dritten und späteren Besuchen ist es wichtig, dass es (mindestens) eine Person gibt, die vor Ort und bei Bedarf ansprechbar ist und als das Friendly Face fungiert. Von großer Bedeutung ist auch, dass diese Person weiß, wie die Community ›tickt‹, um die Nutzenden miteinander zu vernetzen.

4.2.3 Innen-/Außenkommunikation

Damit ein Fab Lab nicht nur für Freizeitprojekte genutzt wird, sollte es auch im Hochschulkontext für die Lehre und Forschung genutzt werden. Des Weiteren ist die Kommunikation nach außen, d. h. beispielsweise mit der Presse und regionalen Medien, aber vor allem nach innen sehr wichtig, um die Funktion des Fab Labs präsent zu machen (Relationship-Management). Andere Lehrende und Forschende müssen – wie potenzielle Kundschaft – über die Möglichkeiten des Labs erfahren, um die Einrichtung nutzen zu können, d. h., die WiMis sollten erkennen, welchen Nutzen das Lab für ihre Forschung haben kann. Lehrende sollen in die Lage versetzt werden, das Fab Lab als Lerneinheit zu nutzen. Das kann über E-Mails, Werbung oder Infoveranstaltungen während anderer Treffen der Lehrenden geschehen. Nicht zu vergessen ist die unverzichtbare Kommunikation mit der Hochschule selbst, d. h. mit Abteilungen, wie der Arbeitssicherheit, Beschaffung etc. Hier wird zuweilen wie im klassischen Marketing gearbeitet, aber auch regelmäßig in direkten Dialog mit Professor*innen, Dozent*innen sowie Akteuren*innen aus der regionalen Politik und Wirtschaft getreten.

Abb. 32
Open Lab Day

4.2.4 Instagram-Pflege/Social Media

Das Kapital von Fab Labs ist das Teilen von Wissen und Projekten. Dafür ist es wichtig, dass die entstandenen Projekte auch online dokumentiert werden, vor allem in den Social-Media-Kanälen. Jedoch auch Magazine und Zeitungen sind ein Medium, um vor allem Menschen zu erreichen, die keine Social Media nutzen, aber noch ganz anderes Wissen für die Fab-Lab-Community bereithalten. Das Fab Lab als Konzept baut auf Kooperation zwischen der weltweiten Lab-Community auf. Sinnvoll ist daher, wenn sich der Social-Media-Guru des eigenen Fab Labs nicht nur auf die Community um das jeweilige Labor erstreckt, sondern auch in ein regionales, überregionales und internationales Netzwerk ausstrahlt. Hierbei gilt es zum einen, persönliche Kontakte zu pflegen und vielleicht sogar in Projekten direkt zusammenzuarbeiten.

4.2.5 Gestaltung der Inneneinrichtung

Wie schon erwähnt, ist ein Fab Lab ein sozialer Raum, in dem sich jeder während der Arbeit wohlfühlen soll. Dazu gehört auch zum Beispiel eine Ecke mit einem Sofa als Sitzgelegenheit. Ein Fab Lab sollte ein gewisses Maß an Gemütlichkeit haben, da dies auch die Kreativität erhöhen kann (mitunter durch das Studieren vorhandener Literatur). Spannend sind beispielsweise auch Projekte, die im Fab Lab ausgestellt sind, damit Interessierten die Möglichkeiten des Labs demonstriert werden können. Dies ist auch wichtig, wenn zum Beispiel einmal Besuch von anderen Forschenden, Lehrenden, Zeitungen oder Magazinen kommt, die sich gerne über das Lab informieren wollen.

4.2.6 Ordnung

Hier sprechen wir sicherlich nichts Neues an. Jeder kennt das: Ein öffentlicher Raum, in dem viele verschiedene Menschen arbeiten, kann schnell unordentlich werden. Leider reicht meistens eine einfache Bitte nicht, dass die Arbeitsfläche nach der Nutzung und möglichst auch währenddessen in Ordnung gehalten werden muss. Deshalb wird eine verantwortliche Person gebraucht, die auf nette und höfliche Weise alle im Fab Lab daran erinnert, dass aufgeräumt werden muss. Oft wird es auch so sein, dass diese Person am Ende selbst die Arbeitsfläche aufräumen wird. Es gibt verschiedene Taktiken, um seine Mitmenschen an Ordnung zu erinnern, und für jedes Lab wird sich ein eigener Weg etablieren. Wichtig ist die Höflichkeit dabei und dass sich eine Person dafür verantwortlich fühlt, auf Ordnung zu achten.

4.2.7 Finanzen/Public Relations

Eine Person, die im Hintergrund alle Fäden in der Hand hält und genau weiß, wie das Fab Lab auch finanziell erfolgreich gestaltet werden kann, ist unumgänglich. Diese Person ist wahrscheinlich nicht für den alltäglichen Gast des Labs sichtbar, damit sie sich auf ihre Aufgabe etc. konzentrieren kann. Um finanzielle Mittel für ein Fab Lab akquirieren zu können, muss diese Person sich über Drittmittelausschreibungen und Forschungsideen Gedanken machen. Im Grunde muss eine fortlaufende Suche nach neuen finanziellen Töpfen und Ausrichtungen der Forschung unternommen werden. Diese Person kann zum Beispiel eine Professur innehaben. Ein weiteres Aufgabenfeld der Person kann die Außendarstellung und die Arbeit mit der Presse sein, was sich zum Teil mit der Tätigkeit der Social-Media-Person überschneidet.

4.2.8 Lab-Management/operative Leitung

Neben den schon genannten Rollen ist eine Person für das Management und die Leitung des Fab Labs unverzichtbar, um den Alltag eines Labs zu leiten. Sie ist für Besuchende ansprechbar und kann bei Fragen an andere im Fab Lab Mitarbeitende mit ihren jeweiligen Rollen vermitteln, falls sie sie nicht schon direkt beantworten kann. Die Leitung ist quasi die zentrale Anlaufstelle für die Mitwirkenden – sowohl für die Mitarbeitenden als auch die das Fab Lab Besuchenden – und die Schnittstelle zwischen allen Nutzenden des Labs.

4.2.9 Beschaffung

Ein Fab Lab erfordert jede Menge verschiedene Materialien für die vorhandenen Maschinen und Prozesse. Diese Materialien sollten in einer gewissen Menge immer als Vorrat da sein, d. h. beispielsweise von jeder Filamentfarbe immer zwei Spulen, damit eine Spule zusätzlich vorrätig ist. Der Prozess der Beschaffung von Materialien, aber auch von neuen Maschinen, Rechnern etc. ist im Universitätskontext leider relativ zeitaufwendig. Gerade deshalb ist die Rolle der Beschaffung unverzichtbar, um den alltäglichen Ablauf eines Fab Labs zu garantieren.

4.2.10 Lehre

Da das Fab Lab an einer Hochschule steht, sollte dieses auch für Studierende genutzt werden, um sie die digitalen Fabrikationstechnologien zu lehren. Dabei ist ein Modell, dass Rollen wie das Management und der Grumpy Technician die Einführung in die Maschinen geben. Jedoch sollte auch das Lehrpersonal wissen, wie alle Maschinen bedient werden. Kennt sich das Lehrpersonal sehr gut aus, kann es ebenso die Maschineneinführung geben. Es muss aber jede Universität für sich entscheiden, welche Strukturen dabei am sinnvollsten sind.

4.2.11 Forschung

Die Forschung an einer Hochschule ist ein wichtiger Bestandteil und ein Fab Lab eignet sich sehr gut dazu, diese zu unterstützen. Zum Beispiel können im Fab Lab Prototypen gebaut und evaluiert werden, aber auch das Fab Lab selbst kann Gegenstand der Forschung sein. Vorstellbar ist Forschung zur Interaktion mit Maschinen, zu Software für Maschinen, zur Interaktion der Nutzenden etc. Des Weiteren bringt ein Fab Lab auch ein sehr gemischtes Publikum an einem Ort zusammen, was seine Heterogenität für Studienteilnahmen steigern kann.

Wie schon zu Anfang des Kapitels erwähnt ist es wichtig, dass die Grenzen zwischen all den genannten Rollen sehr fließend sein können. Nicht jede Rolle muss genau mit einer Person besetzt werden und eine Person kann durchaus mehrere Rollen einnehmen. Jedoch ist es von Vorteil für den Alltag eines Labs, wenn jede Rolle berücksichtigt und ausgeführt wird. Dabei gibt es manche Rollen, wie beispielsweise die Leitung, die per Vertrag fest eingestellt wird. Andere Rollen können von Studierenden oder auch engagierten Ehrenamtlichen übernommen werden. Dabei könnten Studierende sowohl ehrenamtlich tätig sein als auch als wissenschaftliche Hilfskräfte (Hiwis) beschäftigt sein.

4.3 Die Stellenstruktur

Nachdem wir die ideale Besetzung für den Alltag eines Fab Labs vorgestellt haben, bleiben wichtige Fragen: »Wie lassen sich die richtigen Leute für die Posten finden?«, »Wie kann die Struktur des Personals aussehen?« und »Welche Arten der Bezahlung kann es für die Leute geben?«. Dabei gibt es nicht nur eine einzig richtige Struktur, sondern es hängt von der Personenmenge, der Größe, der Finanzierung etc. des Labs ab. Die Arten der Stellen in einem Lab reichen im Hochschulkontext von WiMis, Hiwis über Praktikant*innen, technische Mitarbeitende oder auch Ehrenamtliche. Für jede dieser Kategorien kann an verschiedenen Stellen Akquise betrieben werden. Zu der Akquise kommen wir im nächsten Abschnitt dieses Kapitels, Abschnitt 4.4 »Die Rekrutierung«. Für die Struktur der Beschäftigten in einem Fab Lab gibt es keine festgelegten Regeln, d. h., die Maschinenbetreuung, die Betreuung des »Open Lab Days«, die Besorgung von Materialien, kurzum fast alle Aufgaben und Rollen im Lab können von jeder Person ausgeführt werden. Jedoch sind dabei der organisatorische und zeitliche Aufwand zu beachten. Die operative Leitung eines Labs sollte bestmöglich von einer Person übernommen werden, die diese Rolle auch längerfristig ausüben kann. Hiwis und Praktikant*innen sind daher weniger gut für die Ausübung dieser Rolle geeignet, da sie zum einen meist mit einer geringeren Anzahl an regelmäßigen Stunden oder nicht über so einen langen Zeitraum im Lab unterstützen können. Zum anderen liegt der Zeitaufwand für die Leitung über ihrer normalen Arbeitsstundenanzahl. Für die Aufgaben des Relationship- oder auch Community-Managements ist es vorteilhaft, wenn die Person ein gewisses Hintergrundwissen über die Abläufe und Strukturen der jeweiligen Universität hat. Es ist durchaus möglich, die Rolle auch ohne dieses

Wissen auszuüben, aber es erspart manche Hürde, wenn sie die Probleme der Lehrenden, des Lehrplans oder auch der Studierenden besser bewerten kann.

Entlohnt werden müssen die meisten Mitarbeitenden über ein Gehalt, jedoch sind auch andere Entlohnungskonzepte möglich. Ehrenamtliche können über kostenlose Maschinenstunden oder über freien Zugang zum Lab auch außerhalb der normalen »Open Lab Day«-Zeiten entlohnt werden. Auf diese Weise können sie sich Zeit verschaffen, um an ihren Projekten zu arbeiten. Und es besteht die Möglichkeit, den alltäglichen Ablauf des »Open Lab Day« ohne feste Angestellte bewältigen zu können. Natürlich muss bei Ehrenamtlichen, die vielleicht allein im Lab arbeiten, der Versicherungsschutz und der Zugang zum Lab etc. geklärt sein. Die Zugangskontrolle und die Versicherung sind allgemein ein großes Thema und wir haben dazu mehr Infos in Kapitel 6 »Safety first! Sicherheit und Arbeitsschutz« zusammengestellt.

4.4 Die Rekrutierung

4.4.1 Vorlesungen und Univeranstaltungen im Umfeld des Fab Labs

Interessierte Studierende, die als Hiwis, SHKs o.Ä. im Lab arbeiten könnten, lassen sich in Vorlesungen oder Univeranstaltungen finden, die mit dem Fab Lab zu tun haben. Auf diese Weise werden die Studierenden an das Fab Lab herangeführt und entweder melden sie sich selbst oder sie werden aktiv darauf angesprochen, ob sie sich die Arbeit im Fab Lab vorstellen können. Jedoch auch in nicht Fab-Lab-bezogenen Veranstaltungen sollte auf das Lab aufmerksam gemacht werden, da die Existenz dieser Labs nicht so weit verbreitet ist, wie es der Community selbst vorkommen mag. Es gibt immer noch einige, die natürlich schon einmal von einem 3D-Drucker gehört haben, aber noch nie von Fab Labs.

WiMis werden vermutlich schon in ihrer Freizeit oder Ausbildung mit dem Fab Lab in Kontakt gekommen sein, um Interesse für eine Rolle im Lab zu zeigen. Jedoch ist es ratsam, auch bei Gesprächen mit neuen WiMis und bereits länger angestellten WiMis aktiv anzufragen, ob Interesse an einer Mitarbeit im Lab besteht. Ein Fab Lab kann einfacher in den Alltag integriert werden, wenn gemeinsam daran gearbeitet wird.

4.4.2 Maker*innen-Treffen, Plattformen lokaler Communitys, Handwerker*innenmärkte, Start-up- und Gründerevents

Auf lokalen Maker*innen-Treffen versammeln sich Leute mit Interesse am Making und dem Fab Lab. Dort bestehen gute Chancen, Personen zu akquirieren, die ehrenamtlich im Fab Lab mitarbeiten, um beispielsweise über die genannten kostenfreien Maschinenstunden entlohnt zu werden. Um regelmäßige Treffen im Making-Bereich zu veranstalten, nutzen viele lokale Communitys auch Plattformen, wie meetup.com. Auf diesen Treffen kann persönlich Werbung für eine Rolle im Fab Lab gemacht werden. Des Weiteren können auch die Plattformen selbst genutzt werden, um gezielt Leute zu akquirieren bzw. Werbung zu platzieren. Da das Fab Lab immer noch nicht so bekannt ist, wie es möglich wäre, ist auch die Werbung auf lokalen Handwerkermärkten und Start-up- oder Gründerevents sinnvoll. Denn auch gerade für diese Communitys kann das Fab Lab sehr nützlich sein, um ihre eigenen Produkte zu verbessern. Dort besteht eher die Möglichkeit, Ehrenamtliche zu finden, da die Menschen sehr wahrscheinlich schon in einen Job eingebunden sind. Aber wie erwähnt sind auch ehrenamtlich Tätige eine sehr gute Option.

4.4.3 Globale Konferenzen, Communitys, »Maker Faire®«-Veranstaltungen etc.

Globale Konferenzen, Communitys (wie FAB, Make etc.) und Veranstaltungen sind definitiv eine Option zur Personalsuche. Dabei ist natürlich zu beachten, dass die Leute vielleicht weiter weg leben und für eine Stelle umziehen müssten. Aber dort besteht definitiv die Möglichkeit, Personal für das eigene Fab Lab zu finden. Auch Veranstaltungen, wie »Maker Faire®«, die häufig in der Nähe stattfinden, beherbergen jede Menge Maker*innen, die selbst den Zugang zu einem Fab Lab sehr schätzen würden.

4.4.4 Schulen

Praktikant*innen können aus verschiedenen Ecken kommen. Dabei kann in Schulen, aber auch anderen Instituten Werbung für ein Praktikum gemacht werden. Wünschenswert ist dabei eine Zielgruppe, die einen längeren Zeitraum hat, um das Praktikum anzutreten, da beispielsweise zwei Wochen für die Einarbeitung zu lang wären. Wenn es bei dem jeweiligen Fab Lab sogar die Möglichkeit gäbe, eine Werkstattleitung, die das Management des Labs übernehmen kann, einzustellen, würden sich Praktika gut dazu eignen, sich diese Arbeit anzusehen.

4.4.5 »Fab Academy«, »Bio Academy« und »Textile Academy«

Auf der offiziellen Webseite der »Fab Academy« gibt es auch eine Liste aller Alumni. Zudem haben diese jeweils eigene Webseiten über ihren Werdegang während der Veranstaltung »Fab Academy« erstellt. Über diese kann man sich über die Projekte informieren und meist auch die Kontaktdaten der Personen erhalten. Absolvent*innen der »Fab Academy« kennen sich mit allen Grundlagen im Fab Lab aus und eignen sich für eine Beschäftigung in einem Fab Lab. Außerdem teilen sie höchstwahrscheinlich die Leidenschaft für das Making. Daher ist dies eine sehr gute Plattform, um Personal für das eigene Lab zu gewinnen.

4.4.6 Selbst Ausbilden, Langzeitmentoring und andere Rekrutierungspfade

Es stimmt natürlich: Jemanden selbst von Grund auf an die Aufgaben des eigenen Betriebs heranzuführen garantiert, dass die Person alle Abläufe und Strukturen kennt und den Ablauf des Fab Labs wunderbar meistern kann. Es empfiehlt sich, Studierenden schon in ihrem Bachelorstudium für die Arbeit im Lab zu begeistern und zum Beispiel als Hiwi anzustellen. Unter guten Umständen kann diese Person nach dem Studium als WiMi weiterarbeiten und die gelernten Prozesse im Fab Lab in seine Forschung mit einbringen. Diese Form des Langzeitmentorings ist sehr erfolgreich, benötigt aber eben auch sehr viel Zeit und es besteht immer die Möglichkeit, dass Personen nach ihrem Studium sich gegen die wissenschaftliche Arbeit entscheiden. Trotzdem ist dies empfehlenswert. Aber auch andere Pfade der Rekrutierung oder des Selbstausbildens sind eine Option. Gezielte Ausschreibungen für Rollen im Fab Lab können helfen. Darin kann auch erwähnt werden, dass keine Erfahrungen erforderlich sind, sondern die Fertigkeiten für das Fab Lab vor Ort erlernt werden können. Vielleicht wäre ebenfalls eine Idee, Plätze zur Teilnahme an der »Fab Academy« anzubieten, mit der Verpflichtung, anschließend eine Zeit im Lab zu arbeiten. Auf diese Weise würden die künftigen Mitarbeitenden die Fertigkeiten für das Fab Lab schon vorher erlernen.

4.5 Die Community-Struktur: Es geht nur gemeinsam!

Dieses Motto ist das Allerwichtigste bei einer Einrichtung wie einem Fab Lab. In der Fab-Lab-Community geht es darum, gemeinsam Wissen zu schaffen und anderen Menschen die Möglichkeit zu bieten, dieses Wissen und die Einrichtungen zu dessen Erlernung zu nutzen. Ein alltäglicher und reibungsloser Ablauf im Fab Lab lässt sich auch nur mit vereinten Kräften bewältigen. Das bedeutet, dass die im Fab Lab Mitarbeitenden auch auf eine gute Mithilfe seitens der Besuchenden angewiesen sind. Der Besuch und die Nutzung des Fab Labs sollte möglichst allen ermöglicht werden, so dass beispielsweise die Nutzung der Maschinen so günstig wie möglich ist. Die Nutzenden können aber durch Bereitstellung von Bildern und Dokumentationen über ihre Projekte der Community dafür etwas zurückgeben. Allgemein sollten alle Nutzenden dazu angehalten sein, ihre Projekte mit der Community zu teilen.

Selbstverständlich ist, dass sich die Mitarbeitenden im Fab Lab gegenseitig aushelfen, d.h., alle, die eine Rolle im Lab bekleiden, müssen in der Lage sein, bei anderen Rollen auszuhelfen. Da es im »Open Lab Day«-Betrieb sehr voll und relativ hektisch werden kann, muss dort häufig jemand einspringen und in der Nähe wohnen. Auf der anderen Seite lebt das Fab Lab genau von dieser Spontaneität und der Variation an Leuten, die im Lab unterwegs sind.

4.6 Die essentiellen Rollen für eine Minimalbesetzung

Natürlich ist die Besetzung aller Rollen eher die Idealvorstellung. Deshalb möchten wir in diesem Abschnitt versuchen, aufzuzeigen, welche Rollen unverzichtbar und welche nicht unbedingt erforderlich bzw. eher zweitrangig sind. Die oben genannten elf Aufgabengebiete sind in diesem Sinne die Maximalbesetzung für das alltägliche Geschäft. Zusammengelegt werden können die nachfolgenden Rollen. Dabei versuchen wir, eine Empfehlung dafür zu geben, welche Rollen zusammenpassen, wobei die Kombination natürlich nach Bedarf und gemäß den Fähigkeiten der Mitarbeitenden angepasst werden kann:

1. Welcome Management siehe Abschnitt 4.2.2
   und Instagram-Pflege/Social Media siehe Abschnitt 4.2.4
2. Innen-/Außenkommunikation, siehe Abschnitt 4.2.3
   Inneneinrichtung des Spaces und seine Gestaltung siehe Abschnitt 4.2.5
3. Ordnung siehe Abschnitt 4.2.6
   und Finanzen/Public Relations siehe Abschnitt 4.2.7

Die Maschinenbetreuung und Wartung wird bestenfalls, wie in der Rollenbeschreibung erwähnt, zwischen allen aufgeteilt. Bei weniger Mitarbeitenden bedeutet dies dann wahrscheinlich, dass mehr als eine Maschine von einer Person betreut wird. Dieser Arbeit werden sich andere Rollen, wie die Pressearbeit, unterordnen müssen, da die Maschinen das wichtigste Gut des Labs sind. Zwar soll dadurch die Wichtigkeit jener Rollen nicht geschmälert werden, aber dafür müssen andere Strategien entwickelt werden. Helfen können dabei Dokumentations- und andere Tools zur Außendarstellung. Darüber werden wir in Kapitel 10 »Master of Making. Fab Labs im Hochschulcurriculum« berichten. Die Rolle des Lab-Managements und der operativen Leitung sollte zuletzt mit anderen Rollen kombiniert werden. Die erste Kombination kann sonst mit der Rolle ›Finanzen/Public Relations‹ sein, da Leitung und finanzielle Mittel in einem starken Zusammenhang stehen. In diesem Fall muss die Rolle ›Ordnung‹ zu obigen Rollenkombinationen gemäß 1. oder 2. hinzugefügt werden.

Falls das Fab Lab und seine Struktur nicht allein durch Studierende, die über ihre Stunden und Projekte hinaus im Lab helfen, bewältigt werden kann, bleibt die Frage der Finanzierung und Kostenübernahme für andere Mitarbeitende, wie Hiwis, Techniker*innen etc., offen. Damit beschäftigen wir uns im nächsten Kapitel, Kapitel 5: »Was kostet's? Budgets und Finanzierung«.

Abb. 33
René Bohne

Interview mit René Bohne

René Bohne hat an der RWTH Aachen Informatik mit dem Schwerpunkt auf Embedded Systems studiert und hat sich dabei sehr viel mit Mikrocontrollern, Elektronik und Robotik beschäftigt. Er war viele Jahre Leiter des Fab Labs an der RWTH Aachen, Deutschlands erstem Fab Lab, das 2009 gegründet wurde. Mittlerweile ist er Solution Manager für IoT-Themen bei Telefónica Deutschland und Autor mehrerer Bücher.

Wie sind Sie mit dem Making und Fab Labs in Berührung gekommen?

René Bohne: Im Hauptstudium nahm ich an HCI-Kursen (Human-Computer Interaction, englisch für Mensch-Maschine-Interaktion) von Prof. Dr. Jan Borchers teil. In meiner Diploarbeit habe ich eine leuchtende LumiNet-Jacke gebaut, was sozusagen der Einstieg für mich in den Prototyping-Bereich war. Zu dieser Zeit gab es noch kein Fab Lab am Lehrstuhl. (…)

Ich weiß gar nicht mehr, wann und wo wir das erste Mal von einem Fab Lab gehört haben, aber ich fing an, mich darüber zu informieren. Wir glichen die Liste des Equipments für ein Fab Lab mit unseren vorhandenen Sachen am Lehrstuhl an der RWTH Aachen ab und merkten, dass wir quasi schon alles da hatten. So entstand 2009 das erste Fab Lab Deutschlands an der RWTH Aachen.

fab101.de/luminet

Wie wurde das Fab Lab finanziert?

Am Anfang gab es keine eigene Finanzierung für das Fab Lab. Wir verfügten bereits über die Maschinen und Räume aus vorherigen Forschungsprojekten. Für die offizielle Eröffnung des Fab Labs kam der WDR und drehte einen Bericht. Das lockte die Presse an und führte viele Gäste aus ganz Deutschland zu uns und natürlich wurde unser Angebot auch innerhalb der Hochschule bemerkt. Da es noch kein Fab Lab in Deutschland gab, existierten auch noch keine Erfahrungen im Betrieb eines solchen Labs an einer Universität. Wir begannen jedoch schnell, das Fab Lab nicht nur in die Lehre, sondern auch in die Forschung zu integrieren, und es folgte eigenes Fördergeld, das den Betrieb des Fab Labs sicherstellte.

Was bedeuten für Sie die Begriffe ›Fab Lab‹ und ›Making‹?

Am wichtigsten für die Umsetzung einer Idee ist der Zugang zu den Technologien, Materialien und Werkzeugen. Jedoch bin ich beim Thema »Werkzeuge« etwas radikaler, da es für mich vor allem um digitale Werkzeuge geht, d. h. einen Computer, einen 3D-Drucker o. Ä. – Beim Making wird also traditionelles Handwerk mit digitaler Fabrikation und Elektronik verbunden. Der Begriff ›Fab Lab‹ steht für mich vor allem für einen Ort, an dem der Zugang zu alldem gegeben ist, aber er steht auch für die Menschen und für die weltweite Community, die uns alle verbindet.

Ist für Sie und Ihre Arbeit der Kontakt zur Maker*innen-Community wichtig?

Das Besondere unserer Zeit ist Social Media und dass über das Internet weltweit und jederzeit Ideen ausgetauscht werden können. Zudem muss bei eigenen Projekten nicht immer bei null gestartet werden, da bestehende Designs genutzt werden können. Das ist für mich der eigentlich größte Knackpunkt: Durch Open-Source-Software und -Hardware zeigen Maker*innen die Bereitschaft, Wissen zu teilen, was sie erst zu Maker*innen macht. Dieser Austausch ist quasi die Identität der Maker*innen-Community. Wir treffen uns entweder face-to-face in einem Fab Lab oder virtuell im Internet. Damit ist das Making auch ein soziales Phänomen. Das ist für mich das Wichtigste: der Kontakt zu anderen Menschen bei der Arbeit.

Sie haben ja auch schon im und um das Fab Lab herum gelehrt. Wie sehen Sie die Maker*innen-/Fab-Lab-Bewegung? Hat Making als Ansatz das Potenzial, sich im Bildungsbereich durchzusetzen?

René Bohne: Spannend. Als wir damit 2010 gestartet sind, war dieser interdisziplinäre Ansatz in Kombination mit digitaler Fabrikation revolutionär. Wenn ich mir heute die Bewerbungen in meiner Firma anschaue: Da hat ja fast jeder mal mit einem Arduino oder einem Raspberry Pi irgendwas gemacht. Interaction-Design und Physical Computing (wie wir das nennen) hat sich in vielen Disziplinen unter den unterschiedlichsten Bezeichnungen eingeschlichen. Deswegen stellt sich für mich heute die Frage: Brauche ich jetzt das Fab Lab überhaupt noch, um zum Beispiel etwas über den Arduino zu lehren? Denn scheinbar sind viele Prozesse schon ins Curriculum aufgenommen bzw. viele erhalten einfach einen Pi und können damit einfach mal im Zusammenhang mit ihrer Disziplin arbeiten. Ich denke, es kommt auf die Disziplin an. Und es geht nicht nur um Geräte, wie Arduino und Raspberry Pi, sondern um die Kombination von Informationstechnologie mit anderen Disziplinen.

Die Frage ist: Wer sollte das Fab Lab führen? Bisher machen das oft nur Informatiker*innen, aber ehrlich gesagt können Sie bei fast jedem Institut irgendwo mal um die Ecke schauen und dann steht da irgendwo ein 3D-Drucker. Deswegen ist die Frage für mich im Jahre 2019 schwer zu beantworten: Warum sollte ich als Institut überhaupt ein Fab Lab gründen? Für mich ist es das Interdisziplinäre und das Offene, d. h., ich muss in meiner Forschung ein Interesse haben, die normalen Bürger*innen zu untersuchen. Wenn ich das nicht brauche, benötige ich vielleicht kein Fab Lab. Ich kann ja trotzdem dieselben Geräte anschaffen, ohne die Ihre Studierenden die Räume nutzen können, und zwar auch nach den Unterrichtseinheiten. Je nachdem, was es dann an Equipment gibt, muss das natürlich betreut werden. Die Angehörigen der Hochschule sollten leicht Zugang zum Fab Lab erhalten können. Der viel schwierigere Teil ist: Wie kann ich jetzt Externe, die vorbeikommen, auch reinlassen? Sie können sehr hilfreich zum Beispiel bei Benutzerumfragen und anderen Experimenten sein. Die Gefahr bei vielen User-Studies ist, nur Leute zu befragen, die vorbelastet sind bzw. die alle die gleiche Meinung haben. Klar, es kommen primär Menschen ins Fab Lab, die meist großes Interesse an Technik haben, aber es sind nicht nur die eigenen Studierenden, sondern Menschen unterschiedlicher Professionen, die in User-Studies befragt werden können.

Wie gesagt, ich glaube, dass dieser Begriff ›Fab Lab‹ alleine schon kritisch ist. Muss die »Charter« beachtet werden? Entspricht das Equipment dem von allen anderen Fab Labs? Sollen die Konferenzen besucht werden? Ist irgendwie eine gemeinsame Agenda vorhanden? Und wie passen Fab Labs und Bildung tatsächlich zusammen? Gibt es dafür eine globale Vision?

Wenn Sie einmal zurückblicken, wie viele Rollen mussten von Leuten eingenommen werden, damit das Fab Lab im Alltag funktioniert hat?

Ich würde immer empfehlen, dass mindestens eine Person für ein Gerät zuständig ist und sich perfekt damit auskennt. Vor allem bei den großen Geräten, die wartungsintensiv sind. Besser noch, wenn zwei Expert*innen pro Gerät da sind, denn eine Person kann ja mal im Urlaub sein. Dann gibt es da noch den Fab-Lab-Manager bzw. die Fab-Lab-Managerin, was ich auch lange gemacht habe. Neben der

Tür für Externe zu öffnen und dann dieselben Dinge für meinen eigenen Bedarf produzieren. Für uns an einem HCI-Lehrstuhl war es jedoch damals perfekt: Wir hatten durch das Fab Lab Testpersonen für unsere User-Studies, denn schließlich spielt der Mensch eine sehr große Rolle in der HCI.

Und wie stehen Sie zu einem Personal-Fabrication-Modul, bei dem sich jede Disziplin Bausteine zusammenbauen kann, um Prozesse des Prototyping zu lernen?
Ich würde den Bildungsaspekt wirklich getrennt betrachten. Natürlich kann irgendwie für jede Disziplin Prototyping mit eingebaut werden und am besten so, dass es vielleicht auch angewandt wird. Aber für mich ist das Geheimnis von Fab Labs ja nicht das Prototyping, sondern die Community –, dass plötzlich Menschen im Labor waren und mir Feedback gegeben haben, die gar nichts mit Informatik zu tun hatten. Aber das Lehren der Prozesse im Fab Lab muss ja nicht erst in der Universität ansetzen. Das kann schon bei Kindern ansetzen – und das ist wichtig! Wie eine solche Bildungseinrichtung aussehen kann, ist von den Gegebenheiten abhängig.

Wie können diese Bausteine denn vermittelt werden und wie lassen sich Ressourcen dafür finden?
Das ist ja das ursprüngliche Problem. Die Universitäten haben Geräte in den Ecken stehen und keiner darf sie benutzen, weil die Promovierenden bereits fertig sind, die Universität verlassen haben und die Gelder und Materialien an deren Forschung gebunden sind. Der erste Schritt muss immer sein: Machen Sie die Werkstatt für Ihre eigenen Leute auf! Sorgen Sie dafür, dass auch Ihre Schüler*innen sowie Terminvergabe spielen auch Marketing und Öffentlichkeitsarbeit eine große Rolle. Es wird jemand benötigt, der Ihr Plakat immer und überall hochhält. Öffentlichkeitsarbeit ist extrem wichtig. Die Zeit zur Dokumentation ist auch aufwendig. Eigentlich muss jemand im Fab Lab stehen und die Besuchenden auffordern: »Kommen Sie, wir machen ein Foto«, und: »Schreiben Sie mir nochmal einen, zwei Sätze zu dem, was Sie heute gemacht haben.« Dokumentation ist nämlich mit das Wertvollste, denn sie kann mit anderen Mitgliedern der Community geteilt werden. Für mich standen auch eigene Veranstaltungen, wie das »Dorkbot«, immer in direktem Zusammenhang mit dem Fab Lab. Da könnte man sich vorstellen, dass eigentlich eine Person erforderlich ist, um diese zu veranstalten und zu dokumentieren. Das Thema »Events« sollte vom Aufwand her nicht unterschätzt werden. Und dann ist da noch das ganze Thema »Inhalte und Umsetzung«. Da kommen ja viele Leute im Fab Lab vorbei, die nur eine Idee haben und dann Hilfe bei der Umsetzung brauchen. Dann muss entschieden werden, ob die Besuchenden einfach nur bei der Maschinennutzung unterstützt oder ob die Projekte noch besser werden, wenn Mitarbeitende sich inhaltlich einbringen –, also das Lab nicht nur als ›Copyshop‹ fungiert, sondern wir die Projekte der Besuchenden als eigene Maker*innen-Projekte verstehen.

fab101.de/dorkbot

Das heißt, drei bis vier Leute werden dauerhaft als Unterstützung im Fab Lab gebraucht?
Ja, aber wenn auch noch Lehre im Fab Lab gemacht wird, wird noch mehr Unterstützung und werden noch mehr Ressourcen gebraucht. Einen Hiwi pro Kurs halte ich für sinnvoll. Anfangs dachte ich auch, ich mache jetzt hier meine

sechs Vorlesungen, erkläre Schritt für Schritt, wie alles funktioniert, und danach können die Studierenden das selbst. Aber das ist leider nicht so einfach und es tauchen immer Probleme auf, zum Beispiel mit den Maschinen. Wichtig ist, dass sich die Mitarbeitenden bestenfalls nicht aufteilen müssen, also dass nicht dieselben Mitarbeitenden den »Open Lab Day« und die Lehre betreuen. Und noch ein zusätzlicher Tipp: Es sollten so viele Absolvent*innen wie möglich betreut werden! Das ist zwar Arbeit, aber wenn sie motiviert werden, dann verbringen sie Zeit im Fab Lab und helfen anderen – auch den Besuchenden.

Woran arbeiten Sie aktuell?
René Bohne: Ich habe momentan zwei Projekte. Ich mache sehr viel mit Musik und versuche da noch mehr Wissen aufzubauen. Auf meiner Webseite habe ich Infos dazu. Ich betreue zum Beispiel ein paar Musiker*innen: Eine Musikerin hat ein transparentes Saxophon. Da haben wir LED-Pixel und einen Mikrocontroller eingebaut. Jetzt kommt noch eine Tuba dazu. Ein weiteres Projekt war eine Erweiterung für ein 3D-gedrucktes Wireless-MIDI-Kleid. Ich nenne diesen Bereich mal Musik. Des Weiteren beschäftige ich mich mit Drohnen. Ich habe einige Drohnen gekauft, aber ich habe auch eine Schublade voll mit 3D-gedruckten Drohnen. Ich habe verschiedene 3D-Druck-Filamente getestet und die fliegen auch alle. Ich habe dann eine eigene Firmware entwickelt, die auf diesem kleinen Board mit dem STM32-Mikroprozessor läuft. Auf diesem Board ist ein Beschleunigungssensor drauf und Sie können über vier Metall-Oxid-Halbleiter-Feldeffekttransistoren, deutsch für Metal-Oxide-Semiconductor Field-Effect Transistors (MOSFETs), vier Motoren ansteuern. Das Board habe ich durch Recherche gefunden und es ist wirklich sehr praktisch. Aber das gibt es viel zu wenig: fertige Boards, die nicht riesig und auch nicht unglaublich teuer und sinnlos sind. Bei der Lehre würde ich vielleicht trotzdem lieber mit Arduino oder ESP32-Boards (die auch schon ein WLAN-Modul haben) arbeiten.

fab101.de/bohne

Sehen Sie negative Effekte eines Fab Labs? Worauf sollte geachtet werden, damit die Einrichtung nicht scheitert?
Im Kern geht es ja um die Menschen. Ich gehe mal davon aus, dass das Team, das das Lab leitet, offen ist und alles vernünftig macht. Dennoch stecken Sie nicht in den Köpfen der Menschen drin. Ich habe schon so viele Leute getroffen, die sich stark mit ihrem Fab Lab identifizieren und dieses Lab für das beste halten. Für diese Menschen scheint es einen Wettbewerb unter den Labs zu geben und das ist nicht gut. Konkurrenzdenken passt eigentlich nicht zum Making. Ich glaube, dass der kooperative Gedanke zwischen den Labs noch ausbaufähig ist. Manchmal isolieren sich Fab Labs zu sehr, anstatt zusammenzuarbeiten. Wenn Sie ein Fab Lab eröffnen wollen, dann nehmen Sie Kontakt zum globalen Fab-Lab-Netzwerk auf, denn das hat nur Vorteile.

Was kostet's?
Budgets und Finanzierung

In diesem Kapitel zeigen wir die Kosten für verschiedene Szenarien auf, die von studentisch improvisierten bis zu medienwirksamen Prestigeprojekten reichen einschließlich allem dazwischen. Außerdem geben wir Beispiele, wie eine Finanzierung aussehen kann, woher Ressourcen kommen können und an welche Bedingungen sie ggf. geknüpft sind.

5.1 Die Ersteinrichtung – was brauche ich für den Einstieg?

In diesem Kapitel geht es um Kosten. Was und wer bezahlt werden muss oder kann, konnten Sie bereits in Kapitel 3 »Was braucht's? Standort, Räumlichkeiten, Inventar« und Kapitel 4 »Wer macht's? Personal, Aufgaben, Rekrutierung« nachlesen. Eine solide finanzielle Basis für die Ausstattung der Räume ist ein grundlegender Punkt, macht jedoch allein noch kein Fab Lab erfolgreich, wie in den Kapiteln 6 »Safety first! Sicherheit und Arbeitsschutz« bis Kapitel 15 »(R)evolution! Die Fab Labs der Zukunft« gezeigt wird.

Viele Fab Labs wachsen organisch: Ein Forschungsprojekt hinterlässt eine CNC-Fräse, es gibt Restmittel für einen 3D-Drucker, ein Lasercutter ist als Dauerleihgabe verfügbar und im Keller wurde gerade ein Raum frei – und mit etwas Glück stehen gerade Mitarbeitende oder Studierende bereit, deren Abschlussarbeit doch noch etwas warten kann, weil plötzlich eine Community entstanden ist und betreut werden will. Eine solche Konstellation ist die Voraussetzung für den **studentischen Makerspace**, der von geringen finanziellen Mitteln, aber viel persönlichem Engagement abhängt. Ist Letzteres gegeben, fallen auf die Hochschule neben der grundsätzlichen Bereitschaft, einen solchen Ort mitzutragen, in erster Linie Räumlichkeiten und Betriebskosten zurück.

Die **Einbindung von Studierenden** spielt in jedem hochschulinternen Fab Lab eine zentrale Rolle und kann durch besondere Privilegien im Lab attraktiver gestaltet werden: Als Gegenleistung für eine regelmäßige Lab-Betreuung gibt es eine kostenlose Einführung in alle Geräte, bevorzugten Zugang zum Lab oder einen Materialzuschuss. Der Status, Teil einer Gruppe von Lab-Betreibenden zu sein, fällt bei den beteiligten Studierenden aber vermutlich ohnehin höher ins Gewicht. Um einer solchen Initiative aber trotzdem die Möglichkeit der Weiterentwicklung zu geben, sollte jedoch zumindest eine **SHK** eingestellt werden, die sich neben der Betreuung auch um strategische Belange und Verwaltungsaufgaben kümmert. Solche Stellen sind finanziell überschaubar und können häufig über eine studentische Projektförderung direkt an der Hochschule beantragt werden. Diese Initialförderung ist in der Regel zeitlich begrenzt. Etabliert sich das Fab Lab aber innerhalb der Förderzeit bei Studierenden und Mitarbeitenden, kann das ein schlagkräftiges Argument für eine Fortsetzung der Förderung darstellen.

Bleiben wir zunächst bei diesem Modell der Improvisation: Wie steht es dann um die Ausstattung? Über **kleine Förderanträge** können häufig sowohl hochschulintern als auch -extern Beträge für einzelne Maschinen oder Technologien beantragt werden: einen 3D-Drucker, eine Lötstation oder einen Klassensatz an Mikroelektronik. In der Regel sind diese Gelder an (einmalige) kleine Projekte gekoppelt, die mit dieser Ausstattung durchgeführt werden. Auch lokale Firmen sind oft bereit, über Geldspenden oder ausgemusterte Geräte studentische Labs zu unterstützen. Eine weitere der eingangs genannten Optionen sind **gebrauchte Geräte**, die bereits an der Hochschule vorhanden sind, aber nicht oder nicht mehr genutzt werden. Es lohnt sich also, das persönliche Gespräch mit Lehrstuhlinhaber*innen und Forschungsleiter*innen zu suchen, denn für viele bedeutet die Nutzung im Lab, dass die Geräte überhaupt in Betrieb sind und sie selbst auch weiterhin darauf zugreifen können. Um nicht zum Elektroschrottlager zu werden, sollte die Entscheidungsbefugnis bezüglich deren jeweiliger Annahme jedoch im Idealfall nicht bei einer einzelnen Person liegen.

Die Formulierungen zeigen: Ein rein studentischer Makerspace bringt Flexibilität und Offenheit, aber auch wenig Planbarkeit und Perspektive mit sich. Ob sich immer wieder ausreichend neue, fähige Studierende finden, die bereit sind, ihre Zeit in das Lab zu investieren, bleibt lediglich zu hoffen. Die Gefahr, dass Einzelne ihre akademische Laufbahn zugunsten des Labs vernachlässigen, ist hoch. Findet sich ein Lehrstuhl, der bereit ist, für das Lab (auch finanzielle) Verantwortung zu übernehmen, eröffnen sich weitere Optionen. Ein solches **institutsinternes Fab Lab** wird in der Regel über Haushalts- oder Forschungsmittel finanziert. Besonders geeignet sind auch Gelder aus **Berufungs- oder Bleibeverhandlungen**. Ist die Ausgangslage also nicht gerade, dass kein Geld vorhanden ist, können bei der Gestaltung und Ausstattung beispielsweise die Empfehlungen der *Fab Foundation* Orientierung geben, die ein Budget von ca. 100.000 € für die Grundausstattung an Maschinen inklusive Filteranlagen und Materialien für ein Fab Lab veranschlagen. Wichtig ist, hier aber zu erwähnen, dass derart umfangreiche Anschaffungen auch höhere Anforderungen an die personelle Ausstattung mit sich bringen, sowohl was den zeitlichen Umfang als auch die fachlichen Kenntnisse betrifft. Die Empfehlungen der Fab Foundation haben sich auch an den Fab Labs der RWTH Aachen und der Universität Siegen bewährt. Sie sollten aber nur als Orientierung gesehen werden, denn jeder Lehrstuhl bringt mit Sicherheit eigene besondere Bedarfe mit sich. Insbesondere sollte zwischen günstigeren, oft wartungsintensiveren Geräten mit geringerer Präzision und deutlich teureren, weniger wartungsanfälligen Geräten für höherwertige Ergebnisse abgewogen werden. Oder anders gesagt: Wollen Sie zehn 3D-Drucker, an denen sich täglich zwei Schulklassen austoben können, oder lieber zwei (komplexere) Drucker, die spezielle Anforderungen erfüllen, wie zum Beispiel eine herausragende Präzision, vollfarbigen Druck oder die Verarbeitung von Metallen oder hochtemperaturfesten Werkstoffen.

fab101/fabfoundation

Sollte ein Lehrstuhl nicht die nötige Kapazität aufbringen können, kann auch eine Kooperation mehrerer Lehrstühle oder eine **Verortung in der Fakultät** sinnvoll sein. Das bedeutet, dass ein gemeinsames Interesse an der Nutzung und damit auch eine Bereitschaft sowohl zur Absprache als auch zur Mitfinanzierung besteht. Dementsprechend muss rechtzeitig Überzeugungsarbeit in Gremien und Räten geleistet werden.

Spätestens in der Größenordnung eines institutsinternen Fab Labs müssen **Umbaumaßnahmen** vorgenommen werden. Diese können sehr gering ausfallen, falls die Räume bereits als Werkstätten angelegt sind. Umgewidmete Seminar- oder Kellerräume erfordern dagegen ein paar grundlegende Anpassungen, um den allgemeinen Sicherheitsstandards [siehe Kapitel 6 »Safety first! Sicherheit und Arbeitsschutz«] zu entsprechen. Unvermeidbar ist eine größere **Absaugung** für den Lasercutter und eine kleinere für Lötarbeitsplätze. Ebenso brauchen viele 3D-Drucker Absauganlagen. Für beides gibt es inzwischen auch mobile Einheiten, die die Sache aber nicht unbedingt vereinfachen und die Kosten nicht zwingend verringern [mehr dazu in Kapitel 3 »Was braucht's? Standort, Räumlichkeiten, Inventar«]. Natürlich sollte ein Fab Lab wie jede Werkstatt über einen Wasseranschluss verfügen, um Hygiene und Reinigung nicht unnötig zu verkomplizieren und den Zugang zu sanitären Anlagen für die Nutzenden sicherzustellen. Genügend **Strom- und Internetanschlüsse** sollten in der Planung bedacht werden. Je nach Ausstattung und Raumbeschaffenheit können abgetrennte **Kabinen** zum Schutz vor Lärm, Staub oder Dämpfen nötig sei. Zuletzt können für eine sinnvolle **Raumorganisation** Umbaumaßnahmen erforderlich werden, um beispielsweise auch Seminare im Lab abhalten zu können oder um zur Bearbeitung der Modelle direkt im Lab **Arbeitsplätze** zur Verfügung zu stellen. Bei all diesen Überlegungen sollte die **Barrierefreiheit** berücksichtigt werden: Wer kann wie an den Angeboten teilnehmen? Welche (berechtigten) Gründe gibt es für Einschränkungen? Eine Hochschule trägt hier eine besondere Verantwortung. Diese gilt auch für ein Fab Lab und sollte in der Planung und Kostenkalkulation bedacht werden.

fab101.de/baua

Der Konjunktiv deutet es schon an: Eine allgemeingültige Kalkulation kann hier nicht geboten werden, da der Umbau von zu vielen individuellen und architektonischen Voraussetzungen abhängt. Ist die nächste Wasserleitung nebenan oder einen Flur weiter? Ermöglicht ein Fenster eine direkte Abluft? Wie sieht es mit der Stromversorgung aus? Es empfiehlt sich, möglichst früh die **Bauabteilung** und die Abteilung für Arbeitssicherheit zu kontaktieren und in Erfahrung zu bringen, welche Maßnahmen und Kosten eventuell von welcher Stelle übernommen werden können und welcher Spielraum in Bezug auf weitere Umbaumaßnahmen gegeben ist. Die jeweiligen Bestimmungen können von Hochschule zu Hochschule variieren.

Wird ein **Fab Lab als Zentraleinrichtung** und Service für den gesamten Campus konzipiert, besitzt es einen hohen Stellenwert in den Augen der Hochschulleitung, da sie davon ausgehen muss, langfristig Ressourcen für den Betrieb bereitzustellen. Für ein Fab Lab als Zentraleinrichtung skalieren sich in erster Linie die Kosten: größere Räume, mehr Ausstattung, mehr Nutzende, größerer Personalbedarf und mehr **Verantwortung für barrierefreien oder barrierearmen Zugang.** Für eine Zentraleinrichtung reichen die (Um-)Baumaßnahmen von der Umgestaltung von Bibliotheksräumen bis hin zum Neubau mit eigener Schließanlage. Vorhaben in dieser Größenordnung sind häufig an **einmalige Dritt- und Fördermittel** gebunden, die die Baumaßnahmen und Ausstattung abdecken. Ob der laufende Betrieb vollständig über Haushaltsmittel finanziert wird oder ebenfalls von Drittmitteleinwerbung abhängt, variiert je nach Hochschule. Ein Grundstock an Personal und laufende Kosten sollten jedoch abgesichert werden [siehe Tab. 1: Studentisches Fab Lab).

Erstes Fazit: Mit einem geeigneten Raum, ein paar SHKs, etwas Budget für die Ausstattung und ausreichend Motivation und Optimismus kann es losgehen. Man sollte jedoch nicht vernachlässigen: Die Ersteinrichtung ist in den meisten Fällen das einfachste. Die Herausforderung ist, laufende Kosten für das Personal langfristig zu sichern.

5.2 Die laufenden Kosten und die Wartung

Wie bereits beschrieben ist ein Fab Lab kein klassischer Ort der Dienstleistung. Eine Kalkulation aller Angebote in Form von personellen Ressourcen sowie Ausstattung und Material ist daher auch nicht möglich. Ein Fab Lab kann, wie an der Friedrich-Alexander-Universität (FAU) Erlangen-Nürnberg, den Betrieb allein durch studentisches Engagement bestreiten oder, wie der Makerspace der Universitätsbibliothek der Technischen Universität Dresden, mit fest angestelltem Personal in bestehende Strukturen integriert werden. Neben dem Lab-Personal leisten aber immer auch die Nutzenden einen wichtigen Beitrag – in Form von gegenseitiger Hilfe und Weitergabe von Wissen – zum laufenden Betrieb, der sich nicht mit der Finanzierung zusätzlicher Stellen kompensieren lässt.

Eine Zusammenstellung der Aufgaben, des möglichen Personals und von Tipps zur Rekrutierung lässt sich in Kapitel 4 »Wer macht's? Personal, Aufgaben, Rekrutierung« nachlesen. Wie schon dort erwähnt, ist die folgende Aufteilung kein Muss, aber eine Orientierung. Daraus abgeleitet und berechnet werden im Folgenden die zu erwartenden Kosten. Unverzichtbar für jedes Lab, das über ein paar 3D-Drucker hinausgeht, ist die **technische Maschinenbetreuung.** Aufgrund der in der Regel nichtwissenschaftlichen

Aufgaben empfiehlt sich, jeweils eine Stelle für den Werkstattleiter bzw. die Werkstattleiterin und den Techniker bzw. die Technikerin (oder äquivalent) einzurichten [siehe Tab. 2: Institutsinternes Fab Lab]. Da qualifiziertes Personal im Bereich digitaler Fertigung zunehmend gefragt ist und die Aufgaben in einem Lab sehr vielfältig sind, sollte mindestens die Entgeltgruppe E 9 TVöD angestrebt werden. Sind an einem Institut oder Lehrstuhl Stellen für die Betreuung von Laboren und Werkstätten vorgesehen, kann eine solche Stelle darüber (ko-)finanziert werden. Nicht selten wird diese Aufgabe jedoch auch von wissenschaftlichem Personal auf Promotionsstellen übernommen, da die Einrichtung nichtwissenschaftlicher Stellen deutlich komplizierter ist.

Um in einem akademischen Fab Lab sehr unterschiedliche Nutzende und Bedarfe gut abzustimmen und bei strategischen Entscheidungen in Bezug auf die Lehre und Forschung zu unterstützen, empfiehlt sich insbesondere ab einer bestimmten Größe und Reichweite eine **Innen-/Außenkommunikation**. Ein solche*r Relationship-Manager*in bzw. eine solche Relationship Managerin sollte sowohl in Forschung und Lehre als auch im Umgang mit Wissenschaftler*innen Erfahrung mitbringen. Daher wird für eine solche Stelle mindestens die Entgeltgruppe E 11 bis zur Entgeltgruppe E 13 TVöD empfohlen.

Viele der täglich anfallenden Aufgaben und Zuständigkeitsbereiche rund um das Fab Lab, wie das Welcome-Management, die Kommunikation, die Ordnung oder die Materialbeschaffung, können von **SHKs** ausgefüllt werden, die für diese oder eine damit im Zusammenhang stehende Aufgabe finanziert werden. Im Idealfall sind interessierte Studierende schon in die Planung und Umsetzung involviert und es entsteht eine Verbindlichkeit und ein Verantwortungsgefühl. Je nach Größe des Labs sollten zwei bis fünf SHKs mit 40 Std./Monat kalkuliert werden. Labs mit kleinem Budget können auf unentgeltliches Engagement hoffen, sofern das Lab eine Atmosphäre umgibt, die dazu verleitet, mehr Zeit als unbedingt nötig dort zu verbringen.

Das **Lab-Management** hat als operative Leitung die Übersicht über alles, was das Lab betrifft: die Finanzierung, die Maschinen, das Material, das Personal und die Auslastung –, alle Stränge laufen hier zusammen. Die Besetzung dieser Position sollte nicht zu häufig wechseln und möglichst langfristig sein. Da Langfristigkeit bei deutschen Hochschulstellen ein höchst seltenes Attribut ist, sollten Projektlaufzeiten von drei Jahren als Untergrenze gelten. Dass Lab-Manager*innen an Hochschulen häufig auch promovieren, ist eine Win-win-Situation für das jeweilige Lab-Management und auch für das Lab. Aufgrund der Personalverantwortung sollte für eine solche Stelle mindestens die Entgeltgruppe E 13 TVöD angestrebt werden.

Der*Die Direktor*in, die das Ganze anstößt und die dafür nötige Autorität und finanziellen Ressourcen besitzt oder zu beschaffen weiß, ist zwar selbst für die Drittmittelbeschaffung enorm wichtig, wird aber in der Regel im Rahmen einer Professur bereits durch die Hochschule finanziert.

Die **Material- und Verschleißkosten** sind im Vergleich zu Personalkosten meist gering, fallen aber ebenso dauerhaft an und sollten je nach Auslastung mit 100 €/Monat bis 500 €/Monat kalkuliert werden. Darunter fallen auch Wartungskosten, wie für Ersatzteile oder gelegentliche kostenpflichtige herstellerseitige Besuche. Der Ersatz oder die Neuanschaffung von Geräten wiederum sind meist mit neuen Forschungsprojekten oder (Sach-)Spenden verbunden und nicht mit einkalkuliert.

Unter gewissen Umständen kann es sinnvoll oder notwendig sein, **Nutzungsgebühren oder Gebühren für Dienstleistungen** zu erheben, insbesondere wenn die Finanzierung einseitig erbracht wird oder sich langfristig nicht anders sichern lässt. Zu bedenken ist hier, wie solche Gebühren gestaffelt und abgerechnet werden und ob die Rechtsform [siehe Kapitel 2 »Fab Labs & Co. Ausrichtung und Organisationsformen« und Kapitel 6 »Safety first! Sicherheit und Arbeitsschutz«] diese ohne Weiteres zulässt. Ähnlich steht es mit **Spenden**. Eine Kasse für Barspenden lässt sich noch unkompliziert einrichten und reinvestieren und größere Firmenspenden können ungeahnten Verwaltungsaufwand mit sich bringen. Hier kann eine Sachspende von Vorteil sein. In jedem Fall sollten ideale Lösungen für Spenden aber **rechtzeitig mit der Verwaltung geklärt** werden, da die Regelungen zur Erfassung und Verarbeitung sich stark unterscheiden können.

Das Mitbringen von **eigenem Material**, insbesondere für größere Projekte, entlastet zwar kurzfristig die Beschaffungsliste des Fab Labs, birgt aber die Gefahr, durch minderwertiges oder falsches Material die Maschinen in Mitleidenschaft zu ziehen. Daher ist auch davon stark abzuraten, sofern nicht gesichert davon ausgegangen werden kann, dass geeignetes Material verwendet wird. Ist das nicht der Fall, sollte größerer Materialverbrauch besser über die Mitarbeit im Fab Lab oder bei größeren Bestellungen mittels direkter Beteiligung verrechnet werden.

Der größte Anteil des Fab-Lab-Personals sowie der laufenden Kosten wird in den meisten Hochschul-Labs über **Forschungs-Drittmittel** finanziert, und zwar sowohl technische Mitarbeitende und WiMis als auch SHKs. Haushaltsstellen machen einen geringen Teil aus oder fehlen ganz. Ausnahmen sind wie erwähnt Fab Labs, die als Zentralinstitut betrieben werden und zumindest einen Grundstock an festem Personal einsetzen können. Fab Labs sind aufgrund ihrer Praxisnähe und Offenheit ein beliebter Partner für Drittmittelprojekte, die Aspekte der innovativen digitalen Lehre, Bürgerbeteiligung, technischen Bildung und natürlich alles rund um Prototyping beinhalten. Akademische Fab Labs, zumindest in Deutschland, haben trotz der zunehmenden Verbreitung noch nicht den Status und die Sichtbarkeit erreicht, dass sie als selbstverständlicher Bestandteil einer Hochschulinfrastruktur gesehen werden. Sie sind also von regelmäßiger Drittmittelakquise abhängig. Der langfristige Erfolg akademischer Fab Labs wird in Zukunft auch davon abhängen, ob ein Fab Lab es schafft, sich weiterzuentwickeln und neue Themen, Methoden und Fragestellungen aufzunehmen und damit auch anhaltend Gelder für den Betrieb zu akquirieren.

Wie bei den meisten anderen Hochschulbelangen gilt auch für das Fab Lab: Ein **gutes Verhältnis zu den Sekretariaten** und zu Kolleg*innen aus der Verwaltung öffnet nicht vorhandene Türen. Auch vermeintlich kleine Spenden, Aufträge und Anschaffungen können umfangreiche Bürokratie nach sich ziehen, die für die Sekretariate eine regelrechte Zumutung darstellen können. Das gilt es, so gut wie möglich durch gute Vorbereitung abzufangen.

Wie bereits angesprochen kann ein Fab Lab, ähnlich wie IT-Zentren oder Bibliotheken, auch Gebühren erheben. Das können allgemeine Nutzungsgebühren sein oder aber kostenpflichtige **Workshops und Dienstleistungen**, die sowohl intern als auch extern angeboten werden. Darunter fallen beispielsweise Maschinen- oder Software-Einführungen (sehr beliebt sind CAD- und 3D-Druck-Kurse) oder Aufträge im Prototyping-Bereich. Auch hier gilt: erstmal Verwaltungsaufwand und rechtliche Regelungen prüfen, was erlaubt und möglich ist und inwieweit sich der Aufwand lohnt. Vermieden werden sollten auch durchgängig kostenpflichtige Angebote, da diese eine zusätzliche Hürde für all jene darstellen, die sich eher zufällig ins Fab Lab verirren und nicht zu den ›üblichen Verdächtigen‹ gehören.

5.3 Vom Underdog bis zum Kronjuwel

Wie beschrieben ist das finanzielle Spektrum eines hochschulinternen Fab Labs sehr groß. Das heißt natürlich nicht, dass sich damit auch immer vergleichbare Qualität und Angebote erreichen lassen. Im Folgenden zeigen drei typische Szenarien, unter welchen Bedingungen welche Form und Finanzierung realistisch und angemessen sein kann.

Das rein **studentische Fab Lab** ist der Underdog unter den Fab Labs an Hochschulen. Von der Hochschulleitung wenig beachtet, aber zumindest geduldet und, wenn passend, auch gerne mal öffentlichkeitswirksam in Szene gesetzt und mit Räumlichkeiten und eventuell einer kleinen Anschubfinanzierung bedacht, ist es von geringen Ressourcen, viel Engagement und großer Unabhängigkeit geprägt.

Studentisches Fab Lab

	Minimum	Bedeutung	Empfehlung	Bedeutung
Personal	0 €	Reines Ehrenamt	**7.000 €/ Jahr**	1 SHK (10 Std./Woche)
Infrastruktur	0 €	Kleiner Raum und Sachspenden	**1.500 €/ Jahr** und **20.000 €**	Kleiner Raum, Wartung und solide Einstiegsgeräte
Vorteile	Unabhängigkeit	Flexibles Angebot und flexible Ausgestaltung	Gesicherter Betrieb	Feste Öffnungszeiten und festes Angebot
Nachteile	Keine Planbarkeit	Ermöglichung von Angeboten nur mit genügend engagierten Studierenden	Verpflichtungen	Einbettung in die Hochschulverwaltung

Tab. 1

Das **institutsinterne Fab Lab** ist das aktuell wohl gängigste Modell. Es findet zumindest an einem Lehrstuhl Anerkennung und Unterstützung, wirkt aber in der Regel auch in andere Institute und Fakultäten hinein. Auch hier kann Improvisation und Minimalausstattung an Geräten und Personal größere Flexibilität bedeuten. Langfristige Planung erlaubt eine feste Integration in Lehre und Forschung, bedarf aber größerer Sicherheit bei der Finanzierung.

Institutsinternes Fab Lab

	Minimum	Bedeutung	Empfehlung	Bedeutung
Personal	**50.000 €/Jahr**	1 Techniker*in (100 %)	**100.000 € +/ Jahr**	1 Lab-Manager*in (75 %) und 5 SHKs (je 10 Std./Woche)
Infrastruktur	**20.000 €** und **2.000 €/Jahr**	Vorhandene Werkstatt, solide Einstiegsgeräte und Wartung	**25.000 €, 5.000 €** und **100.000 €**	Umbau, Wartung und Empfehlung der Fab Foundation
Vorteile	Geringeres Risiko	Ermöglichung eines Fab Labs im Testmodus und kleinen Rahmen	Gesicherter Betrieb	Feste Öffnungszeiten und festes Angebot
Nachteile	Zuschnitt auf den Bedarf eines Lehrstuhls	Zunächst für viele geringe Attraktivität der Angebote	Verpflichtungen	Einbettung in die Hochschulverwaltung

Tab. 2

Das **Fab Lab als Zentraleinrichtung** kann das Kronjuwel einer Hochschule werden, ist aber bisher noch die Ausnahme. Es wird meist über einen Zusammenschluss mit der Bibliothek oder einem Gründerzentrum realisiert. Es kann große Wirkung und Sichtbarkeit über die Hochschule hinaus erzielen, bedeutet aber auch ein klares Bekenntnis von Seiten der Hochschulleitung. Sollten die Drittmittel nicht ausreichend eingeworben werden, muss sie bereit sein, die Finanzierung aus Eigenmitteln zu tragen. Eine Grundfinanzierung sollte daher auch unabhängig von Drittmitteln zur Verfügung stehen.

Fab Lab als Zentraleinrichtung

	Minimum	Bedeutung	Empfehlung	Bedeutung
Personal	**150.000 €/Jahr**	1 Lab-Manager*in (75 %), 1 Techniker*in (100 %) und 5 SHKs (je 10 Std./ Woche)	**220.000 €/Jahr**	1 Lab-Manger*in (75 %), 1 Relationship Manager*in (100 %), 2 Techniker*in (100 %) und 5 SHKs (je 10 Std./Woche)
Infrastruktur	**25.000 € +, 100.00 €** und **5.000 €/Jahr**	Umbau, Nutzung vorhandener Räume und Wartung	**300.000 € – 500.000 € +, 100.000 €** und **10.000 €/Jahr**	Umfangreicher Um- bis Neubau und Wartung
Vorteile	Flexibles Profil	Bei geringer Nutzendenzahlmögliche Umwidmung in ein Fab Lab des Instituts	Symbol für eine innovative Hochschule	Ermöglichung vielfältiger Kooperationen auf dem Campus mit Externen
Nachteile	Begrenzte Kapazität für große Zielgruppe	Unter Umständen zu hoher, nicht erfüllbarer Anspruch	Große finanzielle und administrative Verantwortung	Verbindlichkeit gegenüber dem Fab Lab und weniger Mittel für andere zentrale Angebote

Tab. 3

Safety first!

Sicherheit und Arbeitsschutz

Abb. 34
Typische gerätespezifische Einweisung an der Maschine

Abb. 36
Ein Community-Event

Abb. 35
Ein Fab Lab vor einer Veranstaltung

Nutzende eines Fab Labs sollen sicher arbeiten können. Auch für das Lab-Management, Verantwortliche und die rahmengebende Organisation ist Sicherheit ein wichtiges Querschnittsthema. Dieses Kapitel soll daher eine Übersicht über wichtige Bausteine von (Arbeits-)Sicherheit in Fab Labs an Hochschulen geben. Es soll außerdem ermutigen, zuweilen als schwierig empfundene Rechts- und Sicherheitsthemen von Anfang an als selbstverständliche, sinnvolle – und unumgängliche – Daueraufgabe in den Aufbau eines Fab Labs zu integrieren.

Wir haben die Informationen in diesem Kapitel nach bestem Wissen und Gewissen zusammengetragen. Dennoch wird für ihre Richtigkeit und Aktualität keine Gewähr übernommen.

Abb. 37
Das Fab Lab am Abend

6.1 Die Grundlagen

In Fab Labs wird mit Werkzeugen und Maschinen gearbeitet. Hier können Menschen also nicht nur kreativ sein, sondern sich auch verletzen. Wie der Name Fab Lab(oratory) schon sagt, sind diese Orte also als Labore bzw. Werkstätten zu verstehen. In Fab Labs gibt es eine Vielzahl von Maschinen-, Werkzeug- und Materialarten.

Für Werkstätten und ähnliche Orte mit Gefahrenpotenzial gelten sowohl an als auch außerhalb von Hochschulen bestimmte **Regeln und Gesetze**. Wesentliche Grundlagen sind zum Beispiel das Arbeitsschutzgesetz des Bundes sowie die Vorschriften der Deutschen Gesetzlichen Unfallversicherung (DGUV). Sie sind mit den in der Arbeitswelt gültigen Regeln vergleichbar, nach denen der Arbeitgeber das Gefahrenpotenzial der Mitarbeitenden beurteilen und entsprechende Sicherheitsmaßnahmen treffen muss. Als allgemeiner, breiter Einstieg ins Thema empfiehlt sich die Publikation »Grundsätze der Prävention« der DGUV. Es gibt jedoch auch Unterschiede zwischen den Bundesländern und außerdem verändern sich die Regeln zur Arbeitssicherheit – wie die Arbeit selbst auch – laufend. Bestehende, örtliche Regeln und Vereinbarungen in der rahmengebenden Organisation spielen in der Praxis ebenfalls eine große Rolle. Nicht zuletzt ist Sicherheit immer für den Einzelfall zu beurteilen und Einheitslösungen kann und darf es nicht geben. Nichtsdestotrotz werden den meisten hochschulinternen Fab Labs im Aufbau und Alltag einige vergleichbare Fragen und Anforderungen begegnen, auf die wir Sie in diesem Kapitel einstimmen möchten.

Abb. 38 Jugendliche, Erwachsene, Uni-Interne und Uni-Externe am Lasercutter und der CNC-Fräse

fab101.de/praevention

Eine **Empfehlung** vorweg: Erste, wichtigste und an allen Hochschulen sowie in allen größeren Organisationen vorhandene **Ansprechpersonen** und die besten Verbündeten zu Werkstätten, Laboren und Sicherheitsthemen sind die örtlichen Fachkräfte für Arbeitssicherheit, die genau dafür da sind, Ihnen bei allen Fragen zur Seite zu stehen. Spätestens wenn es darum geht, einen Raum oder Ort zu einem Fab Lab zu machen oder erste Maschinen zu beschaffen, werden Sie zwangsläufig mit ihnen in Kontakt kommen. Eine frühzeitige Beteiligung empfiehlt sich also sehr. Hier gibt es viel aktuelles Fachwissen, Vorlagen für zu erstellende Dokumente, Wissen über Zuständigkeiten für typische Fragen und die Kenntnis von örtlichen Regeln. Außerdem können Sie hier Schulungen zu Themen, wie Grundlagen der Arbeitssicherheit, Vorgesetztenpflichten oder Gefährdungsbeurteilungen, bekommen, die Sie wahrnehmen sollten.

Neben den Abteilungen für Arbeitssicherheit und unterschiedlichen Bereichen der Hochschulverwaltung werden Sie bei der Einrichtung eines Fab Labs früher oder später auch in Kontakt mit den Personalvertretungen kommen, denn bestimmte Akte, wie zum Beispiel der Beschluss einer Laborordnung, sind hier zustimmungspflichtig. Diesen Zu-

Abb. 39 Sicherheitsbereich am Lasercutter

stimmungen sollte nichts im Wege stehen, wenn im Vorfeld gut mit den Fachkräften für Arbeitssicherheit zusammengearbeitet wurde und wenn ein angemessenes Personal- und Aufgabenkonzept existiert. Allgemeinen Anforderungen und Charakteristika von Fab-Lab-Personal haben wir uns bereits in Kapitel 4 »Wer macht's? Personal, Aufgaben, Rekrutierung« gewidmet. Im Folgenden betrachten wir, welche Aufgaben und Rollen diesen Personen aus Perspektive der Sicherheit zufallen.

6.2 Personen, Rechte und Pflichten

Für ein Fab Lab an einer Hochschule muss es aus Sicht der Sicherheit zunächst **eine verantwortliche Person** im Sinne des Arbeitsschutzes geben (häufig ist in diesem Zusammenhang auch die Rede von Vorgesetztenpflichten). Diese Person muss unter anderem die Gefahren der Werkstatt und ihrer Ausstattung beurteilen, muss für die notwendigen Schulungen und Einweisungen Sorge tragen, muss den Betrieb kontrollieren und die Aufsicht sicherstellen, muss die Arbeitsmittel sicher und gewartet halten, muss für angemessene Schutzausstattung sorgen und muss ggf. weitere Maßnahmen durchsetzen.

An Hochschulen gibt es unterschiedliche Personen, die qua ihres Amtes bereits inklusive aller notwendigen formalen Akte mit weitreichenden Rechten und Pflichten ausgestattet sind, die sich unter anderem auch auf die Vorgesetztenpflichten rund um Labore und Werkstätten beziehen. In der Forschung sind dies üblicherweise Professor*innen, zuweilen bestehende Laborleiter*innen und in der Hochschulverwaltung der Kanzler bzw. die Kanzlerin und zum Beispiel bestimmte Dezernent*innen. Im Anfangsstadium eines neuen Fab Labs kann es möglich sein, dass eine dieser Personen für eine gewisse Zeit alle der oben genannten Aufgaben übernimmt. Da die Fab-Lab-Nutzenden jedoch konstant wechseln, sich die Ausstattung weiterentwickelt und oft ein Wachstum des Kreises der Nutzenden angestrebt wird, ist es erforderlich, bestimmte Aufgaben zeitnah an geeignete Personen zu **delegieren**, die das Fab Lab dann im Alltag leitend betreiben.

Naheliegend ist es, mindestens **Pflichten** zur Einweisung von Nutzenden, zur Wartung und zur Reparatur sowie regelmäßige Aufsichtspflichten (zum Beispiel über offene Laborzeiten oder Praktika) und die Erstellung neuer Betriebsanweisungen zu delegieren. Die zur Umsetzung solcher Pflichten erforderlichen **Rechte** müssen ebenfalls delegiert werden – Beispiele hierfür sind in berechtigten Fällen das Recht zum Ausschließen von Nutzenden aus dem Labor oder die Befugnis, Ersatzteile und Reparaturen (ggf. innerhalb eines bestimmten Kostenrahmens) zu veranlassen. Die Übertragung von Rechten und Pflichten muss schriftlich erfolgen, wobei in der Hochschulverwaltung üblicherweise Vorlagen für diesen Vorgang existieren.

Achtung: Bestimmte Aufgaben sind nicht delegierbar und müssen bei der (einen) übergeordnet verantwortlichen Person verbleiben. Dies sind unter anderem eine allgemeine Kontrollpflicht für das Labor, die Pflicht zur (mindestens jährlichen) Unterweisung der Personen, die wiederum Nutzende unterweisen, und die Pflicht zur Beurteilung der Gefahren im jeweiligen Labor. Kommt die verantwortliche Person ihren Pflichten ordnungsgemäß nach, haftet sie nicht persönlich. Allerdings sind bei Verletzung der Pflichten, zum Beispiel aus Fahrlässigkeit, durchaus Strafen und Regressforderungen möglich. Im Interesse aller Beteiligten empfiehlt es sich daher, an allen Hochschulen vorhandene Schulungen zu Grundlagen, (Vorgesetzten-)Pflichten und weiteren Aspekten der Arbeitssicherheit zu besuchen und formale Akte, wie die Übertragung von Rechten und Pflichten, schriftlich, eindeutig und pragmatisch durchzuführen.

Abb. 40
Unterweisung an einer CNC-Fräse

6.3 Wichtige Dokumentationen

Eine der Aufgaben des für ein Fab Lab verantwortlichen Personals ist die Erstellung, Pflege und dauerhafte Fortschreibung von sicherheitsrelevanten Dokumentationen. Die Top Three – ohne die ein Labor nicht in Betrieb gehen darf und die im Labor zur Einsicht vorgehalten werden müssen – sind üblicherweise folgende:

Die Gefährdungsbeurteilung(en) nach Arbeitsschutzgesetz: Wie der Name schon sagt, müssen hier alle Gefahren für Nutzende und Personal, die sich aus den Tätigkeiten und der Ausstattung im Labor ergeben, systematisch dokumentiert und im Vorfeld zur Nutzung beurteilt werden. Ebenfalls Bestandteil der Gefährdungsbeurteilung ist das Ableiten von konkreten (Sicherheits-)Maßnahmen. Oft liegen Gefährdungsbeurteilungen als umfangreiche Checklisten zu organisatorischen, technischen und maschinenbezogenen und anderen Themen vor, in denen Aspekte, wie zum Beispiel die Organisation und Dokumentation von Einweisungen, die Prüfung bestimmter Arbeitsmittel, die Schutzausstattung oder konkrete Sicherheitsmaßnahmen, wie zum Beispiel Einhausungen oder Sicherheitsschalter für Maschinen, abgefragt werden.

Für weitere Details sind Ihre Fachkräfte für Arbeitssicherheit die richtigen Ansprechpersonen, ebenso für Schulungen (die wir Ihnen sehr ans Herz legen) und für Beispiel- und Vorlagendokumente aus der eigenen Institution. Unter `gefaehrdungsbeurteilung.de` betreibt die Bundesanstalt für Arbeitsschutz und Arbeitsmedizin ein ausführliches Informationsportal mit Erklärungen zur Vorgehensweise und mit Beispielen sowie Vorlagen.

Ausgewählte typische Checklisten-Items im Rahmen einer Gefährdungsbeurteilung

Gefahr	Maßnahme erfüllt oder nicht erfüllt?
Organisatorisch	Finden jährliche Einweisungen statt? Werden sie dokumentiert?
	Ist für das Labor eine verantwortliche Person benannt?
	Sind die Anlagen zur Brandbekämpfung ausreichend?
Persönliche Schutzausrüstung	Steht Gehörschutz zur Verfügung? Wird er getragen?
	Ist die Arbeitskleidung eng anliegend (insbesondere im Bereich der Ärmel wegen möglicher Einzugsgefahr)?
	Ist ggf. zusätzliche Schutzausrüstung erforderlich und wie wird diese bereitgestellt?
Gefahrstoffe	Existiert ein Verzeichnis der eingesetzten Gefahrstoffe?
	Stehen geeignete Lagermöglichkeiten zur Verfügung?
Standbohrmaschine	Gibt es geeignete Arbeitsmittel zur Spänebeseitigung?
	Ist ein Not-Aus-Schalter vorhanden?
Lasercutter	Sind eine Absaugung und eine Filterung vorhanden?
	Ist das Gerät eigensicher (entsprechend Laserschutzklasse 1)?

Tab. 4

Die Betriebsanweisungen: Für alle Gefahrenquellen in einem Fab Lab, die sich nicht organisatorisch oder anderweitig (im Rahmen der Gefährdungsbeurteilung) beseitigen lassen, müssen Betriebsanweisungen erstellt werden. Das betrifft zum Beispiel alle Maschinen, Gefahrstoffe, zuweilen auch bestimmte Arbeitsbereiche, wie zum Beispiel ein Elektroniklabor als Ganzes. Es handelt sich hierbei nicht um die Bedienungsanleitung des Herstellers, sondern um ein kompaktes, oft einseitiges Dokument, auf dem die Gefahren und Schutzmaßnahmen für den betreffenden Bereich zusammengefasst sind. Bestandteile sind zum Beispiel leicht verständliche Piktogramme zur Schutzausrüstung und zu den zentralen Gefahrenquellen sowie Informationen über den Geltungsbereich, im Notfall umzusetzende Schritte und Kontaktdaten der für den Bereich verantwortliche(n) Person(en). Zusammen mit der Bedienungsanleitung und ggf. weiteren zu einer Maschine oder einem Bereich gehörenden Dokumenten muss die Betriebsanweisung beim jeweiligen Gerät gut sichtbar aufbewahrt werden.

Für Betriebsanweisungen kann für alle in Fab Labs üblichen Geräte auf Standardvorlagen zurückgegriffen werden, die für den jeweiligen Kontext vervollständigt werden. Passende (und jeweils aktuelle) Vorlagen für die eigene Institution gibt es bei den Fachkräften für Arbeitssicherheit. Auch hier empfiehlt sich der Besuch einer Grundlagenschulung, um den Stand der Praxis allgemein und an der eigenen Institution zu verstehen. Allgemeine Informationen und Vorlagen sind beispielsweise bei der Berufsgenossenschaft Holz und Metall unter `fab101.de/betriebsanweisung` erhältlich.

Die Labor-/Werkstattordnung ist ein Dokument, in dem in verständlicher Form und umfassend die Gefahren für Mensch und Umwelt, die allgemein erforderlichen Schutzmaßnahmen und die grundlegenden Verhaltensregeln des betreffenden Fab Labs erläutert werden. Damit ist sie sozusagen die allgemeine Betriebsanweisung für das Labor insgesamt und dementsprechend darf auch niemand in einem Fab Lab (an irgendetwas) arbeiten, ohne vorher in die Laborordnung eingewiesen worden zu sein.

Die Laborordnung wird unter anderem auf Basis der Gefährdungsbeurteilung für den jeweiligen Einzelfall verfasst. Viele der Inhalte zu üblichen Werkstattthemen (zu weiteren Einweisungen, zu Abfällen, zur Lautstärke, zu Giftstoffen, zu Maschinen etc.) können weitgehend aus Arbeitshilfen und Vorlagen zur Erstellung von Laborordnungen übernommen werden, die sich am besten jeweils in aktueller Form von den örtlichen Fachkräften für Arbeitssicherheit erfragen lassen. Für ein Fab Lab ist außerdem wichtig, dass die Laborordnung auf die Besonderheiten und Regeln aus der weltweiten »Fab Charter« Bezug nimmt und damit zum Beispiel auch offene Zugangsmöglichkeiten für hochschulinterne und -externe Nutzende beinhaltet. Auch weitere lokale Regeln, wie zu eventuellen für die Nutzung erhobene Gebühren oder Besonderheiten beim Zutritt, sollten in der Laborordnung erfasst werden.

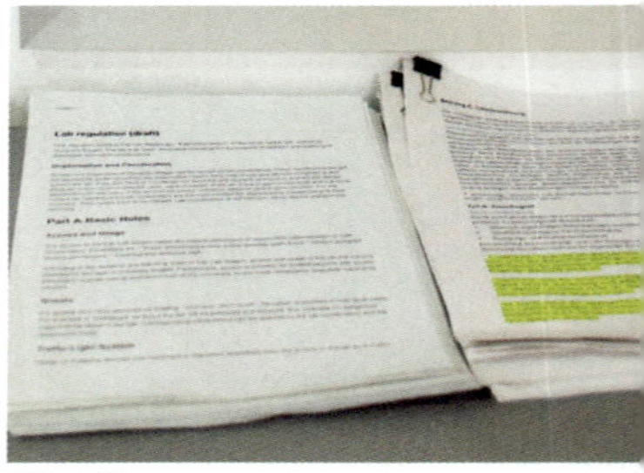

Abb. 41
In einem Fab Lab ausliegende Laborordnungen auf Deutsch und Englisch

Je nach Stand der Praxis in der eigenen Institution kann es sein, dass es bereits eine allgemeine Werkstattordnung o. Ä. gibt, auf die verwiesen werden kann (oder muss).

Einige Beispiele dieser Dokumente finden Sie unter: fab101.de/governance

6.4 Sicherheitseinweisung für (fast) alle

Bevor Nutzende in einem Fab Lab selbständig tätig werden dürfen, müssen sie eine grundlegende (Sicherheits-)Einweisung für das Fab Lab absolviert haben. Diese umfasst unter anderem die Laborordnung, zeigt zum Beispiel Fluchtwege und Standorte von Erste-Hilfe-Kästen auf und bietet die Möglichkeit für Rückfragen. Vor der Nutzung bestimmter Geräte, wie Fräsen oder zusammengehörender Arbeitsbereiche aus mehreren Geräten und Dingen, wie bei einem Lötarbeitsplätz, müssen die Nutzenden außerdem zusätzlich in diese eingewiesen werden. Wie viele verschiedene Arten von

Einweisungen benötigt werden, lässt sich aus der Gefährdungsbeurteilung, den Betriebsanweisungen und der Ausstattung ableiten (und sollte mit den Fachkräften für Arbeitssicherheit besprochen werden). Nutzende müssen natürlich nicht in jedes Handwerkzeug separat eingewiesen werden und auch für verschiedene 3D-Drucker kann zum Beispiel eine kombinierte Einweisung ins Programm genommen werden. Dass jedoch beispielsweise ein Lasercutter etwas anderes ist und andere Gefahren und Besonderheiten aufweist als eine Standbohrmaschine, sollte einleuchtend sein.

Aufgrund der ausgesprochen heterogenen Nutzerschaft sind gute Einweisungen in einem Fab Lab besonders wichtig. Das einweisende Personal muss hierbei nicht nur Anwendungskompetenz im betreffenden Arbeitsbereich besitzen, sondern diese auch didaktisch und in der Ansprache flexibel an verschiedene Menschengruppen vermitteln können. Eine ›Einweisung der Einweisenden‹, also das Vermitteln der Regeln für die Organisation des Labors und die Durchführung von Einweisungen für Nutzende sowie die Sicherstellung der (Weiter-)Qualifizierung des Laborpersonals, muss regelmäßig von der übergeordnet verantwortlichen Person durchgeführt werden.

Alle Einweisungen müssen regelmäßig – meist jährlich – wiederholt werden und dürfen nur von Personen durchgeführt werden, die dazu qualifiziert und berechtigt sind. Ersteinweisungen sollten möglichst zeitnah vor der tatsächlichen ersten Tätigkeit der Nutzenden am betreffenden Gerät oder im betreffenden Bereich liegen. Sie müssen persönlich vor Ort, sozusagen ›am Objekt‹, stattfinden. Die Einweisenden sind verpflichtet, sich zu vergewissern, dass die Einweisung verstanden wurde, und den Teilnehmenden muss ausreichend Raum für Fragen gegeben werden. Es muss dokumentiert werden, wer wann welche Einweisung von wem erhalten hat, und die Teilnahme an einer Einweisung sowie das Verständnis und die Zustimmung der Nutzenden wird per Unterschrift bestätigt.

In Fab Labs finden viel häufiger als in konventionellen Werkstätten auch Veranstaltungen statt, bei denen Gäste anwesend sind, die keine Einweisung benötigen. Zum einen ist es häufig der Fall, dass (gerade neue) Gäste Maschinen nicht selbst bedienen, sondern nur danebenstehen und ein erfahrenes Teammitglied die eigentlichen Arbeiten ausführt. Zum anderen sind Formate ohne Einweisung, wie Community- und Kreativ-Nutzungen, Besuche der allgemeinen Öffentlichkeit, Abendveranstaltungen, Vorträge, Seminare und Ähnliches in Fab Labs oft ausdrücklich gewollt. Man trägt diesen Nutzungsarten am besten durch räumliche Gestaltung Rechnung. Zum einen ist ein abgegrenzter Bereich für Soziales und sprachliche oder Denkarbeit sinnvoll (hier darf dann übrigens auch gegessen, über Catering für Veranstaltungen nachgedacht und aus der offenen Kaffeetasse getrunken werden, was in einer Werkstatt sonst verboten ist). Der Großteil des üblichen Maschinen- und Materialparks eines Fab Labs kann auch oder zusätzlich so geplant und gestaltet werden, dass er mobil ist. In Kombination mit Absperrzonen um laufende Versuchsanordnungen oder um größere Maschinen lassen sich so flexibel und sicher auch größere, offene Veranstaltungen in einem Fab Lab abhalten.

6.5 Aufsicht, Übersicht und Nutzungsmanagement

Mit guten und dokumentierten Einweisungen ist den Grundvoraussetzungen selbständiger Arbeit in einem Fab Lab zwar Genüge getan, allerdings ist es in den meisten Fällen absolut erforderlich, Nutzende **deutlich länger und tiefer zu begleiten und zu beaufsichtigen**. Dies betrifft sowohl die Anwendungskompetenz und Sicherheit im Umgang mit den teilweise sehr komplexen Maschinen und dem Labor allgemein als auch weitere Elemente, wie das Vernetzen in der Community-Struktur des jeweiligen Fab Labs. Diese Prozesse finden sinnvollerweise oft entlang eigener, größtenteils selbständiger Projekte statt, die vom einweisenden Personal – hier eher in der Rolle von Tutor*innen – durchaus über längere Zeiträume überwacht werden. Nicht selten unterstützen oder übernehmen in einem Fab Lab auch erfahrene Community-Mitglieder solche Rollen.

Wenn ein Fab Lab wächst, kann es durchaus dazu kommen, dass die Übersicht darüber, welche Anweisenden in welche Arbeitsbereiche eingewiesen wurden und wie sicher sie in ihrer Arbeit sind, zur Herausforderung wird. Ein gut eingespieltes und mit ausreichend Personal-, Qualifikations- und Zeitressourcen ausgestattetes Team gemäß der in Kapitel 4 »Wer macht's? Personal, Aufgaben, Rekrutierung« vorgeschlagenen Zusammensetzung ist von zentraler Wichtigkeit, um die Übersicht zu behalten und den Nutzenden ausreichend Kontakt, Unterstützung und Sicherheit bieten zu können.

Es ist denkbar, das Team bei diesen Aufgaben mit **IT-Systemen** zu unterstützen, beispielsweise mit Accounts, die mit dem individuellen Lernfortschritt verknüpft sind, oder Badges für Nutzende und entsprechende Zugangskontrollsysteme an den Maschinen. In der **Praxis** dürfte jedoch in den meisten Fab Labs eine mehr oder minder einfache Tabelle das zentrale Artefakt des Nutzungsmanagements sein (teilweise ohne digitale Komponenten klassisch auf Papier). Die Aufsicht, die Kontrolle und die Kenntnis der Nutzenden seitens des Lab-Teams dürften die zentralen Kontrollinstrumente darstellen. Bei gründlicher Umsetzung spricht nichts gegen und vieles für ein solches Minimalvorgehen. Unterstützende IT-Systeme gibt es kaum ›von der Stange‹ [mehr dazu in Abschnitt 3.3.6 »Die IT-Infrastruktur«]. Ihre Entwicklung, Einführung und Wartung verursachen Auf-

Abb. 42
Reges Treiben im Fab Lab

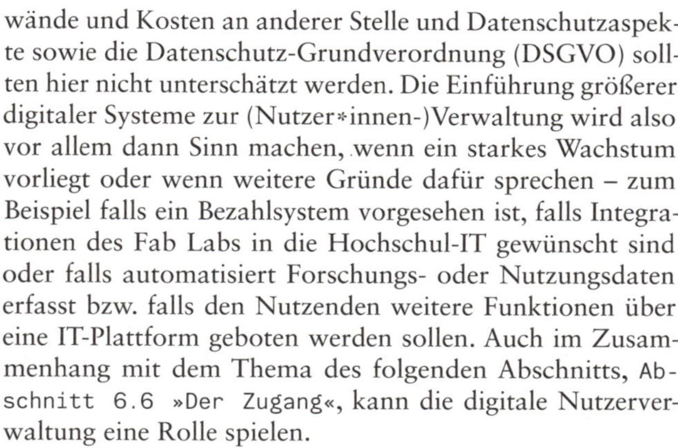

wände und Kosten an anderer Stelle und Datenschutzaspekte sowie die Datenschutz-Grundverordnung (DSGVO) sollten hier nicht unterschätzt werden. Die Einführung größerer digitaler Systeme zur (Nutzer*innen-)Verwaltung wird also vor allem dann Sinn machen, wenn ein starkes Wachstum vorliegt oder wenn weitere Gründe dafür sprechen – zum Beispiel falls ein Bezahlsystem vorgesehen ist, falls Integrationen des Fab Labs in die Hochschul-IT gewünscht sind oder falls automatisiert Forschungs- oder Nutzungsdaten erfasst bzw. falls den Nutzenden weitere Funktionen über eine IT-Plattform geboten werden sollen. Auch im Zusammenhang mit dem Thema des folgenden Abschnitts, Abschnitt 6.6 »Der Zugang«, kann die digitale Nutzerverwaltung eine Rolle spielen.

Abb. 43 Prototyp eines drahtlosen, kartenbasierten Zugangskontrollsystems an einem 3D-Drucker

6.6 Der Zugang

Ein grundsätzliches Anliegen des Fab-Lab-Konzepts ist, allen einen möglichst breiten, offenen Zugang zu bieten. Dies führt dazu, dass eine Nutzung auch durch hochschul- bzw. organisationsexterne Personen stattfinden kann. Diese Besonderheit wird im Prozess des Aufbaus eines Fab Labs zwar oft als unüblich wahrgenommen, allerdings stellt sie aus sicherheitstechnischer Sicht an sich kein Problem dar. Es ist grundsätzlich ebenso möglich, externe Nutzende genau wie Angehörige der eigenen Hochschule nach erfolgter Einweisung in einem hochschulinternem Fab Lab tätig werden zu lassen. Bei einigen Details gibt es jedoch regionale Unterschiede. So sind beispielsweise Externe nicht in allen Bundesländern in öffentlichen Gebäuden über die Landesunfallversicherung versichert. Solche Besonderheiten und Unterschiede müssen, soweit sie die Nutzenden betreffen, in die Laborordnung aufgenommen werden. Auch hier ist die beste Ansprechperson die jeweils aktuelle Fachkraft für Arbeitssicherheit.

Durch die sozialen und Community-bezogenen Aspekte eines Fab Labs ergibt sich außerdem oft der Wunsch nach Aktivitäten außerhalb regulärer Arbeitszeiten oder seitens einzelner Nutzender auch nach selbständigem Zugang zum Lab. Hier spielen zum einen die lokalen Zugangsregeln der Hochschule eine wichtige Rolle, die als Erstes berücksichtigt werden müssen. Abhängig von der Ausstattung ist es sinnvoll, für den selbständigen Zugang weitere Regeln zu setzen. Gefährdende Tätigkeiten in einem Fab Lab sollten beispielsweise nur dann stattfinden, wenn mindestens eine weitere Person anwesend bzw. in Rufweite ist, die nicht ebenfalls eine oder die gleiche gefährdende Tätigkeit durchführt (Vier-Augen-Prinzip). Ebenso sichergestellt sein sollte die Anwesenheit von Ersthelfenden im Gebäude bzw. auf dem Gelände (was außerhalb der Öffnungszeiten nicht per se gegeben ist), aber Nutzende dürfen Dritten nicht selbständig Zugang zum Fab Lab gewähren. In der Praxis ist der

zweckmäßige und sichere Weg zur Erfüllung solcher Anforderungen, Nutzenden im Regelfall nur dann Zugang zu gewähren, wenn mindestens ein erfahrenes und mit (Aufsichts-)Rechten und Pflichten ausgestattetes Mitglied des Lab-Teams anwesend ist. Es kann allerdings hilfreich und von Vorteil für alle Beteiligten sein, Nutzenden Wege anzubieten, zum Beispiel als Freiwillige mehr Verantwortung zu übernehmen oder Teil des Lab-Teams zu werden und hierüber ggf. auch selbständigen Zugang zu erhalten und weitere Rechte zu erwerben.

6.7 Versicherung und Haftung

Bei Unfällen als wichtigstes Risiko aller Werkstätten besteht bei Fab Labs an Hochschulen prinzipiell Versicherungsschutz über die jeweils zuständige Landesunfallkasse. Aber Achtung: In manchen Bundesländern sind ausschließlich Angehörige der Hochschule – und nur in Ausübung ihrer dienstlichen Aufgaben bzw. ihres Studiums – auf diese Weise unfallversichert, während für alle anderen Unfälle die individuelle Krankenversicherung zuständig ist. In manchen Ländern wiederum erstreckt sich der Unfallversicherungsschutz grundsätzlich auf Personen, die sich auf dem Gebiet öffentlicher Einrichtungen, wie zum Beispiel Hochschulen, aufhalten. Wieder sind die Fachkräfte für Arbeitssicherheit die richtigen Ansprechpersonen, um Klarheit über die Regeln, die am eigenen Standort gelten, zu erhalten. Die Labordnung sollte einen Hinweis auf den Unfallversicherungsstatus beinhalten.

Abb. 44
Schwarzes Brett mit sicherheitsrelevanten Informationen

Bei Schäden durch unsachgemäße Nutzung haften die unterwiesenen Nutzenden prinzipiell selbst. Die Laborordnung sollte darauf ausdrücklich hinweisen und Nutzenden den Abschluss einer Haftpflichtversicherung empfehlen.

Hochschulen haben außerdem häufig weitere Versicherungen, zum Beispiel eine Betriebshaftpflichtversicherung abgeschlossen, die ähnliche Risiken, wie die gesetzliche Unfallkasse oder auch schuldhaft verursachte Personen- oder Sachschäden und Risiken für Dritte, abdecken, die sich durch eine Betriebsstätte, wie zum Beispiel ein Fab Lab, ergeben. Ist dies der Fall, ist es sinnvoll, das jeweilige Fab Lab in die Versicherungspolice aufzunehmen. Hierfür kann schon ein kurzer Passus in der Police, wie zum Beispiel »Betrieb einer Kreativwerkstatt (Fab Lab)«, ausreichen. Die Aufnahme sollte die Kosten der Versicherung nicht nennenswert erhöhen. Wichtig ist allerdings, dass sie ausdrücklich erfolgt. Gibt es keine bestehende Betriebshaftpflichtversicherung, bietet der Verbund Offener Werkstätten (VOW) eine kostengünstige Haftpflichtversicherung speziell für Fab Labs, Makerspaces und ähnliche Orte an.

fab101.de/vow-versicherung

7

Wie sag ich's meiner Uni?

Argumente für die Hochschule

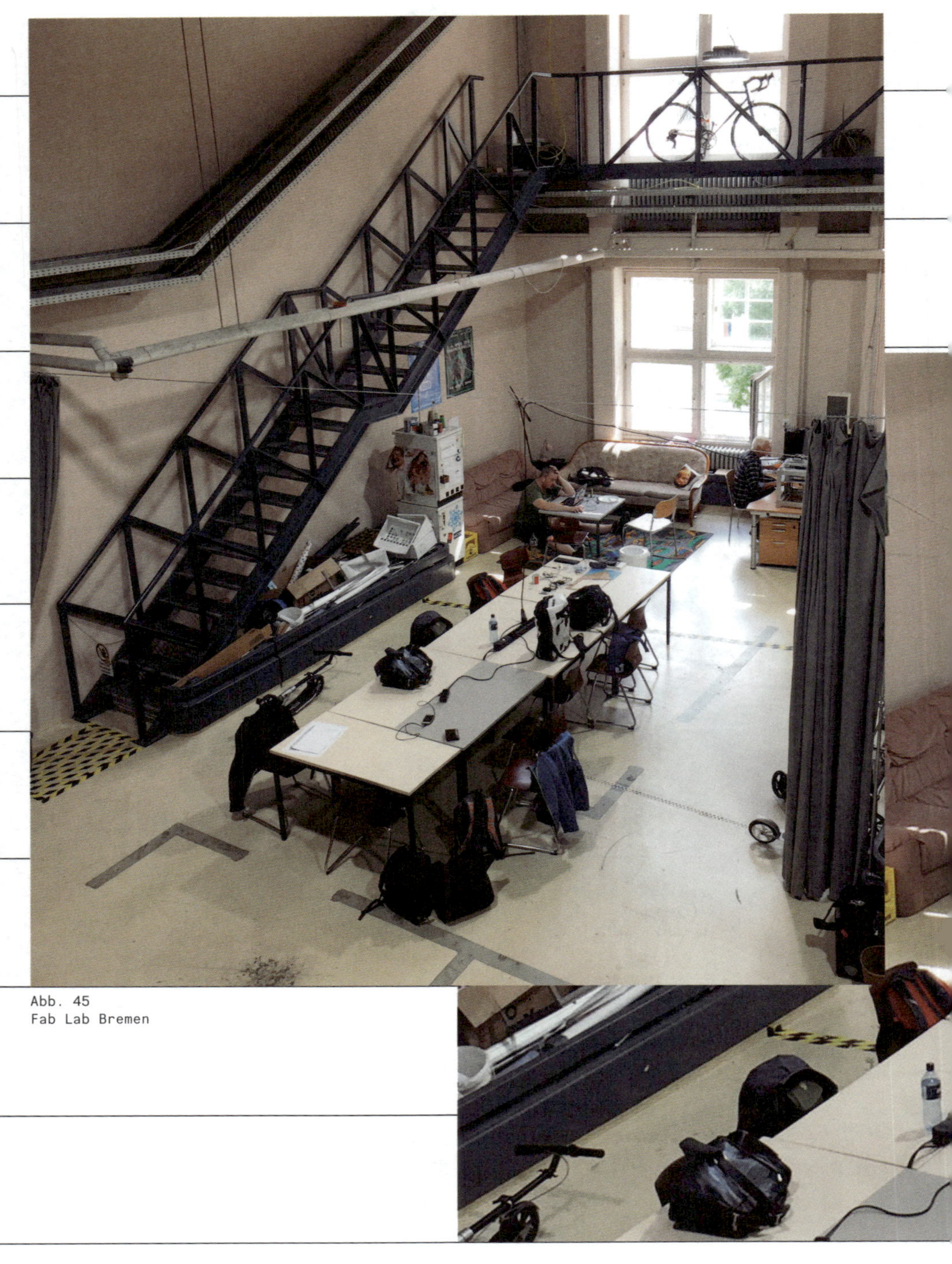

Abb. 45
Fab Lab Bremen

Auch wenn es mancherorts Beispiele von akademischen Fab Labs gibt, die unter aktiver Beteiligung der Hochschulleitung entstanden sind: Die meisten Fab Labs entstehen auf Initiative Einzelner aus oft recht unterschiedlichen Beweggründen. Und auch wenn viele eine Zeit lang ›unter dem Radar‹ laufen können, da sie vielleicht nur von einem Lehrstuhl genutzt und betreut werden, steht doch früher oder später das Gespräch mit dem Präsidium an. In diesem Kapitel geht es um Argumente, die hoffentlich jede Hochschulleitung von den Vorzügen eines Fab Labs für Forschung und Lehre überzeugt. Aber auch um die gesellschaftliche Verantwortung einer Hochschule und wie ein solcher Ort helfen kann, dieser gerecht zu werden.

7.1 Der Nutzen für eine Hochschule

Das Wunderbare: Ein Fab Lab hat für jeden etwas zu bieten – Innovationen und Digitalisierung in der Lehre, interdisziplinäre Forschung, transdisziplinäre Kooperationen, öffentlichkeitswirksame Veranstaltungen oder die Öffnung der Hochschule für die Zivilgesellschaft. Kein Buzzword muss ausgelassen werden.

7.2 Die Einbettung in der Hochschule

Die unterschiedlichen Ausprägungen von Fab Labs an Hochschulen wurden bereits in Kapitel 2 »Fab Labs & Co. Ausrichtung und Organsationsformen« ausführlich beschrieben. Unabhängig davon, welche Form zunächst angestrebt wird: Eine Absprache mit dem Präsidium lässt sich selten vermeiden. Und spätestens hier verlässt die Planung eines Fab Labs die Komfortzone der informierten Befürworter*innen. Welche offizielle Rolle das Lab innerhalb der Hochschule einnehmen soll, welche Form der Unterstützung von der Hochschulleitung erwartet wird und was diese als Gegenleistung dafür erwarten kann, sollte also wohlüberlegt sein.

7.3 Das Vorgehen bei der Kommunikation

Ein Fab Lab ist von seiner Grundausrichtung her nichts für Einzelkämpfer. Es empfiehlt sich, schon früh im Prozess für Unterstützung zu werben und sich mit bestehenden Einrichtungen und Angeboten zu vernetzen. Dazu können studentische Initiativen ebenso gehören wie zentrale Fortbildungseinrichtungen oder Förderangebote für Ausgründungen. Gerade aufgrund seiner Vielfalt kann offensive **Transparenz** für die Gründung eines Fab Labs elementar sein, da sonst der Eindruck entstehen kann, es werden Parallelstrukturen aufgebaut oder es wird Konkurrenz zu bestehenden Angeboten geschaffen. Ähnliche Aussagen, wie »Gibt es nicht bei den Architekten bereits mehrere 3D-Drucker?« oder »Bietet das Repair-Café nicht auch Unterstützung bei studentischen Projekten?«, werden jeder Person regelmäßig begegnen, die sich in der Planung eines Fab Labs an die Kolleg*innen und die Hochschulleitung wendet. Wer im stillen kleinen Kreis plant, läuft außerdem Gefahr, einem Lehrstuhl oder Projekt auf die Füße zu treten, die sich jeweils als unverzichtbar für ein solches Vorhaben ansehen. Dieser initiale Planungsabschnitt kostet Zeit und Ressourcen – ohne dass ein positiver Ausgang gesichert ist. Trotzdem kann hier nur zu Durchhaltevermögen und Geduld geraten werden, um eine gute Kenntnisgrundlage und ein wohlwollendes Netzwerk für die weiteren Schritte zu haben. Eine Empfehlung ist, Förderungen von beispielsweise dem BMBF im Auge zu behalten, ob von dort eine Starthilfe als Förderung kommen kann.

Zunächst sollte also versucht werden, sich einen **Überblick** darüber zu verschaffen, welche artverwandten Angebote es gibt, wer sie betreibt und besucht, wie stark sie ausgelastet sind und wie voneinander profitiert werden könnte. Wenn nicht der Eindruck erweckt wird, ein konkurrierendes Angebot zu schaffen, sondern nur den Pool zu erweitern und zu bereichern, sich auch gegenseitig auszuhelfen, profitieren alle Beteiligten. Wer Mitstreitende sucht, sollte sich überlegen, ob – falls vorhanden – die **Hochschulbibliothek, ein Rechenzentrum oder zentrale Werkstätten** nicht eventuell eine geeignete Partnerschaft sein könnte. Viele Bibliotheken sind aktuell im Prozess, sich neu zu definieren, denn ihre Rolle und Aufgaben sind im Wandel, da Literatur zunehmend digital verfügbar ist. Vorbilder aus dem skandinavischen oder US-amerikanischen Raum zeigen, dass ein Fab Lab als neue Art der digitalen Dienstleistung mit Bibliotheken als Bildungsort gut harmoniert. Ein weiterer Anknüpfungspunkt sind **Innovations-** oder **Gründungszentren**, wie es sie an einer wachsenden Zahl von Hochschulen gibt. Manche betreiben schon eigene Werkstätten oder Arbeitsräume. Ein Fab Lab kann als Nährboden für eine mögliche Ausgründung dienen, bevor über Kapital, Formalitäten, einen Businessplan und Patente nachgedacht werden muss.

Dieses **Synergienaufzeigen** gilt auch für andere Bereiche: Bietet ein Fab Lab Weiterbildungsmöglichkeiten für Mitarbeitende? Können hier publikumswirksame Veranstaltungen abgehalten werden? Bereichert es das Leitbild der Hochschule? Je mehr Mitstreitende und Unterstützende das Vorhaben vorweisen kann, desto größer wird auch die Bereitschaft der Hochschulleitung sein – und eventuell weiterer Fakultäten –, dem Thema Aufmerksamkeit und Ressourcen zu widmen. Dafür kann es hilfreich sein, für das Fab Lab einen **Beirat** einzurichten, der sich in erster Linie aus Hochschulmitarbeitenden speist: Wir empfehlen eine ausgewogene Mischung aus Einfluss, Reichweite und Expertise. Der initiale Austausch kann auch maßgeblich für die Wahl der Ausstattung des Fab Labs sein: Stehen auf dem Campus bereits 3D-Drucker in ausreichender Zahl zur Verfügung, während die neue Juniorprofessur für Smart Textiles keine Werkstatträume hat, könnte es sich lohnen, die Empfehlungen der Fab Foundation zugunsten von ein paar Näh-, Stick- oder Strickmaschinen anzupassen.

Etwas anders stellt sich die Situation dar, wenn das Fab Lab von der Hochschulleitung zur **Chefsache** erklärt wurde oder eine wie auch immer eingeworbene komfortable Fördersumme bereitsteht. In diesem Fall wird kaum grundlegende Überzeugungsarbeit für die Eröffnung des Fab Labs nötig sein oder sie liegt schon einige Monate zurück. Aber auch hier sei Vorsicht geboten mit Alleingängen: Die erste Phase kann prägend dafür sein, welche Akzeptanz und Unterstützung das Fab Lab langfristig von anderen Lehrstühlen erfährt. Entsteht der Eindruck, eine kleine Gruppe Auserwählter kann hier ihren Traum erfüllen, wird vielleicht Missgunst die Atmosphäre vergiften. Besser, Sie laden möglichst früh die zukünftigen Nachbarn zu Informationsabenden, Austausch und Lötkursen ein und suchen gemeinsam nach den schon erwähnten Synergien. Denn auch ein großer Fördertopf reicht selten länger als ein paar Jahre und ein langfristiger Betrieb kann auch von interner Unterstützung abhängen.

Sollte sich aber trotz aktivem Werben keine Begeisterung an anderen Fachgebieten einstellen, kann es ratsam sein, die Ausrichtung und Strategie zu überdenken und stärker auf **Kooperation mit Externen** zu setzen. Ob Bildung, Wirtschaft oder Zivilgesellschaft: Es bieten sich meist viele dankbare Kooperationsmöglichkeiten. Ein Fab Lab, in dem ausschließlich Studierende und Mitarbeitende eines einzigen Lehrstuhls arbeiten, lässt sich dagegen viel entgehen.

7.4 Die Top-Ten-Argumente für ein Fab Lab

1. Für den deutschen Hochschulkontext stehen Fab Labs für eine besondere Form der Digitalisierung und der Beförderung von **Lehrinnovationen.** Im »Hochschul-Bildungs-Report« des Stifterverbands und im »Monitor Digitale Bildung« der Bertelsmann Stiftung werden Digitalisierung und Innovation als zentrale zukünftigeEntwicklungsfelder von Hochschulen erachtet.

fab101.de/stifterverband

2. Studierenden die Möglichkeit zu geben, an der Maschine zu lernen, ist im Hochschulkontext nur wenig gegeben, denn Lernen an der Maschine bedeutet auch, dass die Maschine öfter mal durch nicht fachgerechten Umgang kaputtgehen kann und repariert werden muss. Wer lernt, macht auch Fehler und wird künftig diese Fehler nicht wiederholen. Ein Fab Lab bietet eine Reihe verschiedener Maschinen, (digitaler) Tools, Unterstützung von der Community und Mitarbeitenden, damit Studierende lernen und arbeiten können.

3. Fab Labs sind **soziale Orte**. Sie bieten Mitarbeitenden, Studierenden und Externen mit Interesse am Prototyping eine entspannte Umgebung, um Gleichgesinnte zu treffen. Wenn die Forschungswerkstätten schließen, lädt das Fab Lab dazu ein, sich beim Feierabendgetränk über die neuesten Errungenschaften und Probleme auszutauschen und das regionale Innovationspotenzial zu heben.

4. Fab Labs sind Orte, die sehr gegenständlich Technologie und Menschen zusammenbringen und deshalb gerne auch für die Pressearbeit der Hochschule genutzt und eingesetzt werden, weil hier in verständlicher und visuell ansprechender Form Inhalte vermittelt werden, die sonst im Hochschulkontext zu komplex und abstrakt sind.

5. **Ausgründungen** im Kontext des Fab Labs werden über Gebühr initiiert und ermöglicht. Beispiele hierfür sind die BMBF-geförderte Maßnahme StartUpLab@FH und das Exzellenz Start-up Center.NRW an der RWTH Aachen.

6. Dass es häufig zu wenige **Frauen in MINT-Studiengängen** gibt, wird niemandem entgangen sein. Dass Fab Labs und Making mit ihrer Fusion aus kreativen Design-Ansätzen, lebensnahen Problemstellungen und digitalen Technologien Mädchen und jungen Frauen einen anderen Blick auf techniknahe Arbeitsfelder geben können, ist ein noch längst nicht ausgeschöpftes Potenzial. Aber nicht nur für junge Frauen sind Fab Labs attraktiv. Auch für Studierende allgemein können ein Fab Lab auf dem Campus und die damit verbundenen Angebote praktischen Arbeitens ein zusätzlicher **Anreiz bei der Wahl der Hochschule** darstellen.

7. Durch seine **Offenheit** für Externe entsteht in Fab Labs schnell eine große Bandbreite an Kooperationen. Insbesondere bei Schulen erfreuen sich Fab Labs großer Beliebtheit, aber auch bei Themen, wie Inklusion, Nachhaltigkeit oder Mobilität, bieten sich viele Schnittstellen zu Wissenschaft und Prototyping. Ein Fab Lab bietet die Möglichkeit, akademische Expertise in Verbindung mit realen Problemstellungen in physische Prototypen zu übersetzen.

8. Die Dokumentation und Veröffentlichung von Prototypen und Projekten bringt der Hochschule **Sichtbarkeit** und dadurch können sich neue Kooperationen für wichtige Projekte mit anderen Hochschulen oder der Industrie entwickeln.

9. Besagte Prototypen und Artefakte wiederum eignen sich gut zur Veranschaulichung von Forschungsergebnissen im Bereich **Wissenschaftskommunikation/-transfer** und machen Fab Labs auch zu idealen und beliebten Orten für **Citizen-Science-Kooperationen**. Ob innovative Formate der Bürgerbeteiligung, wie im Projekt »ZEIT.RAUM«, oder Crowdsourcing-Projekte, wie das Projekt »luftdaten.info«: Fab Labs bieten die einzigartige Mischung aus vielfältiger Expertise und der Motivation, auch Laien für komplexe Themen zu begeistern.

zeitraum-siegen.de
luftdaten.info

10. Fab Labs sind langjährig und immer noch anwendungsnahe attraktive Schnittstellen für die Einwerbung von Drittmitteln und Forschungsaufträgen. Durch die Öffnung der Fab Labs für nicht akademische Kontexte ermöglichen sie zudem exklusive Forschung mit unterschiedlichen Zielgruppen.

Interview mit Peter Troxler

Peter Troxler forscht an der Schnittstelle von Wirtschaft, Gesellschaft und Technologie. Derzeit arbeitet er als Forschungsprofessor mit der Hogeschool Rotterdam (Fachhochschule) in den Niederlanden zusammen. Dort untersucht er ›die Revolution in der Fertigung‹, d. h. die Entstehung von Fab Labs und der Maker*innen-Bewegung und ihre Auswirkungen auf neue Kreativunternehmen und die etablierte Industrie. Seit 2009 hat Peter Troxler an verschiedenen Standorten in Europa den Aufbau von Fab Labs unterstützt und dabei die Integration von Kunst, Wissenschaft und Medien sowie die Einbeziehung der Öffentlichkeit unterstützt.

Können Sie sich und Ihren Bezug zu Fab Labs einmal vorstellen?

Peter Troxler: Seit Oktober 2012 bin ich hier in Rotterdam Professor. Meine Professur hat den Titel »Die Revolution in der produzierenden Industrie«. Vor Urzeiten habe ich an der ETH Zürich Betriebs- und Produktionswissenschaften (Wirtschaftsingenieurwissenschaften in Deutschland) studiert, habe dann vier Jahre in Schottland gewohnt und bin 2005 nach Holland gekommen. 2007 habe ich eine Stelle bei Waag in Amsterdam angetreten. Das ist ein Media-Lab, in dem ganz viele elektronische Medienprojekte gemacht werden. Schon Jahre vor Pokémon GO machten wir da ähnliche Dinge und arbeiteten mit Technik, aber mit einem Fokus auf der sozialen Anwendung. Die hatten damals das erste Fab Lab in den Niederlanden. Das war zu jener Zeit, als auch das Fab Lab in Aachen startete und das Fab Lab in Barcelona aufgemacht wurde. Ich wurde Projektleiter des Fab Labs und mein Auftrag war eigentlich, das Projekt in einem Jahr in eine stabile Struktur zu führen, also aus dem Projekt eine Infrastruktur zu machen, die wir dann in anderen Projekten auch wiederverwenden konnten, um Prototypen zu bauen und Tests zu machen, um Dinge auszuprobieren und so fort. Da stand ich also so ziemlich am Anfang der Fab-Lab-Bewegung in den Niederlanden. Ich bin 2009 weggegangen, da mich eine Kollegin aus der Schweiz angesprochen hatte, die ein Fab Lab an ihrer Hochschule in Luzern haben wollte. Sie wollte das mit mir zusammen hochziehen. Und so bin ich eigentlich auch in die ganze Geschichte von Fab Labs an Hochschulen reingekommen. Das war ein interessantes Projekt, da es eigentlich aus den Wirtschaftswissenschaften gestartet wurde, aber das Lab war dann örtlich bei den Ingenieur*innen und Architekt*innen-modell dahinter. Die zwei größten Kostenposten sind das Personal und der Raum: Es gibt keine Menschen, die bezahlt angestellt sind. Alle arbeiten auf freiwilliger Basis mit der Vereinbarung, wenn sie einen halben Tag dort arbeiten und betreuen, können sie das Lab einen halben Tag gratis nutzen. Um die Miete zu decken, haben wir in einem Teil des Labs Arbeitsplätze eingerichtet, sozusagen eine Art Coworking-Space. Die werden dann pro Monat an Studierende oder Start-ups in Zürich vermietet. Toll für die ist, dass das Fab Lab direkt nebenan ist und sie dies auch für ihre Entwicklung nutzen können. Für andere laufende Kosten werden Kurse angeboten. Nicht das Lab bietet die Kurse an, sondern externe Workshopleitungen buchen den Raum, um dort den Kurs durchzuführen. Das bedeutet auch, dass wir im Lab ganz wenig administrativen Aufwand haben.

Wo sind die Labs verortet? Gehören die allgemein zur Hochschule oder zu einem Lehrstuhl?

Die zwei, die ich kenne und aufgebaut habe, sind beide an Fachhochschulen. Da haben wir ja weniger Lehrstühle. Da gibt es stattdessen dann Fakultäten und Institute. Die Labs sind bei einer Fakultät oder einem Institut angesiedelt. Ursprünglich war das Lab in Luzern bei der Wirtschaft angesiedelt. Aber der Direktor der technischen Fakultät sagte, dass es viel logischer wäre, wenn die Infrastruktur zur technischen Fakultät gehörte. Der Leiter der technischen

nen angesiedelt. Die Planung haben wir 2010 begonnen und 2011 haben wir das Lab eröffnet.

Ebenfalls 2010 ist ein Kollege von der Hochschule hier in Rotterdam auf mich zugekommen und sagte: »Ich will ein Fab Lab aufbauen. Wenn ich das Geld habe, dann rufe ich dich an und wir machen das Projekt zusammen.« Und tatsächlich rief er mich im Frühjahr 2011 an und sagte: »Ich habe das Geld, aber es ist für eine Machbarkeitsstudie.« Es war jedoch genügend Geld, um ein paar Lasercutter und 3D-Drucker zu kaufen. Und wir sagten: »Die beste Machbarkeitsstudie, der beste Beweis für Machbarkeit ist, einfach zu machen.« Das passt auch total in die Fab-Lab- und Maker*innen-Mentalität, nicht zu lange nachzudenken und nicht zu lange Pläne zu schreiben, sondern einfach zu beginnen.

Wie viele Fab Labs betreuen Sie zurzeit?
Aktiv betreue ich nur das Lab in Rotterdam. Ich habe natürlich auch noch das Lab in Zürich aufgebaut. Das war ein total anderes Modell. Nach der Eröffnung in Luzern kamen so viele E-Mails von Menschen aus Zürich, die es super fanden, dass es in der Schweiz jetzt ein Fab Lab gibt, aber nicht verstehen konnten, dass so eine Innovation nicht in Zürich passiert. Für das FabLab Zürich hat sich dann eine Gruppe von zwölf Unternehmern sowie Designer*innen und Architekt*innen getroffen und mit eigenem Geld unabhängig von der Hochschule ein Lab eingerichtet. Das Lab gibt es noch immer. Es hat noch nie Subventionen bekommen und schrieb von Anfang an schwarze Zahlen.

Das heißt, das Fab Lab in Zürich ist ein Verein? Wie ist das Geschäftsmodell?
Das ist ein Verein mit einem ziemlich komplexen Geschäfts-Fakultät setzte einen Teil des Fakultätsbudgets für die laufenden Kosten des Fab Labs ein. Hier in Rotterdam ist es genau das Gleiche: Es gibt keine Drittmittel zur Finanzierung, sondern die Grundfinanzierung wird von der Hochschule übernommen. Es gibt von der Hochschule das Commitment: »Ja, diese Einrichtung ist nötig.«

Das ist ja super. Wissen Sie, wie die Leute die Hochschule überzeugt haben?
Der Direktor der technischen Fakultät in Luzern war begeistert vom Konzept und sagte, dass es das sei, was sie brauchten.

In Rotterdam war die Basisargumentation für die Machbarkeitsstudie, dass alle Berufsfelder im Kommunikations-, Multimedia- und Gamingbereich sowie in der technischen Informatik damit konfrontiert sind, dass sich die Mensch-Computer-Interaktion vom Computer weg hin zu Smart Objects bewegt. Und Studierende brauchen einen Platz, wo sie mit Smart Objects experimentieren können. Das ist keine Spielerei, das ist nicht irgendwie etwas extra, sondern es wird damit eine Kernkompetenz der Studierenden entwickelt.

Was sind Taktiken, um Hochschulen überzeugen zu können?
Ich denke, eine zentrale Taktik ist es, bei den Menschen, die über die Grundfinanzierung entscheiden, das Argument zu platzieren, dass das Fab Lab Teil der Ausbildung sein muss. Das heißt dann aber auch, dass man das auch wahrmachen muss. Als das Institut in Rotterdam dann in ein neues Gebäude kam, wurde das Lab eben auch im Erdgeschoss direkt am Eingang platziert. Es ist nicht irgendwo im dritten Stock

Abb. 46
Peter Troxler

hinten links in der Kammer, für die wir sowieso keine Verwendung haben, sondern schon vor dem Umzug ist es direkt am Eingang mit eingeplant worden. Es wird ganz deutlich gezeigt: »Das ist die wichtigste Einrichtung als Teil unserer Ausbildung.« Wenn das erst mal in den Köpfen ist, dann ist es sehr viel einfacher, als jedes Mal wieder Drittmittel, wieder Drittmittel, wieder ein Projekt und wieder ein Projekt einzuwerben und umzusetzen. Lehre ist auch sehr wichtig. Meine erste Tat, als ich in Rotterdam war, war, ein Wahlfach mit zwei oder drei Credits zu entwickeln. Wir hatten so viele Anmeldungen, dass wir es dreimal parallel laufen ließen, und trotzdem gab es noch eine Warteliste. Das war natürlich auch wieder wichtig bei der Kommunikation in Richtung Direktion: »Ja, wir haben hier das Wahlfach, das total nachgefragt und ausgebucht ist.« Die Beweisführung, dass die Studierenden daran interessiert sind, ist sehr wichtig.

War das Modul studienübergreifend?
Peter Troxler: Ja, das war es, auch für die Studierenden der Kunsthochschule, die bei uns dazugehört. Dieses Wahlfach war eine Art Stepping Stone, auf dem aufgebaut werden konnte. Der Kurs danach lief nicht so erfolgreich, aber wir kriegten dann von vielen anderen Studiengängen die Anfrage, ob sie nicht explizit Prototyping bei uns lernen können. Und darum haben wir dann Module entwickelt, die andere Studiengänge bei uns durchführen können. Die Dauer der Kurse geht von einem halben Tag bis über eine Woche.

Was macht für Sie Making aus? Was ist das Besondere für Sie daran?
Der Einstieg in die Thematik ist das Spielen. Früher gab es all diese technischen Baukästen, bei denen es ein Buch mit

wendet als eine Person aus dem Ingenieurswesen oder dem Multimedia-Design, liegt dann halt am Fach.
Wir haben über die Jahre einen didaktischen Kompass entwickelt. Für die Lehre im Fab Lab gibt es eine Art Grundhaltung, die auf Actioned Learning basiert. Wir nennen das auch Engaged Teachership. Die Dozent*innen halten keine Vorlesung mehr, sondern kreieren eine Lernsituation, in der praktisch die konzeptionelle Basis gelegt wird. Es werden Quellen für die Inhalte bereitgestellt, die sich die Studierenden dann aneignen können. Wir vertreten die Meinung, dass Dozent*innen nicht die Wahrheit gepachtet haben. Sie übernehmen vielmehr eine kuratorische Funktion. Dann haben wir vier didaktische Prinzipien:

1. Peer to Peer: Wir lernen alle miteinander.
2. 20/60/20-Regel: 20 % Vorlesung, 60 % Hands-on und 20 % Peer-Feedback
3. I3: Imitation, Iteration, Innovation. Diese drei Schritte sollen in die 60 % Hands-on eingebaut werden.
4. Open for Everyone: Auch wenn im Fab Lab Unterricht stattfindet, bleibt das Lab offen. Dadurch bleiben Menschen hängen. Aber es ist anstrengend für die Dozent*innen. Ein weiterer spannender Effekt ist, dass andere Menschen anfangen, sich in den Unterricht einzumischen und somit Diskussionen anregen.

Wir wollen hier gemeinsam etwas lernen. Und das müssen wir so einrichten, dass es Spaß macht und dass wir was lernen.

Anleitungen gab und in dem genau beschrieben war, wie ein Kran gebaut wird. Das Ziel war es, diesen Kran genau so nachzubauen. Das wurde als Spielen bezeichnet. Da sitzt diese verkopfte, reglementierte Ingenieursdenke drin. Das kulturelle Übersetzen von der niederländischen in eine deutsche Kultur ist sehr viel schwieriger. Ich sage ja gar nicht, dass Regeln falsch sein müssen. Aber der Einstieg über das Spiel und die Freude am Ausprobieren, finde ich, ist viel zugänglicher und viel einfacher. Auch wenn Sie mit dem Spielen auf die Nase fallen können, lernen Sie. Die Regeln kennenzulernen ist daraufhin eine sinnvolle Unterstützung für das, was ich machen will, und nicht der Ausgangspunkt. Ich muss erst alle Regeln lernen und wenn ich alle Regeln kann, dann darf ich praktisch was tun. Das Falschmachen gehört auch dazu. Es ist kein Versagen. Diese Fehlertoleranz muss möglich sein.

Welche Rolle spielt das Prototyping im Fab Lab bzw. wie würden Sie es bewerten?

Das ist die Grundphilosophie. Der größte Wert eines Fab Labs ist, dass es das ganze Spektrum des Prototyping bedient. Bei uns im Lab gehen wir jetzt noch einen Schritt weiter und nehmen die Themen »Big Data«, »Artificial Intelligence (AI)«, »Virtual Reality (VR)« und »Augmented Reality (AR)« dazu. Wir wollen die Idee des Prototyping auch mit Daten können. Das geht dann weg vom Making und geht dann wirklich in die Informatik rein.

In Bezug auf die Lehre ist der gemeinsame Nenner nicht unbedingt der Inhalt, sondern vielmehr die didaktischen, pädagogischen Methoden, die entworfen wurden. Das ist vielmehr der methodische gemeinsame Nenner. Und dass der Architekt bzw. die Architektin dann andere Software ver-

Möchten Sie noch etwas ergänzen?

Sie hatten die Frage gestellt: »Was bedeutet Making für mich?« Da haben wir einen Punkt nicht besprochen, der mir dabei neben den anderen Punkten auch noch sehr wichtig ist: Nicht alle Menschen müssen Technik verstehen, nicht alle Menschen müssen programmieren können und nicht alle Menschen müssen 3D-drucken können. Aber alle Menschen müssen wissen, dass Technik, wie wir sie haben, die Folge von Entscheidungen ist. Und dass in diesen Entscheidungen auch bestimmte Weltbilder, Annahmen und kulturelle Dinge mit ›eingeflossen‹ sind – bewusst oder unbewusst.

Wer schreibt, der bleibt!

Dokumentieren und Wissen teilen

Abb. 47
Wand mit
dokumentierten
Projekten

Prozessdokumentation ist ein essentieller Schritt in der Maker*innen-Kultur. Die Mitglieder der Bewegung als solche unterscheiden sich insofern von isolierten Bastler*innen, indem sie Wissen miteinander teilen und dadurch als Gemeinschaft lernen. Dieses Kapitel zeigt Möglichkeiten für das Fab Lab auf, das Dokumentieren einfacher zu gestalten und Besuchende zu motivieren, für ihre Projekte Anleitungen zu erstellen.

Für Fab Labs kann die Prozessdokumentation der Projekte, die im Fab Lab umgesetzt werden, verschiedene Vorteile haben:

- Die dokumentierte Arbeit an Maschinen kann die zugehörigen Anleitungen erweitern und verbessern.
- Besonders gute Projekte können Geldgebenden, wie der Universitätsleitung, gezeigt werden, um den Erfolg des Fab Labs zu demonstrieren. Dabei ist es besonders wichtig, dass die Arbeit verständlich dokumentiert ist.
- Die Prozessdokumentation kann auf Social-Media-Plattformen veröffentlicht werden, um einerseits Werbung zu machen und andererseits Interessierten die Möglichkeiten des Fab Labs näherzubringen.
- Gelerntes zu dokumentieren kann das Wissen im Fab Lab und das Wissen der Maker*innen-Community erweitern.

Die Einführung einer kontinuierlichen Prozessdokumentation im Fab Lab ist für alle also sehr vorteilhaft und chancenreich. Eine Herausforderung ist nun, die das Fab Lab Nutzenden und Besuchenden zu motivieren, ihre Projekte zu dokumentieren. Dabei muss der Nutzen einer Tätigkeit größer sein als die Arbeit, welche in die Tätigkeit gesteckt wird. Ansonsten werden Nutzende diese Tätigkeit nicht durchführen. Um also Besuchende des Fab Labs zu motivieren, ihre im Fab Lab umgesetzten Projekte zu dokumentieren, kann entweder der Nutzen deutlich gemacht werden oder der Dokumentationsaufwand minimiert werden. Dazu gibt es verschiedene Ansätze, welche im Folgenden ausgeführt werden.

8.1 Die Verdeutlichung des Nutzens

Für die das Fab Lab Besuchenden ist, im Gegensatz zu den das Fab Lab Betreibenden, der Nutzen, Projekte zu dokumentieren, meistens nicht direkt klar. Dokumentation wird oft als lästiger Zusatzaufwand angesehen, der entweder während der eigentlichen Arbeit oder danach durchgeführt werden muss. Dabei kann das dokumentierte Projekt für Fab-Lab-Gäste folgende Vorteile haben:

Ein Portfolio: Wenn Nutzende mehrere Projekte anfertigen und durchführen, können diese in einer Sammlung zusammengefasst werden, welche als Portfolio bei Bewerbungen auf Jobs im handwerklichen Bereich verwendet werden können. Besonders bei der Bewerbung auf Jobs in Fab Labs kann es hilfreich sein, in der Lage zu sein, bisher durchgeführte Projekte vorzuzeigen. Eine gut geführte Dokumentation der eigenen Arbeit kann die Bewerbenden hier von der Konkurrenz absetzen und als Beweis für die eigenen Kompetenzen wirken.

Social-Media-Kanäle sind ein gern genutzter Weg, um der Öffentlichkeit die eigenen Projekte zu zeigen. Auch hier kann eine gut dokumentierte Arbeit für den gewünschten Effekt der Aufmerksamkeit sorgen. Schöne Bilder und ausführlich geschriebene Anleitungen können zum Nachbauen einladen und so die eigene Person bekannter machen. Dies gilt sowohl global als auch für die lokale Gemeinschaft im Fab Lab. Tolle Projekte werden bestaunt und es wird immer wieder gefragt, wie das Objekt denn gebaut worden sei. Es ist dann viel leichter, auf eine gute Bauanleitung zu verweisen, als jeder Person die einzelnen Schritte nochmal erklären zu müssen. Dadurch kann die gemeinsame Zeit auch effektiver mit konkreten Problemlösungen und dem Ideenaustausch verbracht werden.

Weiterhin kann das Fab Lab auch zur Dokumentation anregen, indem es Vorteile im Fab Lab anbietet, wenn das eigene Projekt dokumentiert und die Dokumentation dem Fab Lab zugänglich gemacht wird. Als Beispiel kann der Zugang zu Maschinen verlängert und priorisiert werden oder es kann Zugang außerhalb der normalen Öffnungszeiten gewährt werden. Es hilft, Besuchenden klarzumachen, dass ein Fab Lab ein Gemeinschaftsort ist und alle das Fab Lab Nutzenden ihren Beitrag zurückgeben sollen.

8.2 Die Reduzierung des Aufwands hierfür

Zusätzlich zu der Herangehensweise, Gästen des Fab Labs zu verdeutlichen, dass die Prozessdokumentation ein Vorteil für sie selbst ist, kann auch der Dokumentationsaufwand reduziert werden. Dokumentation wird oft als lästig empfunden. Das fokussierte Arbeiten und der Spaß werden gestört, wenn andauernd die eigene Arbeit unterbrochen werden muss, um ein Foto zu machen oder die eigenen Gedanken aufzuschreiben. Weiterhin fühlen sich viele vom Dokumentieren überfordert, da sie nicht wissen, wie sie Dinge beschreiben sollen, oder die Befürchtung haben, dass ihre Dokumentation sowieso nicht gut wird. Dokumentieren kann anstrengend sein und es muss oft die gleiche Zeit für die Dokumentation aufgebracht werden wie für das eigentliche Projekt. Es folgen Vorschläge, wie das Fab Lab beim Dokumentationsprozess unter die Arme greifen kann:

Eine Kamera bereitstellen, welche genutzt werden kann, um Fotos machen: Die Verbreitung von guten Kameras in Smartphones sorgt dafür, dass von Projekten schnell gute Fotos gemacht werden können. Sollte aber mal kein Smartphone mit guter Kamera zur Hand sein, wäre es schade, wenn es am Fotografieren hier scheitert. Das Fab Lab kann zur Seite stehen, indem es eine Kamera für Projektfotos bereitstellt und bei der Bedienung hilft. Zusätzlich kann ein kleiner Platz mit neutralem Hintergrund und gutem Licht geschaffen werden, um professionell aussehende Fotos zu ermöglichen. Unter dem Begriff ›Fotobox‹ können Ideen und Produkte gefunden werden, die ermöglichen, Lieblingsprojekte in ein gutes Licht zu rücken. Wer etwas technischer werden möchte, kann mit einer mit dem lokalen WLAN verbundenen SD-Karte in der Kamera ermöglichen, dass Fotos sofort auf die Fab-Lab-Website hochgeladen werden und nur noch mit einem kurzen Satz beschrieben werden müssen. Dieser für die Nutzenden einfache Schritt, ihr eigenes Projekt öffentlich zu machen, kann zusätzlich motivieren, eben dies zu tun. Zusätzlich füllt sich die Website des Fab Labs schnell mit inspirierenden Projekten, welche im Fab Lab umgesetzt wurden, neugierig machen und zu einem Besuch inspirieren.

Eine fest montierte Kamera über einer Arbeitsfläche anbringen: Schnell kann es passieren, dass eine Person so vertieft in ihre eigene Arbeit ist, dass sie vergisst, vom vorherigen Schritt ein Bild zu machen. Selten hat man dann noch Lust, alles nochmal auseinanderzubauen, um die fehlenden Fotos zu machen. Dies führt entweder dazu, dass das Projekt gar nicht dokumentiert wird, oder dass der fehlende Schritt ausgelassen wird. Ist Letzteres der Fall, gibt es zwar eine Dokumentation, aber der fehlende Schritt kann das Nachbauen oder das Verständnis erschweren. Um dem entgegenzuwirken, kann eine Kamera fest über einer Arbeitsfläche montiert werden, um entweder regelmäßig ein Bild zu machen oder gleich den gesamten Prozess zu filmen. Letzteres ermöglicht auch, jeden Arbeitsschritt genau beobachten und nachvollziehen zu können. Die Einschränkung dieser Methode ist, dass hier nur Bilder und Videos aus einer vorgegebenen Perspektive gemacht werden. Es kann passieren, dass einzelne Arbeitsabläufe nicht erkennbar sind, oder das Objekt verdeckt ist. Es hilft daher, zusätzliche Fotos zu machen oder sich während der Arbeit der Position der Kamera bewusst zu sein.

Ein Template für die Dokumentation anbieten: Oft sind sich Gäste von Fab Labs unsicher, wie denn eine Dokumentation aussehen soll. Es ist unklar, wie lang der Text sein soll, ob es überhaupt Text geben soll und wie viele Bilder gemacht werden sollen. Wird Text mit Fotos, ein Video oder eine Mischung aus allem erwartet? Reicht auch ein einzelnes Bild mit einer kurzen Beschreibung? Um hier Unklarheiten zu verhindern, kann das Fab Lab ein Template zur Dokumentation bereitstellen. Als Beispiel sollte dem Projekt ein klarer Titel gegeben werden. Danach sollte ein großes klares Bild des fertigen Objekts gezeigt werden. Dies ermöglicht es, später für Interessierte die vorhandenen dokumentierten Projekte schnell zu überfliegen. Auf den Titel und das Bild sollte eine Liste der Komponenten und Werkzeuge folgen, welche benötigt werden, um das Projekt nachzubauen. Darauf sollte eine ausführliche Schritt-für-Schritt-Anleitung im Detail erklären, welche einzelnen Arbeitsschritte zum fertigen Objekt führen.

Eine Dokumentationskultur im Fab Lab entwickeln: Neben technischen Hilfen kann auch die allgemeine Kultur im Fab Lab dahin entwickelt werden, dass Dokumentation wertgeschätzt und gefördert wird. Eingereichte Dokumentationen können kuratiert werden, um besonders gute Projekte mit ihrer Dokumentation auszustellen. Dabei können die fertigen Projekte prominent mit einem QR-Code neben dem Objekt platziert werden, welcher zur Anleitung führt und zum Nachbauen einlädt. Zusätzlich können Workshops angeboten werden, in denen das Dokumentieren zusammen geübt, erklärt und zelebriert wird. Hier kann geklärt werden, wie die vorhandene Technik genutzt werden kann, um gute Fotos zu machen, oder welcher Detailgrad in der Anleitung notwendig ist, um sicherzustellen, dass das Projekt einfach nachgebaut werden kann. Das Fab Lab kann diese Workshops nutzen, um festzustellen, welche Probleme noch vom Dokumentieren abhalten und welche Möglichkeiten bereitgestellt werden können, um hier auszuhelfen. Allgemein sollte das Fab Lab Dokumentationen wertschätzen und dies auch aktiv deutlich machen. Wenn die Besuchenden das Gefühl haben, dass Dokumentation gefördert und gefordert ist, steigt auch die Bereitschaft, den eigenen Beitrag an das Fab Lab zurückzugeben.

8.3 Der Umgang mit Fehlern

Es gibt verschiedene Arten und Formen der Dokumentation. Eine Frage, die so häufig gestellt wird, dass sie einen eigenen Absatz verdient, ist, ob Fehler, welche während des Projekts unterlaufen sind, dokumentiert werden oder ob eine Anleitung erstellt werden soll, welche nur die korrekten Schritte aufzeigt, damit andere das eigene Projekt nachbauen können. Die Antwort darauf liegt bei den Erwartungen des Fab Labs und der Nutzenden, denn beides hat seine Vorteile. Dokumentierte Fehler können das Wissen im Fab Lab und in der Maker*innen-Community erweitern und können verhindern, dass andere denselben Fehler wiederholen. Beispielsweise können verschiedene Materialien oder verschiedene Einstellungen einer Maschine getestet werden, um ein bestimmtes Ziel zu erreichen. Diese Art der Dokumentation kann mehr einem Bericht ähneln als einer Bauanleitung. Letzteres ermöglicht Personen, welche das Projekt einfach nur nachbauen wollen, eben dies zu tun. Nicht jede Person hat den Anspruch, verschiedene Möglichkeiten zu lernen, ein Projekt richtig und falsch umzusetzen, sondern möchte einfach nur etwas reproduzieren, weil es schön gefunden wurde oder einen bestimmten Zweck erfüllen soll. Die Bauanleitung braucht meist eine detaillierte Liste der notwendigen Materialien, Komponenten und Werkzeuge und eine Schritt-für-Schritt-Aufzählung der einzelnen Arbeitsschritte.

Diese Art der Dokumentation ähnelt sehr einem Kochbuch. Beide Ansätze sind daher möglich und es ist empfehlenswert, auf individueller Basis zu entscheiden, für welches Projekt sich welche Art der Dokumentation eignet.

8.4 Die Dokumentation in Lehrveranstaltungen

Auch in einer Lehrveranstaltung, welche ein Fab Lab nutzt, sollte eine Dokumentationskultur gepflegt werden. Hier sollten die Studierenden angehalten sein, ihr Projekt zu dokumentieren. Mit dem Einverständnis der Studierenden können Ergebnisse des Kurses auch online auf Plattformen, wie Thingiverse und Instructables, veröffentlicht werden. Im besten Fall publizieren die Studierenden unter Anleitung des Lehrpersonals ihre Projekte selbst und lernen so eigenständig, wie sie dies tun können. Hier sollte auch auf die Lizenzierung des eigenen Projekts eingegangen werden. Die Creative-Commons-Lizenz ist eine gut dokumentierte und leicht verständliche Lizenz, welche Studierende nutzen können, um ihre Werke online zu schützen. Sollte eine Veröffentlichung nicht gewünscht sein, kann auch ein Blog auf lokalen Servern, welche vom Lehrpersonal aufgesetzt sind, genutzt werden. Die Dokumentation kann auch in die abschließende Leistungsbewertung des Kurses aufgenommen werden. Es ist jedoch wichtig, dass solche Dokumentationen bewertet werden, vorher eine Einführung in gutes Dokumentieren stattfindet und, wie bei anderen universitären Leistungsbewertungen auch, Bewertungskriterien klar aufgezeigt werden. Das Dokumentieren in Lehrveranstaltungen ist eine gute Chance für Studierende, in einem angeleiteten Umfeld das Dokumentieren ihrer eigenen Projekte kennenzulernen und zu üben.

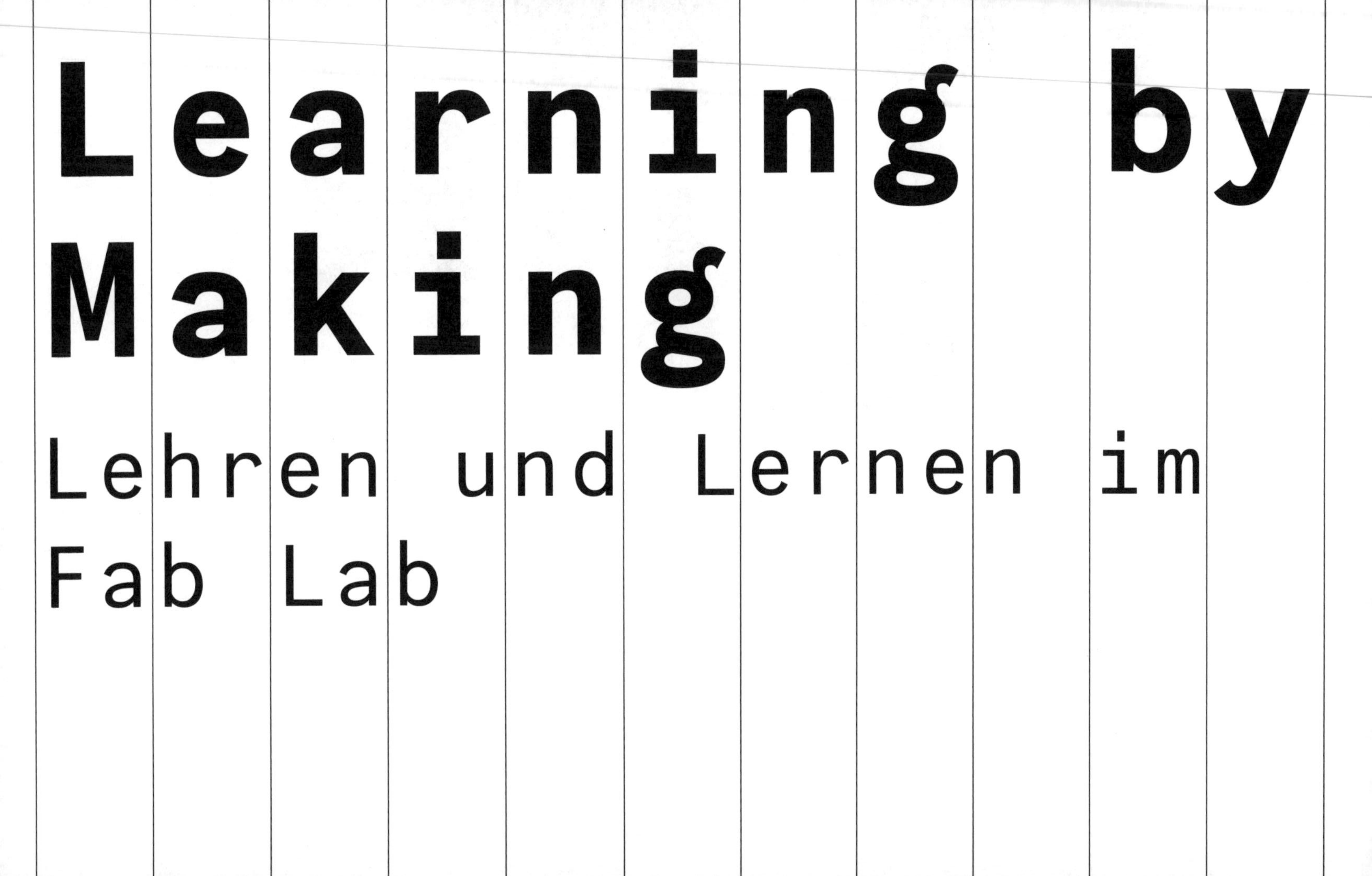
Learning by Making
Lehren und Lernen im Fab Lab

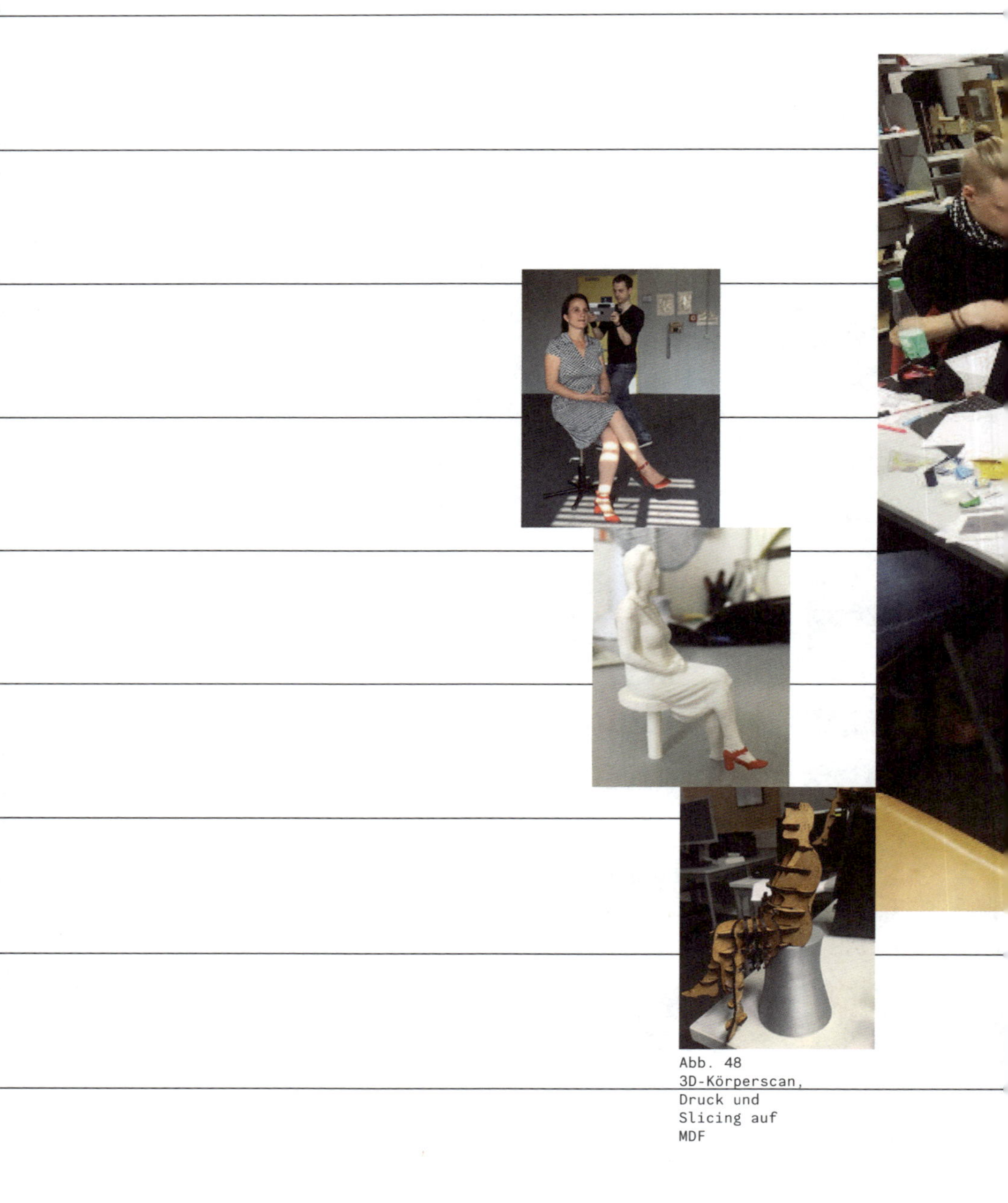

Abb. 48
3D-Körperscan, Druck und Slicing auf MDF

In diesem Kapitel geht es darum, wie Menschen mit und ohne Vorwissen an Fab-Lab-Technologien herangeführt und in der Umsetzung ihrer Projekte begleitet werden können. Es geht hier um die inhaltlich-konzeptionelle Arbeit in einem Fab Lab und um die Frage, wie eine Einführung und Begleitung am besten gelingen kann.

Abb. 49 Lehrveranstaltung im Fab Lab Bremen 2018

9.1 Die Gestaltung der Lernumgebung

Ausgangspunkt ist ein erfolgreich implementiertes akademisches Fab Lab mit weitgehend idealer Rahmung: Es ist offen zugänglich für alle Statusgruppen und Disziplinen der Universität, geöffnet für Nutzendengruppen aus der Stadt, zentral gelegen, mit Maschinen, Rechnern, Software, Material und Personal gut ausgestattet und stark frequentiert. Das ist in der deutschen Hochschullandschaft nicht die Regel. Ist das Fab Lab ein von der Hochschulleitung gefördertes Fab Lab, so kann es hochschulweit agieren – mit und ohne Öffnung zur Stadt. Wird das Fab Lab im Rahmen einer Professur betrieben, so ist Kernpunkt der Arbeit der eigene Lehrstuhl mit im besten Fall einigen bilateralen Kooperationen zu anderen Disziplinen. Hinzu kommen ggf. noch »Open Lab Day«-Veranstaltungen für außeruniversitäre Nutzende.

Für die Arbeit in einem Fab Lab mit unterschiedlichen Nutzendengruppen und Interessen braucht es adressatengerechte Bildungsangebote und Nutzungskonzepte. Wie müssen diese fabrikationsorientierten Lernumgebungen gestaltet werden, damit sie möglichst gute Lerngelegenheiten für diverse Fachkulturen und Zielgruppen bieten?

Je nach Anzahl der vorhandenen Räumlichkeiten sind diese entweder multifunktional eingerichtet, so dass sowohl Lehrveranstaltungen als auch Individual- und Projektgruppenarbeiten zeitversetzt stattfinden können, oder aber das Fab Lab selbst ist recht klein und kompakt und es gibt aber zusätzlich Arbeitsbereiche für einzelne Gruppen.

Grundsätzlich gilt, dass die Räumlichkeiten ausreichend Platz und flexibles Mobiliar benötigen, um für Lehrveranstaltungen, ebenso wie für Workshops mit Kindern und Jugendlichen oder für Projekt- und Abschlussarbeiten kleiner Gruppen genutzt werden zu können. Auch Einzelarbeitsplätze sollten vorgehalten werden. Je weniger Platz ein Fab Lab bieten kann, desto mehr Planung wird benötigt, um die Ressourcen und die Zeit zwischen Lehre, Projekten und individueller Nutzung zu verteilen.

Die individuelle Nutzung des Fab Labs ist vorbehaltlich der Finanzierung und Größe des Fab Labs grundsätzlich für Menschen aus unterschiedlichen Disziplinen und Statusgruppen und mit verschiedenen Zielsetzungen offen.

Das Vorwissen von Fab-Lab-Nutzenden ist breit gefächert und reicht von »Wo muss ich welchen Knopf drücken?« bis »Ich habe selbst einen 3D-Drucker daheim und kenne mich aus«. In Kapitel 4 »Wer macht's? Personal, Aufgaben, Rekrutierung« wurde schon ausführlich dargelegt, wie wichtig Fab-Lab-Mitarbeitende sind, die offen auf neue Nutzende zugehen und in verständlicher Sprache erste Fragen stellen und auch klären können. Gerade der Erstkontakt ist wichtig, um Unsicherheiten, Barrieren und Vorbehalte abzubauen. Flüchtig Interessierte wissen eher nicht, was ein Fab Lab ist, wie darin gearbeitet werden kann und welche Unterstützungsmöglichkeiten bestehen. Dies ist unabhängig davon, ob es studierte Menschen sind oder Kinder und Jugendliche.

Um direkt zu Beginn ein Feuer bei den Besuchenden zu entfachen, kann ein Potpourri aus schnell herstellbaren und einfach zu dokumentierenden Projekten sowie die Ausstellung von im Fab Lab hergestellten Gegenständen helfen, die Breite der Möglichkeiten und des Angebots im Fab Lab sichtbar zu machen.

9.2 Jenseits der großen Maschinen – der Einstieg in die Arbeit

Wer das Fab Lab nicht bereits mit einem Bauplan im Kopf betritt, sondern wie im Fall von Schulklassen oder Seminaren zum ersten Mal ein Fab Lab von innen sieht, fühlt sich leicht überfordert. Der begeisterte Nerd mag hier dazu verleitet sein, gleich alle Maschinen und Tools zu erläutern, was die Situation aber unter Umständen nicht verbessert. Was den staunenden Besuchenden vermutlich fehlt, ist ein Anknüpfungspunkt: »Was hat das mit mir zu tun und wo kann ich mit meinem Wissen ansetzen?«

Es kann also helfen, jenseits der großen Maschinen und Mikroelektronik, zunächst das Vorwissen zu klären und gemeinsam über das Vorhaben nachzudenken. In Bremen wird bei der Arbeit mit Kindern die Technologie zu einem späteren Zeitpunkt im Workshop gezeigt, meist erst dann, wenn das Projekt von der Idee her steht. Die Absicht dahinter ist, der eigenen Idee Raum zu geben und diese Vorstellungen nicht zu früh durch die technischen Möglichkeiten einzuschränken. Ein mögliches inhaltliches Vorgehen sieht wie folgt aus:

- Fantasien
- Konfrontation mit Technologien
- Abgleich der Idee mit den technologischen Möglichkeiten
- Umsetzung des Projekts
- Öffentliche Präsentation zur Festigung und Sichtbarmachung des Geleisteten

Eine für den Menschen bedeutsame Idee in Abgleich mit dem zu bringen, was mit Technologie umsetzbar ist, ist eine wichtige Transferleistung. Ein solcher Transfer kann nach der Entwicklung einer eigenen Idee und der Vorstellung von einem eigenen Projekt meist besser und kreativer umgesetzt werden, wenn die Limitierungen, die die Technologie bietet, erst später eingeführt werden. Zudem kann die inhaltliche

Auseinandersetzung mit dem Kontext und den Zielen eines Projekts deutlich größeren Stellenwert besitzen als die konkrete Umsetzung in einen physischen und reibungslos funktionierenden Prototyp. Die didaktische Arbeit im Fab Lab kann auch bedeuten, dass hier über die eigene bedeutsame Idee ein Zugang zu digitalen Technologien und ihren Möglichkeiten geschaffen wird, den viele Nutzende sonst nicht herstellen könnten.

Auf allen Ebenen ist darauf zu achten, dass nicht nur technikaffine Menschen angesprochen werden, wenn Fab Labs in ihrer ganzen Breite wirksam werden sollen. Wird dieser Punkt der Ansprache vernachlässigt, zeigt sich schnell, dass Jungen und Männer in deutlicher Überzahl in Fab Labs präsent sind. Diese einseitige Ansprache zu vermeiden, sollte Teil des Selbstverständnisses eines jeden Fab Labs sein. Dabei kann beispielsweise die gezielte Suche nach weiblichem Personal hilfreich sein. Wenn Frauen als Vorbilder dort tätig sind, gelingt es häufig auch besser, unterschiedliche Geschlechter anzusprechen. Aber auch in der Außendarstellung, in der persönlichen Ansprache, in Texten und Bildern und in den einführenden Materialien kann man allen Nutzenden und Interessierten in ihrer Diversität das Gefühl vermitteln: »(Auch) Sie sind willkommen.«

Das Fab Lab braucht abgestufte Verfahren und Materialien für unterschiedliche Zielgruppen und Einsatzszenarien. Während zum Beispiel angehende Informatiker*innen sowie Technikfreaks sich oft recht eigenständig in neue Software und Hardware einarbeiten oder Designprofis mit CAD-Design-Software komplexe Designs entwickeln können, richten angehende Lehrkräfte ihr Augenmerk mehr auf eine curriculare Verbindung zu ihren Fächern oder auf Möglichkeiten der didaktischen Aufbereitung und Vermittlung. Hier bedarf es der Bündelung von Schulungen – Basis- und vertiefenden Schulungen für Software und Maschinen gemäß den Ausgangslagen und Kompetenzen der Nutzenden –, in Abhängigkeit zu der Größe und Komplexität der umzusetzenden Projekte.

Materialien zu entwickeln, die unterschiedliche Wissensstände und Zugänge berücksichtigen, ist nicht profan. Lehrveranstaltungen sind hierfür ein guter Ort der Entwicklung, Erprobung und Modifikation.

Alle Nutzenden eines Fab Labs müssen Schulungen durchlaufen, um eigenständig mit Maschinen arbeiten zu können und keinen Schaden anzurichten. Gleichzeitig ist der Hochschulbetrieb personell unstet. Basisschulungen über das Jahr verteilt personell sicherzustellen bedeutet eine große Herausforderung. Ein Teil der Schulungen ist im besten Fall über das Lehrdeputat abgedeckt und ein Teil, gerade auch für studentische Projekte, Abschlussarbeiten und Interessierte von außerhalb der Hochschule, müsste (im Konjunktiv) über zentrale Mittel und die Verfügbarkeit von technisch versiertem Personal mit didaktischer Sensibilität abgesichert werden, wie dies zum Beispiel für Fremdsprachen oder Sporteinrichtungen gilt. Dies kommt an den Hochschulen erst nach und nach in den Blick.

Nach bisherigen Erfahrungen gelingt die Community-Bildung im Fab Lab an einer Hochschule nur bedingt. Ehrenamtliches Engagement gehört eher nicht zur Studien- und Arbeitskultur an einer Hochschule. Die akademische Währung sind eher Credit-Points und akademische Abschlüsse und diese sind eher selten kompatibel oder verrechenbar mit ehrenamtlichem Engagement. Um sicherzustellen, dass ein akademisches Fab Lab zu den Öffnungszeiten besetzt ist, sind SHKs eine wichtige Säule, ebenso das Lehrpersonal sowie technische Mitarbeitende oder WiMis um eine Lehr- und Forschungsgruppe oder ein Institut herum.

9.3 Das Making – konkretes Tun und abstrakte Modelle

Was ist neu, was ist anders? Digitale Medien sind lange nicht mehr nur Werkzeuge zur Verrichtung von Routinearbeiten. Sie sind heute Medien, die die Veränderungen unseres gesamten Daseins, unsere Kommunikation, unser gesellschaftliches und individuelles Sein, unser Arbeiten und unser Leben wesentlich mitgeprägt und verändert haben.

Digitale Medien im Kontext von Hochschulen, häufig zu finden in und auf dort viel eingesetzten Lehr-Lern-Plattformen, verstecken in der Regel hinter Benutzeroberflächen den prozessualen, verarbeitenden Charakter und die Komplexität, die hinter der (Hardware und) Software stecken, um eine einfache Benutzung und einen unkomplizierten Zugriff auf Inhalte zu ermöglichen. Das Instrument ist transparent, bleibt im Lernprozess aber selbst im Hintergrund. Für Bildungszwecke kann es förderlich sein, wenn das Medium sichtbar und verstehbar gemacht wird, um ein auf das Medium gerichtetes Interesse herzustellen und in diesem Sinne akademisch-informatische Bildung zum Thema in der jeweiligen Fachkultur zu machen. Das Anliegen ist hierbei, die automatischen Prozesse und den Charakter technologischen Denkens begreifbar zu machen. Wichtiges Ziel hierbei ist es, Digitale Medien nicht nur zu nutzen, sondern auch Reflexionsprozesse über den Charakter und die Wirkungen digitaler Werkzeuge im wissenschaftlichen Prozess zu initiieren. Digitale Medien sind nicht losgelöst von den generellen Vorstellungen und Leitbildern für Lehre und Studium an Hochschulen zu sehen. Vielmehr müssen sie sich in solche Zielvorstellungen einordnen und vor allem zukunftsorientiert unterstützen.

Um sich selbst in der digitalen Welt souverän bewegen zu können und sich als aktiv mitgestaltend zu erleben, müssen die Prozesse hinter den smarten Objekten für die Menschen sichtbar und ›be-greifbar‹ werden. Transparenz über die Prozesse des Digitalen herzustellen, gehört zur Vermittlungsarbeit in einem Fab Lab. Das Zusammenspiel von digitalem Prozess und stofflichem Produkt kann im Fab Lab in hervorragender und beispielhafter Weise deutlich und begreifbar gemacht werden (vgl. Schachtner, 2014; Schelhowe, 2016) und dies gehört ganz wesentlich zur Bestimmung von Fab Labs.

Es gibt einige Merkmale, die für Fab Labs als Bewegung kennzeichnend sind:

- Dies betrifft zum einen Maschinen, Software und Codes, die mittlerweile kostengünstig erworben und über freie Tools und Datenbanken von vielen Menschen genutzt werden können. Mit dem Fab-Lab-Gedanken ist der Gedanke verbunden, Produktionsmittel in die Hände von Nutzenden zu legen, so dass sie selbst und eigenständig Maschinen, Wissen und Produkte entwickeln und teilen können.
- Ein weiteres Merkmal ist die Herausbildung einer weltweit tätigen und vernetzten Community.

Beide Merkmale setzen voraus, dass einerseits Software und Hardware so gestaltet sind und weiterentwickelt werden, dass sie für Laien zugänglich und nutzbar sind und dass es über Tutorials, Erklärvideos und Handreichungen gelingt, allen einen Zugang zu schaffen.

Dabei geht es nicht nur darum, zu vermitteln, wie Software und Hardware sach- und fachgerecht eingesetzt werden. Zu schnell und dynamisch entwickeln sich diese Bereiche weiter. Im Fab Lab werden Prozessketten und -schritte sichtbar und erfahrbar, die für das Verstehen und Begreifen der Änderungsprozesse in einer digitalisierten Welt notwendig sind.

An den Hochschulen können Fab Labs ein wesentlicher Motor sein, um das, was gegenwärtig unter dem Begriff der akademischen Medienkompetenz oder unter dem Anspruch einer Öffnung der Hochschulen diskutiert wird, in die Hochschulwirklichkeit umzusetzen.

9.4 Empfehlungen & Hinweise Instant-to-go

- Sichtbare Informationen in den Räumlichkeiten anbringen, die Maschinen und Konzepte zusätzlich den Mitarbeitenden erklären oder veranschaulichen, wo sie sich selbst noch mehr Informationen aneignen können, zum Beispiel mittels bereitgestellter Literatur
- Personen zielgruppengerecht ansprechen und verschiedene Wissensstände beachten
- In ausgehängten Beispielen und Bildern die

Diversität der Nutzenden berücksichtigen – ihr Alter, ihre Ethnizität und ihr Geschlecht

- Informatik, Elektronik, Design etc. mit anderen Fächern und Domänen verbinden – für die Verdeutlichung der Anwendungsbezüge, aber auch, um exemplarisch informatische Vorgehensmodelle aufzuzeigen
- Mit Prototyping und anfassbaren Projekten Digitale Medien und informatische Prozesse verständlich machen
- Workshops und Schulungen anbieten, die zwischen drei und fünf Tagen dauern, da dann auch komplexere Projekte umgesetzt werden können, auch wenn dies mit Stundenplänen, Nebenjobs der Studierenden und anderen Verpflichtungen nur für sehr wenige Studierende umsetzbar ist
- Bezüge zum Alltag einbinden und daran anknüpfen
- Selbständiges Arbeiten und Explorieren unterstützen und durch kleinere heranführende Aufgaben die Arbeit strukturieren, um zu verhindern, dass sich Teilnehmende in unnötigen Details verlieren

Abb. 50
3D-gedrucktes
Fahrrad von
Till Kolligs
2020

Abb. 50 Till Kolligs

Interview mit Isabel Weidlich & Eva Ismer

Isabel Weidlich und Eva Ismer leiten das KiVi:Lab an der Technischen Hochschule Wildau (TH Wildau). Das KiVi:Lab bietet Schüler*innen die Möglichkeit, innovative Fertigungstechnologien in einem Makerspace kennenzulernen. Unter der Leitung von Isabel Weidlich und Eva Ismer können Schüler*innen Workshops belegen, die die Kreativität, ein Verständnis für Technologien, Teamarbeit und Problemlösefähigkeiten fördern.

Wie ist das KiVi:Lab entstanden und was sehen Sie als Ihren Auftrag?

Isabel Weidlich & Eva Ismer: Wir haben mit einzelnen unregelmäßigen Workshops angefangen, die direkt sehr großen Anklang gefunden haben. Wir erinnerten uns dann an die Grundideen eines Fab Labs, offen für jede Person zu sein und innovative Technik allen zugänglich zu machen. Das wollten wir dann auch konsequent umsetzen sowie explizit auch Schüler*innen mit einbeziehen, um sie früh an Technik heranzuführen und ihnen somit die Angst davor zu nehmen. Wir zeigen ihnen, dass es neben gadgethaften Technikspielereien auch kreative und sinnhafte Anwendungen gibt, und bringen ihnen bei, wie sie eigene Prototypen entwickeln können, um ihre Alltagsprobleme damit zu lösen.

Mit wie vielen Schulen arbeiten Sie aktuell zusammen und in welcher Form?

Das variiert. Es gibt einzelne Berufsschulen oder auch Jugendclubs, die uns regelmäßig besuchen, weil es ihnen beim ersten Besuch gut gefallen hat und sie dann mit anderen Schüler*innen wiederkommen. Aber es gibt auch Schulen, die nur einmal kommen. Das ist sehr, sehr unterschiedlich.

Wie werden die Schulen auf Sie aufmerksam und mit welchen Anliegen kommen sie?

Oft kommen Schulen zu uns, um Exkursionen oder Wandertage mit etwas möglichst Sinnvollem zu verbringen. Manchmal ist es auch das Anliegen von Lehrer*innen, ihren Schüler*innen das Thema »3D-Druck« näherzubringen. In ihren Recherchen stoßen sie dann auf uns. Anfangs haben wir auch etwas Werbung gemacht und per Mundpropaganda einhergeht, die ihnen Spaß macht und ihre Kreativität und Fantasie anregt. Wissen wird sehr anschaulich vermittelt. Wir versuchen auch, schulische Lehrinhalte mit dem, was bei uns geschieht, anschaulich zu verknüpfen. So wird Mathematik auf einmal spannend, wenn die Schüler*innen sehen, dass man mit ihrer Hilfe in der Lage ist, einen 3D-Drucker zu bedienen.

Entwickeln Sie die Angebote grundsätzlich selbst oder kommen die Lehrkräfte auch mit Themenvorschlägen auf Sie zu?

Wir entwickeln das alles selbst. Wir überlegen, was für die Schüler*innen spannend sein könnte und was wir mit unseren Geräten umsetzen können. Hin und wieder beziehen wir natürlich auch die Lehrkräfte mit ein und fragen, ob sie einen speziellen Themenwunsch haben. Das greifen wir dann spontan auf. Aber vorrangig sind es Konzepte, die wir entwickelt haben. Der Großteil der Lehrkräfte ist damit sehr zufrieden. Für Lehrkräfte selbst haben wir explizit noch keine Kurse angeboten, aber die meisten Workshops sind auch für sie sehr spannend. Sie sind auch immer sehr interessiert und nehmen ganz viel mit.

Gibt es besonders beliebte Kurse bei Lehrkräften und Schüler*innen?

Ich denke das Interesse der Lehrkräfte und Schüler*innen ist recht ähnlich: Die Schüler*innen sind sehr glücklich, wenn sie wirklich kreativ arbeiten können und am Ende ein kleines Produkt mit nach Hause nehmen können, und die

ganda weitergetragen, dass es uns gibt. Nun läuft das von selbst, dadurch, dass die Teilnehmenden wieder anderen von uns berichten.

Wie finanzieren Sie Ihr Angebot?
Wenn Schüler*innengruppen kommen, erheben wir eine Materialkostenpauschale. Wir achten auch darauf, dass immer erst Reste verwendet werden, um gleichzeitig ein Bewusstsein für Materialverbrauch, Recycling und Upcycling zu vermitteln. Das funktioniert immer sehr gut. Personell ist das Angebot nur mit sehr viel Engagement und Eigeninitiative des Teams möglich.

Was unterscheidet das Lernen bei Ihnen von jenem an der Schule? Was macht Sie aus, was an den Schulen nicht umzusetzen möglich wäre?
Zunächst ist ein Ortswechsel für die meisten Schüler*innen spannend und motivierend. Dann unterscheidet sich unsere Lernsituation erheblich von dem schultypischen Frontalunterricht, bei dem eine Person vorne steht und Fakten zum Besten gibt. Wir gestalten unsere Workshops häufig in Gruppen- oder Einzelarbeiten mit einem hohen Anteil praktischer Arbeit am 3D-Drucker, Lasercutter und Schneideplotter. Solche Geräte gibt es an Schulen in der Regel nicht, da sie in der Anschaffung teuer sind.

Was, würden Sie sagen, ist für die Schüler*innen anders als im normalen Schulunterricht?
Wie ich ja schon erwähnt habe, ist das Fab Lab für sie in der Regel ein neuer, spannender Ort mit Geräten, die sie noch nicht kennen. Dazu kommt, dass sie häufig gar nicht merken, dass sie etwas lernen, weil es mit einer Tätigkeit

Lehrkräfte sind glücklich, wenn sie merken, dass die Schüler*innen begeistert sind und einen spannenden Tag haben.

Welchen Status haben Sie an der Hochschule? Gelten Sie eher als Vorzeigeprojekt oder Stiefkind?
Es gibt ja hier in der Hochschule auch die sogenannten Schülerlabore und ich denke, dass wir ähnlich gesehen werden, und zwar als Institution, in die potenzielle zukünftige Studierende kommen, um das Hochschulumfeld kennenzulernen. Und das sieht die Hochschule sehr gerne.

Was steht für Sie selbst bei den Kursen im Mittelpunkt? Sind das eher die technischen Fähigkeiten oder die Herangehensweise?
Für uns ist es das Wichtigste, den Schüler*innen beizubringen, dass jede Idee der Auslöser für Großartiges sein kann und dass es zu einem kreativen Prozess dazugehört, wenn Dinge nicht auf Anhieb funktionieren, und dass das Machen von Fehlern dazu beitragen kann, am Ende die beste Lösung zu finden.

Abb. 51
Isabel Weidlich

Abb. 52
Eva Ismer

10

Master of Making

Fab Labs im Hochschulcurriculum

Abb. 53
Lochkamera
und Foto
Jordan Dörthe

Abb. 54
Selbstgebauter
Feuchtigkeits-
sensor für die
Bewässerung
einer
Zimmerpflanze

Abb. 55
Augmented
Reality
Sandboxen,
frei von Hand
formbar

Wie kann ein Fab Lab in der Lehre eingesetzt werden und wie wird es dem Anspruch, akademisch bildend und auf eine Disziplin gerichtet zu sein, gerecht? Hierfür geben die Autor*innen Beispiele erfolgreich implementierter Lehrveranstaltungen in verschiedenen Studiengängen und Fachbereichen an ihren Standorten. Wir gehen den Fragen nach, worauf gerichtet gelehrt und ausgebildet wird und welche Lehrformate sich für die inter- oder monodisziplinäre Lehre an Hochschulen eignen.

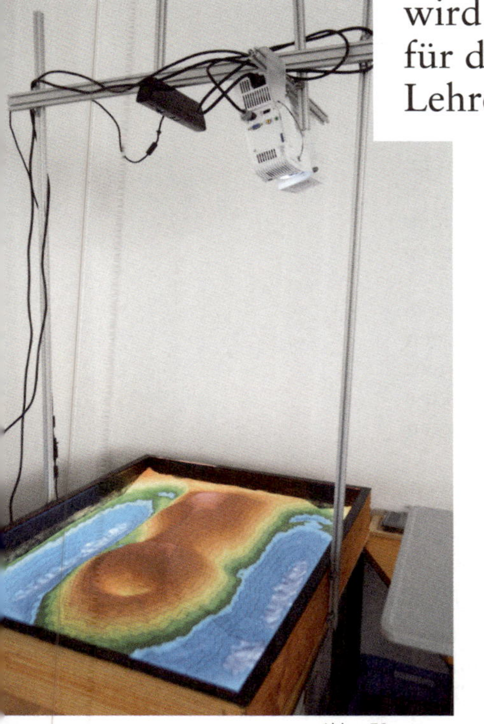

Abb. 56
Mit digitalen Informationen angereichert Sandoberfläche

10.1 Stand der Lehrressourcen und Open Educational Resources

Es gibt eine Fülle an freien Lehr- und Lernmaterialien und Dokumentationen im Netz. Diese sind aber in der Regel nicht oder nicht ausschließlich auf die Hochschule gerichtet, wenn Credit-Points und ECTS hier mögliche Referenzpunkte für die Anrechenbarkeit und Anerkennung von Studienleistungen sind. Zum Teil sind diese nicht disziplinär verortet, sehr auf Software und Maschinen fokussiert und zudem teils kostenpflichtig.

Auf internationaler Ebene gibt es die Fab Academy, die verschiedene Bildungsformate mit Bezug zu Fab Labs (auch) im Hochschulkontext gegen Gebühr anbietet. Das Angebot fußt darauf, dass in Online-Vorlesungen zentrale Inhalte vermittelt werden, die dann in einem weiteren Schritt von den Studierenden und Teilnehmenden in Projekten an ihren Fab-Lab-Standorten in den jeweiligen Ländern entwickelt und umgesetzt werden. Die dafür benötigte standardisierte Infrastruktur stellen etablierte Fab-Lab-Standorte den Teilnehmenden zur Verfügung. Wöchentliche praktische Übungsaufgaben werden durch ein kursbegleitendes Abschlussprojekt – in der Regel eine eigene Produktidee der Teilnehmenden – ergänzt, bei dessen Umsetzung die erlernten Fähigkeiten zum Einsatz kommen.

Die Fab Academy lehrt mit einem Blended-Learning-Konzept. Das bedeutet, dass neben den Online-Vorlesungen die Teilnehmenden in lokalen Arbeitsgruppen mit ihrem Kollegium, mit Mentor*innen sowie Maschinen lernen, die dann durch Content-Sharing und Videos in der globalen Klasse geteilt und bewertet werden.

Mittlerweile nehmen jährlich mehr als 250 Teilnehmende in über 70 Fab Labs weltweit an der Fab Academy teil. Aktuell bietet die Einrichtung:

fabacademy.org/

1. *»Fab Academy«* ist ein (aus dem MIT-Kurs »How to Make (Almost) Anything – HTMAA« von Neil Gershenfeld abgeleitetes) Lehrformat, das seit 2008 jährlich unter der Leitung der Fab Foundation mit Teilnehmenden weltweit über einige Wochen durchgeführt wird und in dem grundlegende Kenntnisse der Prozesse, die in Fab Labs zur Anwendung kommen, vermittelt werden.

In einem wöchentlichen Turnus werden Unterrichtseinheiten zu Thematiken, wie der digitalen Fabrikation, des digitalen Zeichnens (2D und 3D), der Programmierung von Einplatinencomputern und der Entwicklung und dem Management von Projekten, abgehalten. Der Unterricht wird in Form von Online-Vorlesungen in Kombinationen mit der Betreuung von praktischer Arbeit vor Ort in teilnehmenden Fab Labs, den sogenannten Nodes, durchgeführt.

2. *»Fabricademy«* ist ein transdisziplinärer Kurs, der sich mit der Entwicklung neuer Technologien in den Bereichen der Textilindustrie, der Modebranche und des Wearable-Marktes befasst.

Der Kurs dauert sechs Monate und gliedert sich in zwei Phasen: Drei Monate lang werden Inhalte vermittelt und drei Monate lang wird ein komplexeres Projekt mit dem Fokus auf Textilien und Wearables eigenständig entwickelt.

3. *»Bio Academy«* ist eine dritte Lehrveranstaltung, die von George Church, Professor für Genetik an der Harvard Medical School entwickelt wurde. Sie ähnelt zwar strukturell »Fab Academy« und »Fabricademy« mit weltweit verteilt teilnehmenden Labs (aktuell dreizehn) und online gehaltenen Vorlesungen, beschäftigt sich aber mit Themen aus der Genetik und der Gentechnik und setzt somit eine über die Ausstattung eines normalen Fab Labs weit hinausgehende Spezialausstattung mit Labor-Equipment voraus.

Hier sei nochmals ausdrücklich und einschränkend erwähnt, dass die vorgenannten Kurse allesamt kostenpflichtig sind. Im Folgenden werden Konzepte für (öffentlich getragene) Lehrveranstaltungen und deren curriculare Einbettung an den Standorten Folkwang Universität der Künste, RWTH Aachen, Universität Siegen und Universität Bremen skizziert.

10.2 Das »Folkwang Fab-Diplom« der Folkwang Universität der Künste

In der Hochschulausbildung im Industrial Design spielen digitale Fertigungstechnologien, wie 3D-Druck, CNC-Fräsen und Vinylschneiden, schon lange eine Rolle. Mit dem einfacheren und günstigeren Zugang vor allem zur 3D-Druck-Technologie sowie der steigenden Bedeutung dieser Verfahren als reale Produktionsmethoden ist ihr Einsatz auch in der Design-Ausbildung im Wandel. Fanden sie in der Vergangenheit überwiegend bei der Herstellung von Design-Modellen oder Funktionsprototypen mit komplexerer Geometrie Einsatz und wurde das Drucken der Teile eher als Dienstleistung der Werkstattleiter*innen verstanden, so werden die Technologien heute zunehmend experimentell eingesetzt und ästhetische Aspekte der Fertigungstechnologien rücken in den Mittelpunkt von gestalterischen Untersuchungen.

Abb. 57
Das Folkwang FabDiplom ist der Fab-Lab-Grundlagenkurs an der FUdK

Mit dem Bezug des Neubaus des Fachbereichs Gestaltung im Oktober 2017 auf dem Gelände des UNESCO-Welterbes Zeche und Kokerei Zollverein, dem Campus Welterbe Zollverein, konnte auf Initiative des 2016 neu geschaffenen Lehrgebiets »Design by Technology« unter der professoralen Leitung von Stefan Neudecker mit dem ATL eine Fab-Lab-artige Struktur geschaffen werden. Das ATL ergänzt seitdem die klassischen Werkstätten (Holz-, Metall-, Kunststoff-, Elektronik-, Textil-, Siebdruck- und Bleisatzwerkstätten sowie Fotolabore und -studios), die an der Folkwang Universität der Künste eine lange Tradition um Fab-Lab-typische Technologien haben, und bietet den Studierenden Raum, um damit zu experimentieren. Zügig wurde klar, dass die rein sicherheitsrelevanten Geräteeinführungen nicht ausreichen und zusätzlich eine gebündelte technische sowie inhaltliche Grundausbildung der Studierenden im Bereich der Personal Digital Fabrication erfolgen muss.

Im Zuge des Forschungsprojekts »FAB101« konnte dann eine Lehrveranstaltung entwickelt und – zunächst testweise – durchgeführt werden, die die Grundlagen der meisten an der Folkwang Universität der Künste verfügbaren digitalen Fabrikationsmethoden vermittelt: das »Folkwang FabDiplom – Einführung in die digitale Fabrikation«.

Seit dem Sommersemester 2018 wurde die Veranstaltung zweimal im Wahlpflichtbereich des Bachelorstudiengangs »Industrial Design« bevorzugt für Studierende im zweiten Semester angeboten und auf der Basis einer Evaluation kontinuierlich an die Bedarfe der Studierenden angepasst. Die positive Resonanz sowie die hohe Relevanz des Lehrinhalts hat die Hochschule dazu bewogen, die Lehrveranstaltung im Zuge der Reakkreditierung des Bachelor-Studiengangs »Industrial Design« ab dem Sommersemester 2020 als Pflichtveranstaltung im zweiten Semester durchzuführen.

Mit Blick auf eine allgemeine Durchführbarkeit – also nicht nur für Disziplinen, wie Design, Architektur, Maschinenbau oder Informatik, die dem Themenfeld der digitalen Fertigung sowieso nahestehen, – ist der Lehrinhalt des »Folkwang FabDiploms« basal. Bewusst geht es zunächst um das Kennenlernen einzelner Fertigungstechnologien und den grundlegenden technischen Umgang mit ihnen. Bei aller Grundsätzlichkeit ist es jedoch sinnvoll, inhaltlich auch auf die spezifischen Anforderungen des betreffenden Studiengangs – in diesem Fall »Industrial Design« – Bezug zu nehmen. So sind die einzelnen Aufgaben, die die Studierenden im Zuge des Kurses bearbeiten, praxisnah erstellt worden und vermitteln ihnen den sinnvollen Einsatz der Methoden im Designprozess. Sie lernen, wann es sinnvoll ist, eine der Methoden anzuwenden, und wie sie dafür prozessgerecht digitale Vorlagen erstellen können. Dem Anspruch einer Gestaltungshochschule entsprechend wird zudem auf formalästhetische Aspekte der einzelnen Methoden eingegangen.

Der Einstieg in den Bereich der Personal Digital Fabrication erfolgt beim »Folkwang FabDiplom« mit 2D-Methoden (Stiftplotten, Vinylschneiden, Laserschneiden, CNC-Sticken und ggf. CNC-Fräsen). Es werden dann 3D-Methoden (3D-Scan, Binder-Jetting-3D-Druck, FDM-3D-Druck und Keramik-3D-Druck) fokussiert und gegen Ende beschäftigen sich die Teilnehmenden mit Physical Computing und Robotik.

Anders als beispielsweise im Kurs »Fab Academy« des MIT wird beim »Folkwang FabDiplom« auf ein themenübergreifendes Projekt verzichtet, das die Studierenden während des ganzen Semesters bearbeiten, sondern jedes Thema wird mit einer begleitenden Wochenaufgabe behandelt. Diese Entscheidung hängt in erster Linie mit dem hohen zusätzlichen Betreuungsaufwand individueller Projekte zusammen. Da das Industrial-Design-Studium generell sehr projektbezogen ist, wird davon ausgegangen, dass die Studierenden die erlernten Methoden aktiv in ihren Gestaltungsprozess in den Design-Projekten hineintragen.

Die Wochenaufgabe soll grundsätzlich Lust wecken, sich mit dem Tool der Woche inhaltlich auseinanderzusetzen. Ihre Bearbeitung soll die wesentlichen Charakteristiken des Tools, wie die Möglichkeiten und Vorzüge, aber auch die Limitierungen verdeutlichen. Letztendlich soll sie auch einen praktischen Bezug herstellen und somit verdeutlichen, in welchen Bereichen des gestalterischen Prozesses das Tool sinnvoll eingesetzt werden kann.

Der Ablauf einer einzelnen Kurseinheit lässt sich aufgrund der Verschiedenartigkeit der Themengebiete kaum generalisieren. Typischerweise wird jedoch jede dieser Einheiten mit einer themenbezogenen Einführungsvorlesung eröffnet, die zeitlich in der Regel am Ende des Kurstages des vorherigen Themas gehalten wird und so die Grundlage zum inhaltlichen Selbststudium sowie zur Bearbeitung der Wochenaufgabe seitens derStudierenden im Verlaufe der Woche bildet. Zu Beginn eines Kurstages stellen die Studierenden das Resultat der Wochenaufgabe vor. Häufig handelt es sich dabei um das Erstellen/Entwerfen von Datenvorlagen (beispielsweise Vektorgrafiken, STL-Dateien, G-Code etc.), die für das jeweilige digitale Tool benötigt werden. Darauf folgt eine Phase des Dialogs zwischen Lehrenden und Studierenden und unter den Studierenden, in der eventuelle Schwierigkeiten bei der Bearbeitung der Wochenaufgabe diskutiert und überwunden werden. Diese Phase dient dazu, das Lernziel zu schärfen und eventuelle Unterschiede im Wissensstand der Studierenden auszugleichen. Der allgemeinen technischen Einführung am Gerät folgt dann die gemeinsame Materialisierung der einzelnen Entwürfe, bei der im Idealfall alle Studierenden jeweils einmal die Bedienung des Gerätes übernehmen, sofern es die Sicherheitsbestimmungen erlauben. Die so gewonnenen Kenntnisse und produzierten Artefakte werden von den Studierenden im Laufe der vorlesungsfreien Zeit schriftlich wie fotografisch in einem Heft dokumentiert.

Parallel zum »Folkwang FabDiplom« wurde eine darauf aufbauende Lehrveranstaltung, namens »Folkwang FabEpert«, entwickelt, die seitdem im Wechsel mit dem Kurs »FabDiplom« im darauffolgenden Wintersemester angeboten wird. Diese Veranstaltung vertieft die Kenntnisse der Studierenden zum Thema »FDM-3D-Druck« weiter und legt einen zusätzlichen Fokus auf das Erstellen von 3D-Druck-Daten, aber nicht im Sinne der CAD-Modellierung – das lernen die Studierenden in einer anderen Lehrveranstaltung –, sondern vielmehr des Konvertierens der CAD-Daten in Daten, die für einen 3D-Drucker lesbar sind (G-Code). Neben der Vermittlung des Umgangs mit konventionellen Slicern (zum Beispiel Cura und Slic3r) wird das Rhinoceros®-Plugin Grasshopper® genutzt, um G-Code zu erzeugen, der dann unter Einbezug verschiedener Ausgabegeräte, wie konventioneller FDM-3D-Drucker, eines Keramik-3D-Druckers und eines roboterarmgeführten FDM-Extruders, materialisiert werden.

fab101.de/ffd

10.3 Das »Media Computing Project« an der RWTH Aachen

An der RWTH Aachen lernen Informatiker*innen traditionell die Basics der Informatik, zum Beispiel Algorithmen, verschiedene Programmiersprachen, Grundlagen der Softwareentwicklung und Organisation etc. Dabei kommt leider häufig die Erfahrung mit dem praktischen Bauen und Umsetzen von Hardware, in die die geschriebene Software eingebettet werden kann, etwas zu kurz. Das »Media Computing Project« ist ein einsemestriger Kurs mit ca. 15–20 Studierenden pro Semester, in dem sie gemeinsam ein Projekt erarbeiten. Die Veranstaltung richtet sich an Masterstudierende der Informatik, aber auch verwandter Fächer, wie »Media Informatics« und »Software System Engineering«. Seit 2015 werden für die Ausführung der Projektarbeit auch Bestandteile der Inhalte von Personal Fabrication gelehrt. Seit drei Jahren erhalten die Studierenden im ersten Teil des Kurses die Grundfertigkeiten für Personal Fabrication, und zwar immer vor dem Informatikhintergrund, dass am Ende ein interaktives Objekt hergestellt werden soll, zum Beispiel Musikinstrumente, Escape-Room-Spiele oder Tangibles für Multitouch-Tische. Folgende Fabrikationsprozesse werden im »Media Computing Project« gelehrt:

Abb. 58 Interaktives Terrarium - mit Tieren, die mit Hilfe der Technologien im Fab Lab hergestellt wurden

- 2D-Design
- 3D-Design
- Lasercutting
- 3D-Druck
- Molding und Casting
- Grundlagen, wie Schaltpläne, Sensoren und Aktoren
- Mikrocontroller und deren Programmierung (zum Beispiel Arduino)
- Maschinelles Nähen und Sticken
- PCB-Fräsen

Die erste Hälfte des Kurses besteht aus einer wöchentlichen Vorlesung zu einem der obigen Themen und einer begleitenden Übung mit Aufgaben für die Studierenden zu diesem Thema. Die jeweilige Aufgabe vertieft das Verständnis für den jeweiligen Prozess und gibt die Möglichkeit, etwas kreativ auszuprobieren. Auf diesem Weg werden zunächst Erfahrungen im Umgang mit der Technologie gesammelt. Um die Prozesse der Maschinen kennenzulernen, erhalten die Studierenden in Kleingruppen eine Einführung in die Arbeit mit den Maschinen und in sicherheitstechnische Aspekte beim Umgang mit ihnen und den Materialien.

Im zweiten Teil des Kurses müssen die Studierenden ihre Projekte entwickeln. Das schließt sowohl Hardwaredesign als auch Programmierung und Interfacedesign ein. Jede Kleingruppe baut einen Bestandteil eines größeren Projekts – beispielsweise ein einzelnes Instrument, das am Ende alle Instrumente einer vollständigen Band bildet. Dabei können die Studierenden den jeweils zu integrierenden Fabrikationsprozess frei wählen.

Neben dem Erstellen der Teilprojekte und der Zuarbeit zum Gesamtprojekt lernen die Studierenden Social Skills. Die Kleingruppen müssen sich untereinander verständigen, sich gegenseitig unterstützen und das Gesamtprojekt im Auge behalten. Auch das Zeitmanagement und Absprachen zwischen den Teams sind Lernaspekte. Die genannten Aspekte sind wichtige Vorbereitungen für kommende Abschlussarbeiten und Anforderungen, die ebenso im Berufsleben eine zentrale Rolle spielen.

10.4 Lehre und Bildung an der Universität Siegen

Den größten Aufgabenbereich in der Hochschullehre stellt im Fab Lab Siegen die Unterstützung studentischer Projekte aus allen Disziplinen dar. Im Rahmen verschiedener (Praktika zu) Lehrveranstaltungen Dritter, Semesterprojekten, Qualifizierungs- oder Abschlussarbeiten kommen kontinuierlich Studierende ins Fab Lab und werden dort beraten, in Maschinen und Methoden eingewiesen, mit Material ausgestattet, mit passenden Community-Mitgliedern vernetzt, mit Arbeits- und Projektraum oder anderweitig unterstützt. 2019 herrschte eine besonders starke Nachfrage aus den Bereichen der Informatik und der Mensch-Technik-Interaktion, aus verschiedenen gestaltenden Studiengängen, der Kunst sowie der Architektur. Es kommen jedoch Studierende aller Disziplinen und mit Anliegen aus allen Wahl- und Pflichtbereichen ins Labor. Einen zum Beispiel als eigene Lehrveranstaltung organisierten Kurs zur grundlegenden Einführung in das Fab Lab gibt es aber nicht.

Abb. 59 Nähmaschinen-Einführung

Durch angewandte Forschungsprojekte, wie das Förderprojekt »FAB101«, konnte im Fab Lab Siegen seit 2013 mit verschiedenen Aspekten in Bezug auf Lehre und Bildung von Fab Labs im Hochschulkontext in Wahlbereichen und außerhalb der grundständigen Lehre experimentiert werden.

So sind verschiedene Lehrformate mit je 3–6 ECTS entwickelt und erprobt worden, zum Beispiel das Seminar »Interaction Design with Arduino«, eine projektorientierte Einführung in die Grundlagen des IoTs und seiner Programmierung für interdisziplinäre Studiengänge. Weitere Beispiele sind das Seminar »3D-Druck« und die Veranstaltung »Labor Additive Fertigung«, beides Einführungen und Projektstudien zum 3D-Druck, jeweils mit großem Praxisanteil und für ingenieurwissenschaftliche sowie gestalterische Studiengänge. Versucht wird auch, Lehrformate anzubieten, die sich direkt mit dem Fab Lab befassen. Mit »FAB101 Reading Class« wurde beispielsweise ein klassisches, literaturorientiertes Format durchgeführt, das sich mit der aktuellen Forschung zu Makerspaces befasste. Aus dem späteren Seminar »Lab Lab« entwickelte sich sogar das auf den gleichen Namen getaufte Format des bis heute bestehenden wöchentlichen Treffens des Laborpersonals. Anrechnungsmöglichkeiten im Studium wurden für diese Lehrformate jeweils individuell mit Studiengangsverantwortlichen verhandelt und zum Beispiel im Rahmen eines generischen Forschungsmoduls in einem Masterstudiengang oder als Wahlmöglichkeit für ein (Labor-)Praxisprojekt in einem Bachelorstudiengang ermöglicht. Es konnten nicht für alle Teilnehmenden Anrechnungsmöglichkeiten geschaffen werden (ein Gutteil der Interessierten besuchte die Seminare jedoch trotzdem aus reinem Interesse weiter, was sich mit den Erfahrungen des MITs zur großen Motivation vieler Studierender für die Fab-Lab-Lehre deckt).

10.5 Die Lehramtsausbildung am Standort Bremen

Im Folgenden möchten wir ein Lehrkonzept für die Lehrveranstaltung »Digitale Medien in der Bildung« an der Universität Bremen vorstellen, die in der Informatik mit Bildungsanliegen verschränkt wird und mit der die Rolle von IuK-(Informations- und Kommunikations-)Technologien als Bildungsmedien gezeigt werden soll.

Die interdisziplinäre Lehrveranstaltung richtet sich sowohl an Studierende der Informatik als auch an jene der Digitalen Medien und des Lehramts. Moderne Forschungskonzepte der Mensch-Maschine-Interaktion wie auch aktuelle pädagogische Konzepte spielen hier eine besondere Rolle und sollen von den Studierenden nicht nur theoretisch begriffen, sondern auch handelnd erfahren und angewandt werden. Didaktisch orientieren wir uns dabei im Rahmen des Kurses an Prinzipien des Forschenden Lernens, das für die Profilbildung in der Lehre an der Universität Bremen eine besondere Rolle spielt.

Im Rahmen der Lehrveranstaltung, die neben einer zweistündigen Vorlesung eine zweistündige praktische Übung beinhaltet, erarbeiten die Studierenden in interdisziplinär zusammengesetzten Kleingruppen ein Projekt, welches sie prototypisch umsetzen und, wenn möglich, auch im Bildungskontext erproben. Herangeführt werden die Studierenden an die theoretischen Grundlagen der Digitalen Medien im Hinblick auf ihre Gestaltung und Nutzung im Bildungskontext. Es wird beleuchtet, inwieweit Digitale Medien unsere Bildungsprozesse verändern und verändert haben. Zudem wird eine Vorstellung von den Potenzialen der Digitalen Medien vermittelt. Das Design von Bildungsmedien spielt sowohl in den theoretischen wie auch methodischen Implikationen eine Rolle. Es werden Grundlagen zur Einbettung von Digitalen Medien in Bildungskontexte thematisiert und dies sowohl theoretisch wie praktisch-experimentell. Die Bedeutung von Lerntheorien für die Gestaltung von Software und von Lernarrangements soll verstanden werden. Moderne und aktuelle Technologien, wie zum Beispiel Physical Computing, Body-Interaction und Fab-Lab-Verfahren, sind thematisch-praktische Schwerpunkte und sie werden von den Studierenden in ihren Potenzialen für das Lernen exploriert und bewertet.

Die projektorientierte und interdisziplinäre Zusammenarbeit in Arbeitsgruppen ist das Kernelement der Lehrveranstaltung. Die Kooperation zwischen unterschiedlichen Disziplinen informatischer, gestalterischer und erziehungswissenschaftlicher Ausrichtung ist wesentlich, um der Komplexität der Aufgabe gerecht zu werden, um unterschiedliche Sicht- und Denkweisen sowie Methoden der jeweiligen Fachkulturen kennenzulernen und zu erproben, um den gleichgewichtigen und teamorientierten Dialog miteinander zu führen, um zu lernen, einander in der jeweiligen Fachlichkeit zu verstehen bzw. sich verständlich zu machen. Gerade die im Bologna-Prozess geforderte Orientierung auf Kompetenzen und Outcome statt auf Lernstoff kann sich in der Projektarbeit/im Forschenden Lernen entwickeln.

Wir sind an der Universität Bremen in der glücklichen Lage, dass wir aus einer interdisziplinär zusammengesetzten, sich über Informatik- und Erziehungswissenschaft erstreckenden Arbeitsgruppe heraus ein Angebot entwickeln können, das sich sowohl aus der Informatik als auch aus den Erziehungswissenschaften speist. Die Studierenden lernen neuartige, innovative Technologien, die wir in der Forschung gerade erst erproben und entwickeln, kennen. Diese sollen sie aktiv erlernen und auf ihre Eignung in Bildungszusammenhängen hin experimentell erproben und bewerten. Die Studierenden lernen, die Entwicklung und den Einsatz von Software sinnvoll auf das Lernen zu beziehen, diese Technologien aber auch im Hinblick auf ein Bildungsanliegen zu prüfen und sie darauf zu beziehen.

Der handlungsorientierte Ansatz baut auf konstruktionistischen Lerntheorien von Seymour Papert auf und lässt Studierende zu Entwickelnden sowie Designer*innen einer persönlich als relevant empfundenen Anwendung werden. Dabei werden die zugrunde liegenden technischen Funktionsweisen und die Programmierung *be-greifbar*. Wir verwenden dafür unter anderem sogenannte Construction-Kits – Baukästen, die klassische Konstruktionsmaterialien und technische Komponenten miteinander verbinden. Bekannte Stoffe, wie Holz, Styropor, Pappe, Stoffe, Wolle etc., werden mit Sensoren, Aktoren und Mikrocontrollern verbunden, programmiert und es entstehen so ›lebendige‹ Artefakte. Auf diese Weise entwickeln Studierende beispielsweise zum Lernen anregende Stofftiere, interaktive Erste-Hilfe-Kästen oder Musik-Lerntische. Construction-Kits lassen sich als begreifbare Interfaces in Lernszenarien einbetten. Die Herausforderung besteht darin, Raum und Möglichkeiten so zu gestalten, dass der pädagogisch-didaktische Wert dieser Medien entfaltet wird. Dies ermöglicht zunächst, die Entwicklungssicht einzunehmen und dabei grundlegende informatische Prozesse zu durchlaufen und zu verstehen. Mittels einer einfach zugänglichen Programmierumgebung wird auch Studierenden außerhalb der Digitalen Medien und der Informatik ein Zugang zu Programmierung eröffnet. Damit werden Prozesse formal abgebildet und erhalten wiederum im Objekt eine konkrete Form. Sie lassen sich verifizieren und, wenn nötig, verändern und anpassen. Neben der Formalisierung bietet die Entwicklungsperspektive Einblick in die grundlegende Funktionsweise von Digitalen Medien mit dem Computer als Kern. Das eigenständige Konstruieren mit Sensoren, Aktuatoren und Mikrocontrollern erlaubt einen aktiven Einblick im Unterschied zur schlichten Nutzung solcher Systeme. Im begleitenden didaktischen Konzept legen wir Wert darauf, Parallelen zu Systemen zu ziehen, die die Studierenden aus ihrem Alltag kennen. Im Konstruktionsprozess nehmen die Studierenden die Design- und Entwicklungssicht, wie aber auch die Perspektive des Lernens ein. Sie erleben die Verantwortung, die die Konstruktion mit sich bringt, und erfahren etwas über die Möglichkeiten der Technologiegestaltung: Wer hat welches Produkt zu welchem Zweck entwickelt? Was lässt sich damit machen? Welche Daten gebe ich preis, wenn ich das Produkt benutze? Um Fragen dieser Art zu evozieren, ist ein didaktischer Rahmen nötig, den wir in der Lehrveranstaltung schaffen. Wir laden Studierende dazu ein, Entwickelnde zu werden und einen kritischen Blick auf die Digitalen Medien zu werfen.

Für die Organisation von Lernprozessen an Hochschulen genügt es aus unserer Sicht nicht, das Medium bereitzustellen. Es kommt darauf an, das Medium selbst in den Blick zu nehmen und dieses als ein zu ›öffnendes‹ zu betrachten. Dazu bedarf es geeigneter Rahmungen, die die anwendenden Personen in die Lage versetzen, mit diesem Medium kritisch umzugehen, es durch aktives Mitgestalten in ihrem Potenzial für die eigenen Bedürfnisse auszuschöpfen, die Eigenverantwortung wahrzunehmen, Autonomie sowie selbstbestimmtes Handeln auch gegenüber den Digitalen Medien, die unsere Gesellschaft prägen, zu erreichen. Sich nur neuen Trends anzupassen und in mediale Wellen hineinziehen zu lassen, ist einer akademischen Einrichtung und ihren Lehrkonzepten nicht angemessen. Ihre Absolvierenden sollen Verantwortung in der Gesellschaft auch für die Einführung und Bewertung Digitaler Medien übernehmen.

10.6 Empfehlungen zum curricularen Aufbau und zur Verankerung

Die vorgestellten Beispiele und Reflexionen aus der Praxis der Fachdisziplinen zeigen zwar spezifisch nach eigenen Bedarfen erstellte Lehrveranstaltungen, stellen aber dennoch gute Beispiele dar, wie ein Einführungsmodul »Fab Lab« als Ort der Personal Fabrication aussehen kann, und sind ggf. auch auf andere (verwandte) Disziplinen übertragbar oder können zumindest in Teilen als Anregung dienen.

Generell empfehlen wir Ihnen, eine individuelle Lehrveranstaltung zu entwickeln, die Ihren Anforderungen entspricht. Das kann eine Veranstaltung sein, deren Inhalte viele Anknüpfungspunkte zu Ihrer Fachdisziplin bietet oder die mit ihren Inhalten möglichst verschiedene Fachdisziplinen vereint oder dessen Ausgestaltung. Eine Lehrveranstaltung für gestaltende Disziplinen, wie Architektur oder Design, wird den Schwerpunkt vermutlich eher auf CAD und digitale Fertigung und weniger auf Embedded Programming legen, während es in der Informatik vermutlich andersherum ist.

Im Folgenden haben wir einen Katalog an Themen und Fragen, die ebenfalls als Ausgangspunkt für Themeninhalte zu verstehen sind, zusammengestellt [siehe Tab. 5: Themenkatalog der Lehrveranstaltung »Fab Lab«], die wir in Verbindung mit einem Fab Lab als relevant erachten, die aber wie erwähnt nicht unbedingt für alle gleich relevant sein müssen. Die Themen gliedern sich in sechs Schwerpunkte inklusive des Punktes »Allgemeines«. Der Schwerpunkt »Formgebung« umfasst neben Methoden zur (Produkt-) Ideengenerierung Grundlagen der physischen Gestaltung von Objekten: Wie gebe ich Dingen eine passende und ihrer Funktion entsprechende Form? Wie erstelle ich eine digitale Version davon am Computer und wie mache ich diese nutzbar für eine digitale Fabrikationsmethode? Der Schwerpunkt »Interaktionsdesign« beschäftigt sich mit der Beziehung zwischen Produkt und Benutzer*innen, der Benutzbarkeit und deren Überprüfung sowie Hilfsmitteln, um zügig interaktive Prototypen herstellen zu können. Im Schwerpunkt »Herstellung« geht es um verschiedene Produktionsverfahren an sich und Fragen, die damit einhergehen – analog wie digital. Der Schwerpunkt »Gesellschaftliche Aspekte« beschäftigt sich mit kulturellen, wirtschaftlichen sowie sozialen Aspekten des »(Selbst-)Machens« in Fab Labs und im Schwerpunkt "Dokumentation und Kollaboration" geht es neben der Vernetzung von Fab Labs um Fragen rund um das Dokumentieren: Warum ist es wichtig, Projekte zu dokumentieren? Wie dokumentiere ich Projekte sinnvoll? Wo und wie kann ich sie veröffentlichen?

Themenkatalog Lehrveranstaltung »Fab Lab«

Allgemeines

- Willkommen im Fab Lab: Führung durchs Lab/die Werkstatt
- Vorstellung A: Mit wem habe ich es im Fab Lab zu tun?
- Vorstellung B: Welchen Hintergrund und welches Interesse haben die Teilnehmenden?
- Regeln: Wie habe ich mich im Allgemeinen im Fab Lab zu verhalten?
- Sicherheit: allgemeine Sicherheitsunterweisung

Formgebung

- Grundlagen der Formgestaltung
- Grundlagen der Konstruktion
- (Design-)Methoden zur Ideenfindung *(z.B. Design-Thinking und Brainstorming-Techniques)*
- *2D:* Was ist eine Vektorgrafik und wie lege ich sie an? *(Grundlagen von Illustrator®, Inkscape o.Ä.)*
- *3D:* Was ist eine CAD-Datei und wie erstelle ich sie? *(CAD, Thingiverse und 3D-Scan.)*
- Wie mache ich eine CAD-Datei für den 3D-Druck nutzbar? *(CAD > CAM, G-Code, Slicing etc.)*

Interaktionsdesign

- Theoretische Grundlagen des Interaktionsdesigns
- Theoretische Grundlagen der Mensch-Computer-Interaktion
- Grundlagen des Protyping inklusive Produktevaluation durch Benutzende/Nutzenden-Tests
- Praktische Grundlagen von Microcontrollern inklusive Sensoren und Aktoren *(zum Beispiel Arduino)*
- **Theoretische Grundlagen der analogen Elektronik** *(Strom, Spannung, Widerstand etc.)*

Herstellung

Die folgend aufgeführten Leitfragen können auf die darunter aufgeführten (digitalen) Methoden/Techniken/Prozesse angewendet werden:

- Was kann die Methode/Technik leisten?
- Wofür kann ich diese Methode/Technik gebrauchen? *(ggf. Durchführung eines methodenspezifischen Kleinprojekts.)*
- Wie gestalte ich ein Bauteil, damit es mit der Methode hergestellt werden kann?
- Welches Dateiformat brauche ich für die Methode und wie erstelle ich diese digitale Vorlage/Datei?
- Wie wird das jeweilige Gerät praktisch bedient bzw. die Methode/die Technik durchgeführt?
- Welche Sicherheitsaspekte sind zu beachten (gerätespezifische Sicherheitsunterweisung)?

3D-Druck	Laserschneiden	Vinylschneiden	CNC-Fräsen
Platinen-herstellung	CNC-Sticken	Formenbau/ Gießverfahren	Analoge Werkzeuge
Textilarbeiten	Siebdruck	Messen/Löten	Robotik

Gesellschaftliche Aspekte
– Was ist die Maker*innen-Bewegung? – Die Historie von Hackerspaces, Makerspaces und Fab Labs – Was bezeichnet Critical Making? – Welchen Beitrag leisten Fab Labs zur Selbstbefähigung? – Was wird unter der dritten industriellen Revolution verstanden? – Was meint Open Source? – Making und Nachhaltigkeit – Fab Labs in der Bildung/der Schule – Genderaspekte beim Arbeiten im Fab Lab – Besondere Bildungsangebote *(zum Beispiel für Mädchen)*

Dokumentation und Kollaboration
Wie dokumentiere ich ein Projekt (für mich und andere) gut und wie und wo kann ich mit anderen in Austausch treten?
– Welche Informationen verschriftliche ich und wie? – Was dokumentiere ich fotografisch und wie? – Wie dokumentiere ich Code? – Warum und wie mache ich ein Projekt anderen verständlich und zugänglich? – Welche Plattformen zur Veröffentlichung gibt es und welche passt zu meiner Arbeit? – Wie bediene ich diese Plattformen (zum Beispiel GitHub, die eigene Website, Instructables etc.) technisch? – Netzwerke, Foren, Online-Plattformen bei Fragen und zum Austausch – (Maker*innen-)Treffen, Konferenzen

Tab. 5

Ergänzend zu diesen inhaltlichen Vorschlägen möchten wir Ihnen einige strukturelle Best-Practice-Empfehlungen geben, die auf unseren Erfahrungen bei der Durchführung einer solchen Lehrveranstaltung basieren.

10.7 Hinweise und Anregungen zu Lehrformaten

- Die Gliederung in (möglichst kompakte) Theorieeinheiten, die Grundlagen vermitteln, und praxisbezogene Einheiten ist naheliegend und sinnvoll.
- Als Alternativen zur klassischen Präsenzlehre für die Theorie können gut Flipped-Classroom-Konzepte, Video-Vorlesungen und Ähnliches eingesetzt werden. Die Praxis sollte auch praktisch durchgeführt werden. Insofern ist die Arbeit vor Ort und

an den Maschinen essentiell, denn nur durch eigenes Arbeiten an den Maschinen kann der Umgang damit adäquat erlernt werden.
- Der hohe Praxisanteil macht kleine Gruppengrößen notwendig. Könnten theoretische Lektionen zwar als Frontalveranstaltung vor vielen Teilnehmenden gehalten werden, limitiert die Verfügbarkeit von einzelnen Maschinen die Gruppengrößen deutlich.
- Auch formal wird Ihr Kurs aufgrund der nötigen umfangreichen Praxis vermutlich nicht als Vorlesung, sondern vielleicht eher als Laborpraktikum oder Projektkurs laufen.
- Die Arbeit in Gruppen ist vor allem in den praxisbezogenen Einheiten sehr wertvoll, damit Studierende miteinander lernen und voneinander lernen lassen.
- Eine grundlegende Einführung in ein Fab Lab sollte aus einzelnen Modulen bestehen, die zusammen als einsemestriger Kurs gehalten werden können. Sie sollten jedoch nicht nur monolithisch, sondern auch einzeln funktionieren (als bereichsbezogene Einführungen oder zum Beispiel als Service im Rahmen anderer Lehrveranstaltungen, für die das Labor genutzt werden kann).
- Das Thema »Sicherheit« muss in Deutschland in der grundlegenden Einführung in ein Fab Lab eine größere Rolle spielen, als dies zum Beispiel in der Fab Academy der Fall ist. Für jedes Modul einer entsprechenden Lehrveranstaltung muss also sowohl die Zeit als auch das entsprechend für Unterweisungen befugte Personal vor der jeweiligen Praxiseinheit mit eingeplant werden.
- Um eine adäquate Dokumentation der Kursergebnisse sicherzustellen, empfehlen wir, die Dokumentation und ihre Veröffentlichung als Teil der Prüfungsleistung zu betrachten.

Zeitliche Bemessung der Betreuung und der Studienleistungen:

- Der zu budgetierende Betreuungsaufwand durch Tutor*innen und Lehrende, die zwangsläufig sehr breit aufgestellt und erfahren sein müssen, ist deutlich größer als in weniger praxisnahen Lehrveranstaltungen.
- Eine Einführung in alle Bereiche eines Fab Labs – den Maschinenpark und die dazugehörige Software – ist spannend, aber sehr zeit- und personalintensiv. Hier gilt es abzuwägen, was an Inhalten für die jeweilige Fachdisziplin notwendig und in das Curriculum integrierbar ist.

- Wir empfehlen einen Workload von 3–6 ECTS für eine Verschränkung von Fachinhalten mit Basiseinführungen in die Fab-Lab-Technologien.
- Für einen engeren Zeitplan sind kleinere (zum Beispiel wöchentliche) begleitete Aufgben/ Kleinstprojekte ratsam, die an die Lehrinhalte anschließen und kleinere Transferelemente beinhalten (3 ECTS).
- Ein themenübergreifendes, semesterbegleitendes Projekt ist sinnvoll, wenn die vorlesungsfreie Zeit als Bearbeitungszeitraum hinzugenommen werden kann (6 ECTS).

11

Forschen im Fab Lab!

Projekte und Publikationen

Abb. 60
Radierungen
von Katharina
Roß

Abb. 61
Workshop im
Projekt
»Learnspaces«

Forschung ist der Treiber und die Möglichkeit, Antworten auf drängende Fragen und Probleme zu finden. Ebenso kann Forschung dazu dienen, Neues zu entwickeln und zu erproben. Fab Labs und Lehrwerkstätten können dabei eine wichtige Rolle als Gegenstand der Forschung selbst oder als Ressource spielen, die zur Akquise von Forschungsprojekten genutzt werden kann. Besonders interessant für die Forschung sind die interdisziplinäre Charakteristik, die Möglichkeit zur partizipativen Beteiligung breiter Bevölkerungsgruppen und die flexible Infrastruktur, von der sowohl Projekte selbst als auch Forschende profitieren können. In diesem Kapitel wird am fachlichen Kontext der am Buch beteiligten Autoren*innen und Einrichtungen schlaglichtartig anhand konkreter Forschungsprojekte, Dissertationen und Publikationen gezeigt, in welcher Bandbreite und Tiefe eine Integration eines Fab Labs in die Forschung erfolgen kann. Skizziert wird dabei auch die Ausrichtung der jeweiligen Professur. Dies kann einen Transfer und die Fokussierung auf die eigenen inhaltlichen Themenfelder ermöglichen und befördern.

Abb. 62 Projekt »ZEIT.RAUM«: Prototyp einer größeren, interaktiven Museumsinstallation

11.1 Forschungsprojekte

Es werden eine Reihe abgeschlossener und laufender Forschungsvorhaben der beteiligten Standorte vorgestellt, um deutlich zu machen, wo und wie breit ein solches (Forschungs-)Labor an den Universitäten aufgestellt ist und was deren Forschungsfokusse sind. Exemplarisch soll im Folgenden vollzogen werden, aus welchen forschungsseitigen Perspektiven in den letzten Jahren Fab Labs Thema waren.
Ein Fab Lab im Hochschulkontext kann im besten Falle ein Inkubator für die eigene Forschung sein, aber auch der Hochschulentwicklung und Profilierung eines Standortes dienen.

11.1.1 Informatikbezogene Forschung am Standort Aachen

Der Lehrstuhl für Medieninformatik und Mensch-Computer-Interaktion an der RWTH Aachen erforscht und entwickelt unter der professoralen Leitung von Jan Borchers neue Interaktionstechnologien und -techniken und ist seit seiner Gründung 2003 eines der erfolgreichsten deutschen Institute in diesem Feld und auf der »Conference on Human Factors in Computing Systems (CHI)«, der führenden internationalen akademischen Konferenz auf diesem Gebiet.

fab101.de/chi-ranking

Basierend auf Informatik werden neue Interaktionstheorien, -techniken und -systeme in Bereichen, wie der persönlichen digitalen Fertigung und des persönlichen Designs, greifbarer, mobiler und tragbarer Benutzeroberflächen, interaktiver Textilien, Multitouch-Tische und interaktiver Oberflächen sowie AR- und Visual-Codierungsumgebungen, entwickelt und untersucht. Der Lehrstuhl verfolgt das Ziel, die neue Welt interaktiver Technologien nützlich zu machen und deren Potenzial auszuschöpfen, indem sie nutzbar gemacht wird.

2016 startete der Lehrstuhl als erste deutsche Universität die Teilnahme an der vom MIT koordinierten Fab Academy im Rahmen des EU/EFRE-geförderten 3D-Kompetenzzentrums Niederrhein, gemeinsam mit der Hochschule Rhein-Waal und der Hochschule Ruhr West. Hier forscht die RWTH auch an neuen 3D-Design-Werkzeugen für die digitale Fabrikation. Andere projektrelevante Vorarbeiten beinhalten unter anderem Benutzerschnittstellen für CAD/CAM (das vom BMBF geförderte Projekt »ProdUSER«) und für Alltagsgegenstände (das von der DFG geförderte Projekt »AURA«) sowie anfassbare Objekte (Tangibles) auf Multitouch-Flächen. Mit VisiCut und CutCAD entwickelte der Lehrstuhl innovative Design- und Steuerungssoftware für Lasercutter, die sogar als Forschungsprototyp bereits ähnlich erfolgreich wie der DIY-3D-Scanner FabScan sind.

Forschungsprojekte Aachen

Titel	Akronym	Förderung und Laufzeit	Kurzbeschreibung
Tangibles auf Multitouch-Tischen in der Informatiklehre	TABULA	BMBF 05/2016–04/2019	Lernsysteme mit greifbarer Interaktion schaffen, um Informatikkonzepte greifbarer zu machen.
Neue Benutzerschnittstellen für Open Innovation mit Photonik-Werkzeugen	Personal Photonics	BMBF 05/2016–12/2019	Neue Interaktionstechniken und Benutzeroberflächen werden für Photonikkomponenten, -systeme und -werkzeuge entwickelt unter anderem für den Einsatz von nicht ingenieurwissenschaftlichen Akteur*innen.
3D-Kompetenzzentrum Niederrhein	3DCC	EFRE.NRW 06/2016–06/2019	Aus der Zusammenarbeit mit der Hochschule Rhein-Waal und der Hochschule Ruhr West soll ein Kompetenzzentrum für digitale Fertigung hervorgehen.
Fab Labs als (akademischer) Bildungs- und Handlungsraum	FAB101	BMBF 03/2017–02/2020	Implementierung eines Kompetenzzentrum für digitale Fertigung, basierend auf der Zusammenarbeit der Hochschule Rhein-Waal und der Hochschule Ruhr West.
Reichhaltige interaktive Materialien für Alltagsgegenstände im Wohnumfeld	RIME	SPP in DFG 06/2010–05/2023	Ziel von RIME ist die Entwicklung, das Prototyping und die Bewertung von skalierbaren Sensor- und Aktortechnologien sowie von Touch-Interaktionsparadigmen für die nahtlose Integration in alltägliche Materialien und Objekte, gerichtet auf Smart Homes.

Tab. 6

11.1.2 Bildungsbezogene Forschung am Standort Bremen

Die AG dimeb mit angeschlossenem Fab Lab unter professoraler Führung von Heidi Schelhowe bezieht sich in der Forschung einerseits auf Bildungsanwendungen in der Informatik und Medieninformatik und andererseits auf Digitale Medien und informatische Bildung im pädagogisch-didaktischen Kontext.

Die Hauptforschungsprojekte der AG dimeb orientieren sich an folgenden leitenden **Fragestellungen** und behandeln unter anderem folgende Themen:

Digitale Medien für Anwendungskontexte zu entwickeln und anzupassen ist ein wichtiges Forschungsfeld. Nutzende hierbei frühzeitig in den Prozess der Softwareentwicklung einzubeziehen ist uns wichtig, indem wir sie dabei unterstützen, so medienkompetent zu werden, dass sie den Entwicklungsprozess beeinflussen können. Ziel ist es, ihnen auch nach der Fertigstellung der Software eine möglichst hohe Autonomie im Hinblick auf die Administration, auf Änderungen und auf Erweiterungen zu geben. Die Methoden, die wir dabei anwenden, entwickeln wir aus der partizipativen Softwareentwicklung, aus dem Interaktionsdesign und aus dem »Design for Experience« und wir entwickeln eine dem Bildungskontext angemessene Methodologie aus dem »Design for Reflection«.

Abb. 63 Lasercutter-Radierung in Acrylglas, das auf Büttenpapier gedruckt wurde

Es geht uns darum, die Veränderungen von Bildungs- und Lernprozessen und die spezifische Rolle Digitaler Medien in

Bildungsprozessen zu reflektieren und zu erkunden und daraus geeignete Lernumgebungen für Kinder, Jugendliche und Erwachsene zu gestalten.

Digitale Medien werden in unseren Projekten meist in direkter Zusammenarbeit mit Kindern und erwachsenen Nutzenden, mit Schulen und Freizeiteinrichtungen, mit Lehrenden und Schüler*innen, mit Unternehmen und mit Museen entwickelt und orientieren sich an reformpädagogischen Diskursen. Die Software wird für spezifische Kontexte gestaltet, angepasst und in der jeweiligen Umgebung erprobt.

Wir evaluieren und bewerten digitale Umgebungen und erforschen Prozesse, in denen Digitale Medien entwickelt und eingesetzt werden. Wir untersuchen, wie sie das Handeln, die Identitätsbildung und den Bezug zur Welt beeinflussen.

Forschungsprojekte Bremen

Titel	Akronym	Förderung und Laufzeit	Kurzbeschreibung
FabLabs als Bildungs- und Lernorte zur Unterstützung von Schulen. Schlüssel für eine Integration informeller, non-formaler und formaler Bildung	FaBuLoUS	BMBF 05/2020–04/2023	Fab Labs als Lernorte für Schulen sollen insbesondere im Hinblick auf die Integration spezifischer Kompetenzen – informeller, nonformaler und formaler Bildung – erprobt und verstetigt werden.
Social Entrepreneurship Empowering Development in preSchools	SEEDS	Erasmus+ 10/2018–09/2020	Entrepreneurship soll in der frühkindlichen Bildung/im Kindergarten mit Fab-Lab-Bildungsmodulen erreicht werden.
Smart Environments als Kontext motivierender Lernangebote für Mädchen für einen wachsenden Anteil von Informatikerinnen durch Einbezug von Lehrkräften und Eltern	SMILE	BMBF 04/2017–03/2020	Das Projekt will Mädchen und junge Frauen ab der fünften Klassenstufe bis zum Abitur durch Lehrangebote zum Anfassen, Mitmachen und (Er-) Forschen für Informatik als Fach begeistern.
Fab Labs als (akademischer) Bildungs- und Handlungsraum	FAB 101	BMBF 03/2017–02/2020	Implementierung eines studiengangs- und hochschulübergreifenden Fabrikationslabors als grundständiger Teil der akademischen Lehre.
Interaktionsdesign für reflexive Erfahrungen im Bildungskontext	REDiB	DFG 02/2016–01/2019	Ziel des RED-(Reflexive Experience Design-)Konzepts ist die Erarbeitung von Designprinzipien für Digitale Medien, die sinnliche Erfahrungen ermöglichen und dabei Reflexion als wesentlichen Teil von Lernprozessen evozieren.
Informatik-Professorinnen für Innovation und Profilbildung. Eine Informatik, die für Frauen und Mädchen attraktiv ist	Inform Attraktiv	BMBF 01/2011–12/2013	Die Ausrichtung und Fachkultur der Informatik sowie ihre Darstellung in der Öffentlichkeit werden erforscht. Im Fokus stehen gegenwärtige Informatikprofile.

Practice-based Experiential Learning Analytics Research And Support	PELARS	EU FP7 02/2014–01/2017	Das Projekt generiert, nutzt und analysiert Daten, um Lernanalysen zu produzieren und Feedback zu generieren mit spezifischem Fokus auf Physical-Computing-Projekten.

Tab. 7

11.1.3 Kollaborationsbezogene Forschung am Standort Siegen

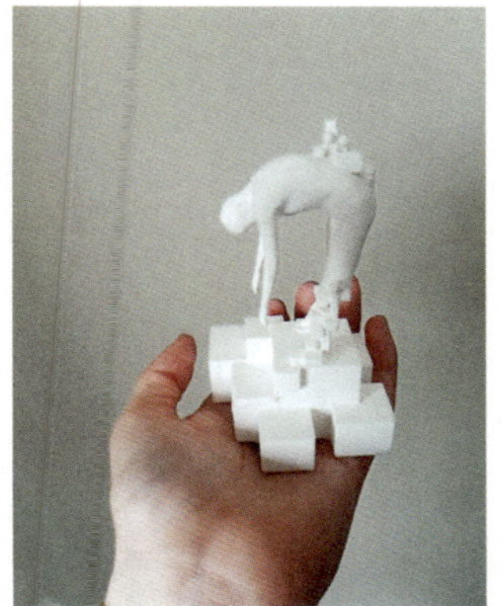

Abb. 64 Körperscan-3D-Modell von Katharina Roß

Das Fab Lab Siegen ist dem Kompetenzbereich der Wirtschaftsinformatik zugeordnet und wird vom Fachgebiet »Computerunterstützte Gruppenarbeit und Soziale Medien« (CSCW) unter der professoralen Leitung von Volkmar Pipek betrieben.

Die Nutzung durch Forschungsprojekte sowie die Einwerbung von Forschungsmitteln im Zusammenhang mit dem Fab Lab ist seit 2013 stetig gewachsen. Der Schwerpunkt der meisten entsprechenden, größeren Forschungsaktivitäten kommt aus den Bereichen der computerunterstützten Gruppenarbeit, der Mensch-Computer-Interaktion und der Siegener Sozio-Informatik. Das Labor wird darüber hinaus regelmäßig von Forschenden aus anderen Disziplinen genutzt. Dies erfolgt normalerweise eher bedarfsweise im Sinne des Labors als Infrastruktur, als dass eigene Projekte im Zusammenhang mit dem Fab Lab aufgestellt würden. Für verschiedene Forschungsprojekte und -einrichtungen werden zudem Services angeboten, die sich oft im Grenzbereich zwischen Forschung und wissenschaftsunterstützenden Dienstleistungen bewegen. Solche Aktivitäten reichen von Beratungen, Workshops, Führungen und Demonstrationen, Prototypentwicklungen und Nutzungen des Labors für Events bis hin zur Erschließung der Kompetenzen der Community des Fab Labs für Forschungsprojekte.

Forschungsprojekte Siegen

Titel	Akronym	Förderung und Laufzeit	Kurzbeschreibung
Fab Lab Siegen	Fab Lab Siegen	Universität Siegen, Stadt Siegen und weitere 06/2013	Implementierung und Etablierung eines Fab Labs Siegen insbesondere für Fragen aus der Mensch-Computer-Interaktion und anderen Forschungsbereichen speziell dienen kann.
ZEIT.RAUM Siegen	—	Universität Siegen 2015–2017	Entwicklung von innovativen Formen der Museumspädagogik, unter anderem 3D-gedrucktes, interaktives Stadtmodell als dauerhaftes Museumsexponat.
You All Are Hackers	YALLAH	DAAD 2016–2018	Austausch zwischen Studierenden aus Deutschland und Palästina – Bearbeitung realer Projekte mit Maker*innen-Methoden und Fab-Lab-Infrastrukturen.

Learnspaces4Refugees	L4R	Technikmuseum Freudenberg, IHK Siegen, Verein für soziale Arbeit und Kultur Südwestfalen, Stadtbibliothek Kreuztal 2018	Geflüchteten Menschen sollen unter Nutzung von Fab Labs und Maker*innen-Methoden Bildungszugänge und -räume ermöglicht werden.
Fab Labs als (akademischer) Bildungs- und Handlungsraum	FAB 101	BMBF 03/2017–02/2020	Implementierung eines studiengangs- und hochschulübergreifenden Fabrikationslabors als grundständiger Teil der akademischen Lehre.
Zentrum für Smart Production Design Siegen	SmaP	EFRE.NRW 01/2018–12/2021	Fokus des Forschungs-Infrastrukturprojekts ist die additive Fertigung vor allem im Bereich der Umformung.

Tab. 8

11.2 Qualifizierung – Dissertationen in und über Fab Labs

Die Qualifizierung in Form von Dissertationen spielt auch im Kontext der Fab Labs eine große Rolle. Fab Labs werden als Unterstützung bei solchen Vorhaben von Promovierenden aller Fachgebiete sehr stark nachgefragt. Eine Implementierung von themenbezogenen Dissertationen auf die Fab Labs selbst stellt aber eine Herausforderung dar. So konnte dies an den lehrstuhlübergreifenden Fab Labs der Universität Siegen und der Folkwang Universität der Künste noch nicht nachhaltig etabliert werden. Besonders an den Kunst- und Musikhochschulen, wie der Folkwang Universität der Künste, sind praktisch künstlerische Promotionen generell noch nicht weit verbreitet, was sich auch hier abbildet. Fab Labs bieten allerdings die Möglichkeit, diese zu fördern und einen inhaltlich infrastrukturellen Rahmen dafür bereitzustellen.

An den Fab Labs der RWTH Aachen und der Universität Bremen, die sehr eng mit einzelnen Lehrstühlen und deren inhaltlicher Ausrichtung verbunden sind, entstanden dagegen schon zahlreiche auf Fab Labs bezogene Dissertationen und Abschlussarbeiten. Im Folgenden sind einige davon aufgelistet, um hieran sowohl die Leistungsfähigkeit und das inhaltliche Spektrum aufzuzeigen:

B

Büching C. (2019): **Zur Bedeutung des Selbermachens mit Digitalen Medien in Technologieworkshops für Amateur*innen.** Dissertation, Universität Bremen. fab101.de/diss1

D

Dittert N. (2015): **TechSportiv. Technologiekonstruktion: Ein »Gegenstand-mit-dem-man-denkt« für menschliche Bewegung.** Dissertation, Universität Bremen. fab101.de/diss2

Draude C. (2015): **Intermediaries. Gender Codes and Anthropomorphic Design at the Human-Computer-Interface.** Doctoral Dissertation, Universität Bremen. fab101.de/diss3

H *Heller F. (2016):* **Natural Interaction with Audio Playback: Tapping Physical Skills.** Doctoral dissertation, RWTH Aachen University. fab101.de/diss4

Herkenrath G. (2016): **Designing Location-Based Games.** Doctoral dissertation, RWTH Aachen University. fab101.de/diss5

K *Katterfeldt E.-S. (2015):* **Making Models. Vom Selbermachen stofflich-digitaler Artefakte als Modellbildung.** Dissertation, Universität Bremen. fab101.de/diss6

Krämer J.-P. (2016): **Interacting with Code: Observations, Models, and Tools for Usable Software Development Environments.** Doctoral dissertation, RWTH Aachen University. fab101.de/diss7

L *Lichtschlag L. (2015):* **Zoomable User Interfaces: Communicating on a Canvas.** Doctoral dissertation, RWTH Aachen University. fab101.de/diss8

M *Meintjes R. (2017):* **Co-Construction Kits. The Transformative Potential of Interpersonal Connections for After-School Centres.** Doctoral Dissertation, Universität Bremen. fab101.de/diss9

T *Tannert B. (2017):* **Lernen im Kontext – Digitale Medien für Menschen mit Lernschwierigkeiten. Entwicklung und Erprobung eines mobilen Assistenzsystems für kontextbezogenes Lernen.** Dissertation, Universität Bremen. fab101.de/diss10

Trappe C. (2014): **Digitale Medien als Klangerzeuger in konstruktionistischen Workshopumgebungen.** Dissertation, Universität Bremen. fab101.de/diss11

V *Voelker S. (2016):* **Towards Interactive Desk Workspaces.** Doctoral dissertation, RWTH Aachen University. fab101.de/diss12

W *Wacharamanotham C. (2016):* **Drifts, Slips, and Misses: Input Accuracy for Touch Surfaces.** Doctoral dissertation, RWTH Aachen University. fab101.de/diss13

Wittenhagen M. (2015): **Temporal Navigation in Hierarchically Structured Media.** Doctoral dissertation, RWTH Aachen University. fab101.de/diss14

Z *Zeising A. (2011):* **Moving Algorithm – Immersive Technologien und reflexive Räume für be-greifbare Interaktion.** Dissertation, Universität Bremen. fab101.de/diss15

Zorn I. (2010): **Konstruktionstätigkeit mit Digitalen Medien – Eine qualitative Studie als Beitrag zur Medienbildung.** Dissertation, Universität Bremen. fab101.de/diss16

11.3 Wissenschaftliche Publikationen

Exemplarisch folgen hier wissenschaftliche Publikationen mit Bezug zu Fab Labs, die an den Standorten der Autor*innen entstanden sind.

B

Boden A., Avram G., Posch I., Pipek V., Fitzpatrick G. (2013): **Workshop on EUD for Supporting Sustainability in Maker Communities, End-User Development.** In Proceedings of the 2013 4th IS-EUD International Symposium on End User Development, IS-EUD 2013, Copenhagen, Denmark, p. 7897

Boden A., Ludwig T., Pipek V. (2013): **Designing Infrastructures for Appropriation Support in 3D Printing Communities.** In Proceedings of the 2013 FabLabCon First European Fab Lab Conference, FabLabCon 2013, Aachen, Germany

Borchers J., Bohne R. (2012): **Personal Design: Die Zukunft der Personal Fabrication. In Schmitz T. H., Groninger H. (Hrsg.): Werkzeug/Denkzeug: Manuelle Intelligenz und Transmedialität kreativer Prozesse**, S. 297–312, Bielefeld: transcript. www.doi.org/10.14361/transcript.9783839421079.297

Brauner P., van Heek J., Schaar A., Ziefle M., Hamdan N., Ossmann L., Heller F., Borchers J. and Others (2017): **Towards Accepted Smart Interactive Textiles: The Interdisciplinary Projekt INTUITEX.** In Proceedings of the 2017 4th HCIBGO International Conference on HCI in Business, Government and Organizations. Interacting with Information Systems, HCIBGO '17,Vancouver, BC, Canada, Springer, pp. 279–298

Brocker A., Voelker S., Zhang T., Müller M., Borchers J. (2019): **Flowboard: A Visual Flow-Based Programming Environment for Embedded Coding.** In Extended Abstracts of the 2019 CHI Conference on Human Factors in Computing Systems, CHI EA '19, ACM, New York, NY, USA

H

Hamdan N., Heller F., Wacharamanotham C., Thar J., Borchers J. (2016): **Grabrics: A Foldable Two-Dimensional Textile Input Controller.** In Extended Abstracts of the 2016 CHI Conference on Human Factors in Computing Systems, CHI EA '16, pp. 2497–2503

Hamdan N., Voelker S., Borchers J. (2018): **Sketch&Stitch: Interactive Embroidery for E-Textiles.** In Proceedings of the 2018 CHI Conference on Human Factors in Computing Systems, CHI '18, ACM, New York, NY, USA, paper 82, 1–13

Hamdan N., Wagner A., Voelker S., Steimle J., Borchers J. (2019): **Springlets: Expressive, Flexible and Silent On-Skin Tactile Interfaces.** In Proceedings of the 2019 CHI Conference on Human Factors in Computing Systems, CHI '19, ACM, New York, NY, USA

Heller F., Lee H., Brauner P., Gries T., Ziefle M., Borchers J. (2015): An Intuitive Textile Input Controller. In Proceedings of the 2015 MuC Conference »Mensch und Computer 2015«, MuC '15, Berlin, Germany, 4 pages, pp. 263–266

Heller F., Thar J., Lewandowski D., Hartmann M., Schoonbrood P., Stoenner S., Voelker S., Borchers J. (2018): **CutCAD–An Open-Source Tool to Design 3D Objects in 2D.** In Proceedings of the 2018 DIS Conference on Designing Interactive Systems, DIS '18, ACM, New York, NY, USA

Horn M., Schelhowe H. (2019): 2018 Edith Ackermann Award: **Bildungsmedien: where TechKreativ meets Footwork.** In Proceedings of the 2019 18th IDC International Conference on Interaction Design and Children, IDC '19, ACM, New York, NY, USA, Article 19, pp. 11–14 www.doi.org/10.1145/3311927.3331885

K

Katterfeldt E., Dittert N., Schelhowe H. (2015): **Designing Digital Fabrication Learning Environments for Bildung: Implications from Ten Years of Physical Computing Workshops.** International Journal of Child-Computer Interaction, Volume 5, 3–10 www.doi.org/10.1016/j.ijcci.2015.08.001

Katterfeldt E., Dittert N., Schelhowe H., Kafai Y., Jaccheri L., Escribano J. (2018): **Sustaining Girls' Participation in STEM, Gaming and Making.** In Proceedings of the 2018 17th IDC Conference on Interaction Design and Children, IDC '18, ACM, New York, NY, USA, pp. 713–719 www.doi.org/10.1145/3202185.3205867

Kaufmann M., Schelhowe H. (2017): **Forschendes Lernen als Lehrprofil von Hochschulen – am Beispiel der Universität Bremen.** In Mieg H. A., Lehmann J. (Hrsg): Forschendes Lernen: Wie die Lehre in Universität und Fachhochschule erneuert werden kann, S. 392–400. Frankfurt: campus

Klar T., Herzig B., Robben B., Schelhowe H. (2018): **Mehr als Coding – Entwicklung, Anwendung und Reflexion von Modellen im Kontext digitaler Medien.** In Knaus T., Engel O. (Hrsg.): Digitaler Wandel in Bildungseinrichtungen, S. 133–150. München: kopaed

L

Ludwig T., Boden A., and Pipek V. (2017): **3D Printers as Sociable Technologies: Taking Appropriation Infrastructures to the Internet of Things.** ACM Transactions on Computer-Human Interaction (TOCHI), issue 2/2017, Article 17, 28 pages www.doi.org/10.1145/3007205

Ludwig T., Stickel O., Boden A., Pipek V. (2014): **Towards Sociable Technologies: An Empirical Study on Designing Appropriation Infrastructures for 3D Printing.** In Proceedings of the 2014 DIS conference on Designing interactive systems, DIS '14, Association for Computing Machinery, New York, NY, USA, pp. 835–844 www.doi.org/10.1145/2598510.2598528

R

Robben B., Schelhowe H. (2012): **Be-greifbare Interaktionen: Der allgegenwärtige Computer: Touchscreens, Wearables, Tangibles und Ubiquitous Computing.** Bielefeld: transcript

S *Schelhowe H. (2016):* **›Through the Interface‹ – Medienbildung in der digitalisierten Kultur.** Medienpädagogik: Zeitschrift für Theorie und Praxis der Medienbildung, Heft 25/2016, S. 40–58 www.doi.org/10.21240/mpaed/25/2016.10.27.X

Schelhowe H. (2018): **Vom Digitalen Medium und vom Eigen-Sinn der Dinge.** merz| medien und erziehung, zeitschrift für medienpädagogik, Heft 04/2018, 34–42

Schelhowe H. (2019): **Handeln zwischen Virtualität und Stofflichkeit.** In Deutsche Telekom Stiftung (Hrsg.): Digitale Kompetenzen in der Jugendarbeit, S. 22–23. Bonn: Herausgeberin

Stickel O., Aal K., Schorch M., Hornung D., Boden A., Wulf V., Pipek V. (2017): **Computerclubs und Flüchtlingslager: Ein Diskussionsbeitrag zur Forschungs- und Bildungsarbeit aus praxistheoretischer Perspektive.** In Langreiter N., Löffler K. (Hrsg.): Selber machen, S. 149–170. Bielefeld: transcript www.doi.org/10.14361/9783839433508-008

Stickel O., Brocker A., Stilz M., Möbus A., Bockermann I., Borchers J., Pipek V. (2018): **Fab Lab Education in German Academia.** In Proceedings from the Fab14 + Fabricating Resilience Research Papers Stream, Creating 010, Rotterdam University of Applied Sciences, Rotterdam, The Netherlands, pp. 39–46 www.doi.org/10.5281/zenodo.1344438

Stickel O., Hornung D., Aal K., Rohde M., Wulf V. (2015): **3D Printing with Marginalized Children – An Exploration in a Palestinian Refugee Camp.** In Proceedings of the 2015 14th ECSCW European Conference on Computer Supported Cooperative Work, ECSCW Oslo 2015, Oslo, Norway

Stickel O., Stilz M., Brocker A., Borchers J., Pipek V. (2019): **Fab:UNIverse–Makerspaces, Fab Labs and Lab Managers in Academia.** In Proceedings of the FabLearn Europe 2019 Conference, FabLearn Europe '19, ACM, New York, NY, USA, Article 19, pp. 1–2 www.doi.org/10.1145/3335055.3335074

T *Thar J., Stoenner S., Heller F., Borchers J. (2018):* **YAWN: Yet Another Wearable Toolkit.** In Proceedings of the 2018 ISWC International Symposium on Wearable Computers, ISWC '18, ACM, New York, NY, USA, pp. 232–233

V *Voelker S., Cherek C., Thar J., Karrer T., Thoresen C., Øvergård K., Borchers J. (2015):* **PERCs: Persistently Trackable Tangibles on Capacitive Multi-Touch Displays.** In Proceedings of the 2015 28th UIST Annual ACM Symposium on User Interface Software and Technology, UIST '15, ACM, New York, NY, USA, p. 6

W *Walter-Herrmann J., Büching C. (2013):* **FabLab: Of Machines, Makers and Inventors**, Bielefeld: transcript

Abb. 65
Garnet Hertz

Interview mit Garnet Hertz

Garnet Hertz is working at the Canada Research Chair in Design and Media Art. He also works as an Associate Professor in Design and Dynamic Media at Emily Carr University of Art and Design in Vancouver, Canada and deals with topics such as DIY culture, electronic art, and critical design. His research is primarily focused on the topic of technology in contemporary art, but borrows from media studies, design theory and practice, human-computer interaction, and science and technology studies.

Hi Garnet, thank you for taking the time to talk to me. Can you tell the readers a bit about yourself and what it is that you do?
Garnet Hertz: My work – which includes art objects, critical design work, and scholarly academic research – argues that humanities-based and artistic-based inquiry can deeply impact and improve the field of technological design. This work argues that critical theory and critical reflection can reveal the hidden assumptions, ideologies, and values underlying technology design and thereby contribute to innovation and improvement. It demonstrates how speculative and critically-oriented methods of the arts and humanities can lead to technology designs that are more evocative, inspiring, and human-centered.

You are one of the main proponents of "critical making". What does the term mean and what are the current directions of this practice?
Critical making is a term that I have used over the past decade. Initially, I had seen this term used (and coined) by Matt Ratto, and he had been using it to describe the idea of academics using prototyping, rapid prototyping, and workshopping to think through ideas related to information studies and science and technology studies. I was interested in taking the term as a critique of maker culture, especially maker brand that had been born out of Maker Media, the producers of Maker Faire® and *Make:* Magazine. I saw this form of making as a relatively sanitized version of a lot of the DIY electronic practices that I had seen going on in electronic art practice. I define critical making as a partial embracing of maker culture with tools like the Arduino, Raspberry Pi, and 3D-printing. But at the same time, it is questioning why people are making these things and proposing a more nuanced consideration about why artists, crafters, builders, or makers should create things.
I also think that makers and DIY communities have a lot to learn from the history of electronic art. Part of my research is concerned with filling out and writing history to this: it's a really interesting field of work that has spanned almost an entire century.

Researchers and academics like Matt and you have thus been asking questions about how making can be used to create innovative scholarly practice and to develop a critique of maker culture. Can you tell us about the wider societal relevance of critical making?
I think that the term of critical making is relevant because I see that maker culture is quite widespread in things like hackerspaces and makerspaces in public schools, libraries, community centers, universities, and artist-run centers. I see a need to move past the use of new technologies and tools and into the content of what can be produced. And I think that the fields of art and design can help in a lot of ways, sculpting DIY work to be more interesting and ultimately use it to question why we should make things. Key questions include what role technology has in contemporary culture and what good it can do in the world. On top it involves how we can make the world a more interesting place and shed light on what it means to be a human being.

"Critical making" is about the process, but the outcomes, the artifacts often speak for themselves too. Do you have a favorite project you've made? Where can readers learn more about artifacts of critical making?

I began my Canada Research Chair term in 2015 with a focus on 'Rethinking Ubiquity' – a re-evaluation of the concept that pervasive computing is beneficial in all situations, which is a theme I had identified in my original CRC proposal. This informed Phone Safe 2, a locked metal box with a slot in the top, that temporarily deprives users of their mobile phones. Pressing a button prolongs the time that a phone is locked inside, and phones are not retrievable while in the locked box. It premiered at the 21st International Symposium on Electronic Art (ISEA 2015) at the Museum of Vancouver. The project was installed in the lobby of the museum and was seen by approximately 12,000 visitors during the course of the exhibition, providing an important and playful point of reflection for the public to rethink their relationship with mobile phones.

fab101.de/phonesafe2

There are many other projects featured in my two handmade book projects that explore how hands-on productive work can supplement and extend critical reflection on technology and society. Both the Critical Making and the Disobedient Electronics zines contain critical making projects from an open call. These blend and extend the fields of design, contemporary art, DIY/craft, and technological development through cases collected from around the world.

fab101.de/criticalmaking
fab101.de/disobedientelectronics

What is next for critical making?

Garnet Hertz: I am currently working to expand and mature research in 'critical making'. This will be accomplished through media art studio projects, a curricular resource for practical instruction in critical making, and non-standard modes of high-quality academic publishing. During my second term as CRC in Design and Media Arts, I have 3 objectives: My first objective is to build engaging technology and design projects that provide opportunities for the public to critically reflect and explore society's relationship to technology and design. Building 'things to think with', or experimental technological prototypes that are manufactured through the mindset of humanities-oriented cultural analysis will enable this process. My second objective is to construct a solid methodology for critically engaged technology design, one that offers practical instruction in how humanities-based inquiry can constructively inform technological design. This will be done by developing a clear theoretical framework, curriculum, or process to the critical making approach to make this field accessible to other researchers. My third objective is to build convincing case studies of alternate modes of knowledge dissemination. Foundational to this work is the idea that artistic studio methods can play a vital role in making academic arguments more legible to the public in our "post-truth" era.

12

You'll never walk alone!

Lokale und internationale Netzwerke

Abb. 66
Fab:UNIverse
2019 in Berlin

Wie nun bereits mehrfach betont wurde, sind der Austausch und die Vernetzung unverzichtbare Komponenten und gehören zu den Grundpfeilern der Fab-Lab-Idee, um Wissen miteinander zu teilen und voneinander zu lernen. Dieses Kapitel beschäftigt sich mit bestehenden Netzwerken im Zusammenhang mit Fab Labs und Making. Vom kleinsten Netzwerk der Community vor Ort über den nationalen Austausch, wie die Veranstaltung »Fab:UNIverse«, bis hin zu globalen (Online-) Netzwerken, wie Fablabs.io, zeigt es auf, welchen immensen Wert jede einzelne Community-Ebene birgt.

fab101.de/fablabs-io

Abb. 67
Fab:UNIverse
2018 in Siegen

12.1 Das kleinste Netzwerk: Ihre Fab-Lab-Community

Das kleinste Netzwerk Ihres Fab Labs ist die Community vor Ort. ›Klein‹ meint dabei aber in keinem Fall unbedeutend, eher das Gegenteil ist der Fall: Sie ist von unschätzbarem Wert. Das gemeinsame Machen, das Teilen von Wissen und die gegenseitige Unterstützung sind fundamental für ein Fab Lab. Ohne Community gibt es praktisch kein Fab Lab. Und weil sich die Community aus den Fab-Lab-Betreibenden und den Besuchenden zusammensetzt, die alle eigene und im Idealfall verschiedene Kompetenzen einbringen, ist es wichtig, eine angenehme Atmosphäre zu schaffen, in der es nicht ausschließlich um Werkzeuge geht. Kurz gesagt: Wo Menschen sind, entstehen Dinge und Menschen sind dort, wo sie sich wohl und willkommen fühlen. Und je mehr Menschen sich wohlfühlen, desto heterogener ist die Expertise, die sich im Fab Lab versammelt.

Eine funktionierende Community lässt sich freilich nicht erzwingen, aber es ist nicht so schwer, günstige Bedingungen dafür zu schaffen –, denn Maker*innen sind auch nur Menschen. Betrachten Sie das Fab Lab nicht als rein technisch-funktionalen Raum, in dem es Arbeitsplätze und eine Toilette gibt, sondern betrachten sie es auch als sozialen Raum, in dem es Sofas gibt, als einen Raum, in dem auch Musik gehört werden kann, in dem es eine Küche gibt, in der gemeinsam gekocht werden kann, und als einen Raum, in dem eventuell auch mal eine Party gefeiert werden kann. Finden Sie bei der Raumgestaltung eine Balance zwischen Bestimmtheit und geplanter Unbestimmtheit. Aneignungsoffenheit und Autonomie in der Gestaltung ihrer Umgebung kann auch zum Wohlgefühl der Fab-Lab-Nutzenden beitragen.

Sorgen Sie dafür, dass sich die Besuchenden willkommen fühlen. In `Abschnitt 4.2 »Die Aufgabengebiete«` wurde bereits die Rolle des Friendly Face beschrieben, das Besuchende willkommen heißt und ihnen erste Orientierung gibt. Wer sich beim ersten Besuch ›gut aufgehoben‹ fühlt, kommt wahrscheinlich auch ein zweites Mal. Achten Sie auch darauf, dass sich alle wohlfühlen und ihr Fab Lab nicht von Einzelnen oder einer Gruppe so vereinnahmt wird, dass sich andere unwohl fühlen. Stellen Sie neben den notwendigen Sicherheitsregeln auch Regeln für den respektvollen Umgang miteinander auf. Formulieren Sie einfache, klare und nachvollziehbare Regeln. Gemeinschaft lässt sich zum Beispiel auch durch Events abseits des Fab-Lab-Alltags (Hackathon, Grillabend, Lesung o. Ä.) fördern. Begünstigen Sie zusätzlich, dass es für die lokale Community auch eine Online-Plattform (für Instant Messaging o. Ä.) gibt, mit deren Hilfe sie sich verabreden, absprechen, um Hilfe bitten etc. können. Scheuen Sie sich nicht, Besuchende zu fragen, was sie im Fab Lab schätzen würden, warum sie gerne kommen oder was verändert bzw. verbessert werden kann, und gehen Sie darauf ein.

All das gilt natürlich auch, wenn Ihr Fab Lab nicht für Externe geöffnet ist.

12.2 Die deutschlandweite Community

Vernetzung ist nicht nur lokal vor Ort mit der Community wichtig. Jedes Fab Lab sollte das Ziel haben, sich mit anderen Fab Labs zu vernetzen, um aus den Erfahrungen der anderen zu lernen oder auch um sich über neue Möglichkeiten auszutauschen. Auf deutscher Ebene gibt es dabei zwei wichtige Netzwerke bzw. Vereinigungen: einmal den Verein VOW und die Veranstaltung »Fab:UNIverse«. In den folgenden Abschnitten werden wir beide Communitys mit ihren Schwerpunkten vorstellen.

Der VOW

Der VOW wurde 2009 gegründet und strebt danach, jede Art von Werkstätten, die für Handwerk, Kunst, Reparatur, Re- und Upcycling, Prototyping und andere Aktivitäten für Gäste offen sind, zu vernetzen. Seit der Gründung 2009 hilft der VOW, Werkstätten sichtbarer zu machen und ihre soziale Relevanz zu zeigen. Mitglieder im VOW unterstützen sich gegenseitig bei einer Reihe von Aufgaben, wie dem Aufbau und der Weiterentwicklung neuer Werkstätten, aber auch bei der Bewältigung von Alltagssorgen im Werkstattbetrieb. Der Verbund betreibt eine Website, auf der das Angebot und die Vielfalt der Mitgliederwerkstätten der Öffentlichkeit vorgestellt und dort bekannt gemacht werden. Der VOW vertritt das Motto »Kommen Sie herein!« und will die Menschen zum Selbstmachen ermuntern. Gemeinsam sollen einzelne Projekte des Verbunds durch den Austausch und die Vernetzung (online oder auf Netzwerktreffen) gestärkt werden. Viele Offene Werkstätten sind wie Fab Labs aus privater Initiative Einzelner heraus entstanden und sie sind an den verschiedensten Stellen verortet, zum Beispiel als Teil von Kultur-, Bürger- oder Jugendzentren, seltener von Unternehmen. Im Folgenden möchten wir auf ein paar Leitsätze eingehen, die der VOW vertritt.

offene-werkstaetten.org

- Offene Werkstätten stehen allen zur Verfügung, die handwerklich oder künstlerisch aktiv sein wollen. Dabei gilt das Gleiche wie für Fab Labs: Jeder ist herzlich willkommmen – Jung und Alt, Frauen und Männer, Laien und Profis, Kunstschaffende und Menschen, die gerne tüfteln, Einzelne und Gruppen – ein Grund, warum Fab Labs so gut in die Struktur des VOW hineinpassen.

- In einer Offenen Werkstatt wird nicht profitorientiert gearbeitet.
- Besuchende einer Offenen Werkstatt sollen die Gelegenheit erhalten, ihre Stärken zu entdecken und ihr Wissen zu vergrößern.
- Nach Möglichkeit sollen ihnen sowohl traditionelle Handwerktechniken als auch neue Prozesse zugänglich sein.
- In einer Offenen Werkstatt soll ein Austausch mit anderen über Probleme und Erkenntnisse bestehen, um das Erlernen von Wissen zu unterstützen.

Die »Fab:UNIverse«

Mit der Einrichtung und dem Betrieb von öffentlich zugänglichen Fab Labs, Makerspaces und ähnlichen Laboren im Hochschulkontext sind eine ganze Menge Herausforderungen verbunden. Weltweit gibt es einige Netzwerke, die Unterstützung bei und Kommunikation über solche Herausforderungen ermöglichen. Bis 2017 gab es allerdings keine Struktur spezifisch für den deutschen Hochschulkontext. 2017 rief das Kollegium der TH Wildau und des dortigen Venture Innovation Labs (ViNN:Lab) zum Workshop »Fab:UNIverse« auf, der einen wichtigen Startpunkt für eine stärkere Vernetzung dieser an Hochschulen angesiedelter Labs setzte. Nach dem ersten Treffen 2017 übernahm unser Projekt »FAB101«, das sich spezifisch mit der Rolle von Fab Labs in der deutschen Hochschullandschaft befasst, dieses Konzept der »Fab:UNIverse«. In den Jahren 2018 und 2019 bauten wir auf dem Konzept auf und organisierten die Netzwerktreffen, um einen Austausch zu ermöglichen. Die Zahl an Vertreter*innen solcher Orte nahm zu und die Besuchenden nutzten die eintägigen Veranstaltungen sehr motiviert als Möglichkeit zur Vernetzung und zum Austausch mit anderen an Hochschulen angesiedelten (Fab) Labs. 2019 diskutierten die Teilnehmenden über die Rolle von Fab Labs an Hochschulen in Workshops mit verschiedenen Schwerpunkten, wie Governance, Lehre, Forschung, Dokumentation und der Zukunft von Fab Labs.

Wir hoffen, dass die »Fab:UNIverse«-Netzwerktreffen künftig weiter durchgeführt werden.

12.3 Die globale Community

12.3.1 Die Fab Foundation

Die Fab Foundation wurde im Jahr 2009 gegründet, um das Wachstum des internationalen Fab-Lab-Netzwerks zu fördern und zu unterstützen. Die Fab Foundation ist eine US-amerikanische, gemeinnützige Organisation, die aus dem Fab-Lab-Programm des MIT Center for Bits and Atoms hervorgegangen ist. Als Mission hat sich die Fab Foundation zur Aufgabe gemacht, den Zugang zu Werkzeugen, Wissen und finanziellen Mitteln zu ermöglichen, um mit Hilfe von Technologie und digitaler Fertigung zu erziehen, zu innovieren und zu erfinden, damit jede Person (fast) alles herstellen kann. Für die Zukunft möchte die Organisation mit ihrem Netzwerk den Weg dafür bereiten, dass Menschen in der Lage sind, ihr Leben und ihre Lebensgrundlagen auf der ganzen Welt zu verbessern. Die Fab Foundation richtet die jährliche FABX-Konferenz aus, die seit 2005 Mitglieder des internationalen Fab-Lab-Netzwerks, Forschende und Expert*innen auf dem Gebiet der digitalen Fertigung zusammenbringt, um zu diskutieren und eine Community zu schaffen. Des Weiteren ist die Fab Foundation ein Partner der Fab Academany.

12.3.2 Das Projekt »Fab Foundation Forum«

Das »Fab Foundation Forum« ist ein Projekt der Fab Foundation, das darauf abzielt, mit den verschiedenen regionalen Fab-Lab-Netzwerken auf der ganzen Welt zusammenzuarbeiten, um das Potenzial ihrer Mitglieder für die Vernetzung, den Austausch, die Entwicklung und die Schaffung neuer Initiativen zur Integration lokaler innovativer Ökosysteme zu nutzen. Das kann im gesamten Netzwerk verstärkt werden.

12.3.3 Das Netzwerk FabLabs.io

Fablabs.io ist das soziale Online-Netzwerk der internationalen Fab-Lab-Community. Es begann als Spin-off-Projekt von Tomas Diez und John Rees im Fab Lab Barcelona und ist die aktuelle offizielle Liste der Fab Labs, die dieselben Prinzipien, Werkzeuge und Philosophien in Bezug auf die Zukunft der Technologie und ihre Rolle in der Gesellschaft teilen. Fablabs.io ist eine Austauschplattform für Personen, Labore, Projekte, Maschinen, Veranstaltungen und Gruppen, die rund um das Fab-Lab-Netzwerk tätig sind. Diese Tools für die Zusammenarbeit und Kommunikation dienen dazu, Interessen auszurichten und die globale Größe dieser Community zu erweitern.

Fablabs.io hat nicht die Absicht, bestehende Plattformen, wie Facebook® oder GitHub, zu ersetzen. Denn gerade Plattformen, wie die zuletzt genannte, werden von Personen, die programmieren, hacken und entwickeln, häufig zur Dokumentation und Weitergabe von Open-Source-Anwendungen und Programmcode verwendet.

12.3.4 Das Netzwerk Global Innovation Gathering (GIG)

Wer die Community vor Ort auf ein globales Maß mit besonders starken Wurzeln im Süden der Welt skaliert, kommt zum GIG. Dies ist eine lebendige, vielfältige Community von Innovationszentren, Makerspaces, Hackerspaces und anderen Community-Spaces und -Initiativen sowie einzelnen Akteur*innen, sei es im Making-Bereich oder mit Enthusiasmus für Technologie und Veränderung.

Abgesehen von dem geografischen – von Südamerika bis Asien reichenden – Ausmaß gibt es zahlreiche Gemeinsamkeiten mit der lokalen Community: das kollektive Machen, das Teilen von Wissen und die gegenseitige Unterstützung sind auch hier fundamental. Hinzu kommt die Vision für eine globale Zusammenarbeit, die auf Gleichheit, Offenheit und dem Sharing basiert. GIG steht für mehr Vielfalt bei der Produktion von Technologie und bei globalen Innovationsprozessen und für die Unterstützung von offenen und nachhaltigen Lösungen, die bottom-up, also von der Community, entwickelt wurden.

GIG bietet eine Plattform für Wissensaustausch und Zusammenarbeit zwischen seinen Mitgliedern, die sich das ganze Jahr über zu verschiedenen Veranstaltungen weltweit auch persönlich treffen. GIG ist als eingetragener Verein auch in einer wachsenden Zahl von Projekten aktiv.

13

Geht das auch einfacher?

Tools für Design und Prototyping

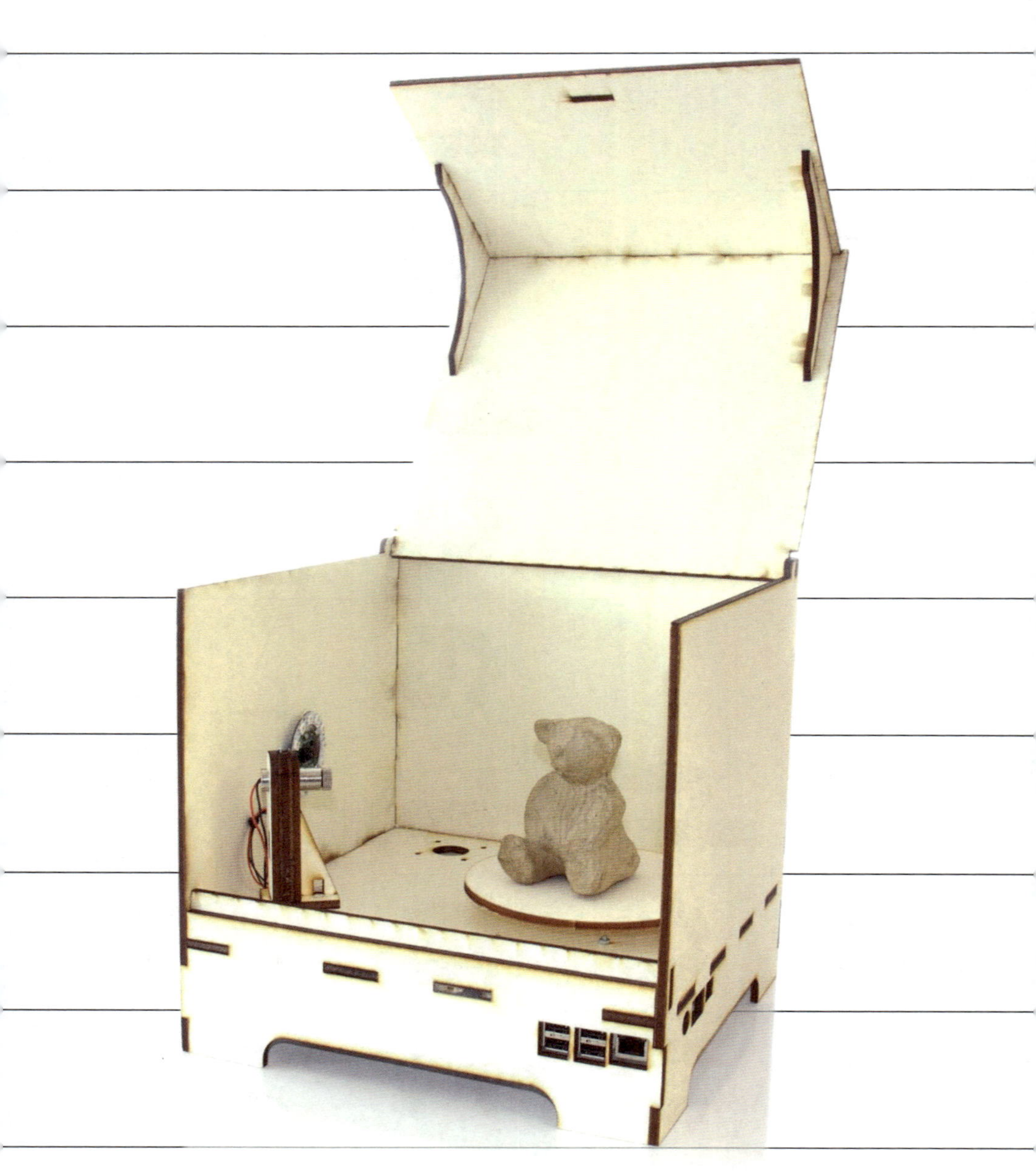

Abb. 68
DIY-3D-Scanner
»FabScan Pi«

Auch wenn das Fab Lab allen die digitale Fabrikation einfach zugänglich machen möchte, ist trotzdem nicht alles selbsterklärend. In diesem Kapitel wird darauf eingegangen, wie Besuchende das Fab Lab nutzen und welche Möglichkeiten es bei der Produktentwicklung bietet. Außerdem beschreibt es Beispiele dafür, welche Software und Hardware sie in ihrem Produktentwicklungsprozess unterstützen können.

13.1 Die Nutzung von Fab Labs

»Digitale Fabrikation ist ja total easy: Ich denke mir etwas aus, bringe dann eine digitale Vorlage mit ins Fab Lab und erzeuge im Handumdrehen mit dem 3D-Drucker oder dem Lasercutter einen Prototyp.« – Das ist der Eindruck, den Fab Labs gerne erwecken wollen. Ganz so einfach ist es meist jedoch nicht und viele, die zum ersten Mal ein Fab Lab besuchen, haben Respekt davor, da sie weder die Maschinen noch die Software kennen. Vor allem professionelle Geräte sind meist nicht intuitiv zu bedienen, da sie für Expert*innen sowie geschultes Personal entwickelt wurden.

Aber bereits bevor überhaupt der eigentliche Schritt der Produktion erreicht ist, sind Herausforderungen zu meistern. Eine Idee bedarf zunächst einer gestalterischen Ausarbeitung. Dem »Was mache ich?« muss die Überlegung »Wie mache ich es?« folgen. Danach werden entsprechende digitale Vorlagen erstellt. Wie und mit welcher Software geht das überhaupt? All diese Fragen und Herausforderungen sind für Fab-Lab-Besuchende zunächst völlig neu.

Die Fab Labs haben in der Vergangenheit viel Zeit und Entwicklungsarbeit in Lösungsansätze für diese Probleme investiert und dabei nicht nur die Usability der Software optimiert. Durch unterstützende Software kann der Beratungs- und Wartungsaufwand im Fab Lab reduziert werden, was zum Beispiel die Kosten senkt, aber auch andere positive Aspekte mit sich bringt.

13.2 Der Design-Implement-Analyze-Zyklus

Bei der Entwicklung moderner Produkte wird in den meisten Disziplinen ein iterativer, benutzerzentrierter Prozess verwendet, der je nach Disziplin einen anderen Namen trägt.

Eine Bezeichnung ist DIA-(Design-Implement-Analyze-)Zyklus, um die drei iterativen Phasen der Produktentwicklung zu benennen: Design, Implementierung und Analyse.

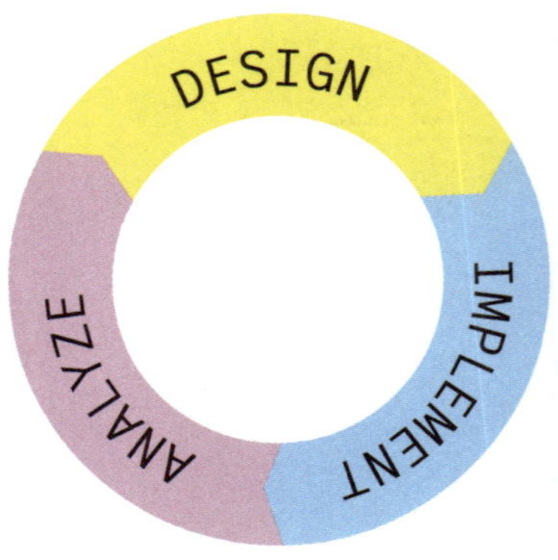

Abb. 69 Die drei Phasen des DIA-Zyklus

In der **Designphase** entstehen die Idee und die Blaupause des Produkts auf einer abstrakten Ebene, woraufhin ein konkreter Plan – zum Beispiel in Form von Computerdateien – erzeugt wird.

Die **Implementierung** beschreibt die eigentliche Herstellung des Produkts. Das Ergebnis dieses Schrittes ist ein Prototyp, der getestet werden kann.

Anschließend wird das Ergebnis einer **Analyse** unterzogen, um in der nächsten Iteration durch ein angepasstes Design und eine neue Implementierung ersetzt zu werden. Obwohl primär die Implementierung analysiert wird, untersucht dieser Schritt indirekt auch das Design, das der Implementierung zugrunde liegt. Es wird geprüft, ob die Implementierung dem Design entspricht und ob sowohl die

Implementierung als auch das Design den Benutzer*inne erwünschten Mehrwert liefern oder ein benutzerbezogenes Problem lösen können. Die Analyse besteht in der Praxis aus Benutzertests und es gibt viele Techniken, um derartige Tests systematisch durchzuführen.

Diese drei Schritte wiederholen sich fortlaufend. Tatsächlich sind die meisten Produkte nie endgültig fertig, sondern verändern sich von Iteration zu Iteration auf der Grundlage des Feedbacks, das die Benutzer*innen geben.

In der **Softwareentwicklung** ist es bei guter Planung und passender Architektur oft möglich, Veränderungen durch mehr oder weniger einfache Änderungen im Quellcode zu erzielen. Software-Updates sorgen dafür, dass die alte Version überschrieben wird. Bei **physischen Produkten** hingegen sind Veränderungen oft nur durch das teilweise oder vollständige Ersetzen von Bauteilen zu erreichen, was letztendlich einen weiteren Produktionsvorgang pro Iterationsstufe erfordert. Wenn Besuchende im Fab Lab einen Prototyp oder ein Produkt fertigen, ist es recht wahrscheinlich, dass der Produktionsprozess nicht mit dem ersten Versuch abgeschlossen ist. Es ist in den meisten Fällen eher sicher, dass auch hier ein iterativer Produktionsprozess Anwendung findet. In den folgenden Abschnitten wird beschrieben, wie diese drei Schritte der Produktentwicklung im Fab Lab mittels Software unterstützt werden können.

13.3 Die Vereinfachung des Designs

Möchten Besuchende in einem Fab Lab etwas herstellen, müssen sie im ersten Schritt ihre Idee ausgestalten und überlegen, mit welchen (digitalen) Fabrikationsmethoden sie das machen können.

Der 3D-Drucker ist in jedem Fab Lab ein sehr beliebtes Werkzeug. Deswegen sollen in diesem Abschnitt exemplarisch Lösungsansätze aufgezeigt werden, die das Erstellen eines 3D-Designs – also eines digitalen Abbildes eines Gegenstandes – für diese Maschinen vereinfachen.

Der 3D-Druckprozess dauert verhältnismäßig lange, weswegen die meisten Fab Labs Druckaufträge entweder beaufsichtigen oder von geschultem Personal durchführen lassen. Die Besuchenden bringen in der Regel ein 3D-Design in Form einer STL-Datei ins Fab Lab mit. Solche Dateien können auf unterschiedliche Arten erzeugt werden. Professionell wird dafür eine CAD-Software verwendet. Obwohl es mittlerweile auch kostenlose und einfach zu bedienende Varianten gibt, ist der Einstieg für Laien oft nicht leicht. Deswegen wollen wir ein paar Alternativen zum CAD-Modelling beschreiben.

13.3.1 Der 3D-Scan

Eine sehr einfache Möglichkeit, um ein 3D-Design für den 3D-Druck zu erzeugen, ist das Einscannen eines Gegenstandes mit Hilfe eines 3D-Scanners. Ähnlich wie ein Dokumentenscanner Papier einscannt, scannt ein 3D-Scanner Gegenstände ein. Im Computer wird ein digitales Abbild des Gegenstandes in Form einer STL-Datei erzeugt.

Es gibt verschiedene Technologien, um ein Objekt zu digitalisieren, wobei jede Technologie Vor- und Nachteile hat. In Fab Labs wird oft ein optischer Sensor in Form einer Kamera verwendet und die Objekte werden auf einem Drehteller gedreht und mit einem Laser angestrahlt.

Diesen Ansatz verwenden auch die im Fab Lab Aachen entwickelten 3D-Scanner FabScan, der 2011 von Francis Engelmann entwickelt wurde, und FabScan Pi, der 2015 von Mario Lukas entwickelt wurde. Beide bedienen sich der Metapher einer Fotokabine, d. h., das Objekt wird in den 3D-Scanner gestellt, in der zugehörigen Software wird eine Vorschau angezeigt und dann kann – ähnlich wie bei einem Fotoapparat – auf einen Auslöser gedrückt werden, um den Scanprozess zu starten. In einer Galerie werden vorherige Scans angezeigt und die Benutzer*innen können die digitale Version des Gegenstandes im STL-Dateiformat herunterladen, um sie mit einem 3D-Drucker zu fertigen. FabScan benötigt dafür einen Macintosh®-Rechner, während FabScan Pi einen eingebauten Raspberry Pi besitzt, der die Bedienung mit jedem Computer, Tablet oder Smartphone über ein Webinterface ermöglicht. Beide Projekte sind sowohl Open-Source-Software als auch -Hardware. Das Gehäuse der Geräte kann in einem Fab Lab mit einem Lasercutter aus Holz hergestellt werden. Deswegen bieten viele Fab Labs Workshops an, in denen FabScan-Pi-3D-Scanner in wenigen Stunden gebaut und in Betrieb genommen werden.

fab101.de/fabscan

13.3.2 Das generative Design

Wenn es keine physische Vorlage gibt, die eingescannt werden kann, muss auf anderem Wege ein 3D-Design erstellt werden. Eine recht verbreitete Möglichkeit ist das sogenannte generative Design. Hier generiert ein Computer vollständige 3D-Designs oder nur Teile eines Objekts. Die Nutzenden müssen folglich nicht alle Details selbst erstellen, sondern können sich auf die Algorithmen aus dem Computer verlassen. Im Fab Lab Aachen sind in diesem Kontext drei Projekte entstanden, die das Erstellen von 3D-Designs auf unterschiedliche Art und Weise vereinfachen.

Abb. 70 Die Benutzerschnittstelle des Tools Framer

Während bei dem Tool Framer ein Foto in die Software geladen und nach wenigen einfachen Schritten ein passendes 3D-Design für einen 3D-druckbaren Bilderrahmen verfügbar wird, erzeugt bei LumiCAD ein virtuelles Insekt eine Struktur für dekorative Lampen mit OLED-(Organinic-Light-Emitting-Diode-)Panels. ParaShape geht noch einen Schritt weiter und abstrahiert Objekte und unterteilt sie in abstrakte Objektklassen. Damit können Komponenten eines Objekts je nach Bedarf der Nutzenden ausgetauscht werden. Das komplexe Domänenwissen zur Erstellung des jeweiligen Objekts steckt hierbei in der Software, wodurch der Designprozess für Benutzer*innen stark vereinfacht wird.

Sowohl die 3D-Scanner als auch die generativen Design-Tools stellen außerdem sicher, dass die erzeugten 3D-Designs im nächsten Schritt von einer Maschine hergestellt werden können.

13.4 Die Vereinfachung der Fabrikation

Existiert eine auf welche Art auch immer erzeugte digitale Abbildung eines Objekts in Form einer Computerdatei, soll diese in der Regel im nächsten Schritt materialisiert werden. Dazu stehen in einem Fab Lab die bereits genannten Methoden der digitalen Fabrikation, wie 3D-Drucken oder Lasercutten, zur Verfügung. Der Materialisierungsschritt ist Teil der ersten Phase im DIA-Zyklus, der Implementierung.

Nachdem wir im letzten Abschnitt [Abschnitt 13.3.2 Das generative Design] Design-Tools für 3D-Drucker betrachtet haben, wollen wir in diesem Abschnitt den Fokus auf ein weiteres, beliebtes Werkzeug in Fab Labs legen: den Lasercutter. Diesmal geht es aber nicht um den Erstellungsprozess einer digitalen Datei, sondern um die Fabrikation selbst, also den Implementierungsschritt.

Ein Lasercutter bearbeitet unterschiedlichste Materialien und Laien fehlt in der Regel das Wissen, welche Einstellungen für welche Materialien zu verwenden sind. Oft ist auch unklar, wie die Dateien gestaltet sein müssen, damit der Lasercutter sie verarbeiten kann. Diese Probleme adressiert die Software VisiCut.

Abb. 71 Die Benutzerschnittstelle der Software VisiCut

VisiCut wurde im Jahr 2011 von Thomas Oster im Rahmen seiner Bachelorarbeit an der RWTH Aachen entwickelt. Er betreut diese Open-Source-Software noch heute, denn sie wird von vielen Fab Labs weltweit verwendet. VisiCut ist eine plattformunabhängige Software, in die Bitmaps oder Vektorgrafiken geladen werden können, um die enthaltenen Formen anschließend mit einem Lasercutter auf ein geeignetes Material zu gravieren oder auszuschneiden.

Domänenspezifisches Wissen über Materialeigenschaften und die Fähigkeiten der Maschine sollten Benutzer*innen nicht belasten. In den meisten Fällen kann die Software die passenden Parameter, wie die Geschwindigkeit und die Leistung, für ein Material aus einer Materialdatenbank auswählen, ohne dass sich Benutzer*innen mit diesem Thema beschäftigen müssen. Für fortgeschrittene Benutzer*innen gibt es jedoch die Möglichkeit, mit verständlichen Vokabeln (zum Beispiel ›gravieren‹ und ›schneiden‹) zu arbeiten. Expert*innen können über spezielle Einstellungen in der Software die volle Kontrolle über die technischen Möglichkeiten erlangen. Beim ersten Besuch kann ein*e Mentor*in das Programm erklären, sodass anschließend gemeinsam ein einfaches Design, also das, was der Lasercutter ausschneiden soll, mit VisiCut bearbeitet werden und an den Lasercutter geschickt werden kann. Die meisten Projekte benötigen aber mehr als einen Besuch. Deshalb ist es sehr wichtig, dass VisiCut auch zu Hause benutzt werden kann, damit dort in Ruhe alle Designdateien vorbereitet werden können und beim nächsten Fab-Lab-Besuch die gesamte Zeit auf die Fabrikation an der Maschine und mit der Dokumentation des Projektfortschrittes verwendet werden kann.

Eine hilfreiche Erweiterung für VisiCut ist das Softwaremodul VisiCam®: Eine am Lasercutter angebrachte Kamera kann dazu benutzt werden, eine AR-Vorschau zu erzeugen, die eine Grafik aus einer Bilddatei mit dem Kamerabild des zu verarbeitenden Materials verbindet. Algorithmen in der Software entzerren das Bild der Kamera und skalieren es, damit die Nutzenden die zu verarbeitenden Designs visuell auf der Arbeitsfläche anordnen können.

Diese Idee wurde in der Software FabQR weiterentwickelt. Hier können Benutzer*innen die Designdateien in die Cloud laden, erhalten im Gegenzug einen QR-Code, der auf die Datei verweist. Wenn man den QR-Code auf einem Smartphone darstellt und das Smartphone auf der Arbeitsfläche des Lasercutters bewegt, ersetzt die Software den QR-Code im Vorschaufenster und stellt stattdessen das hinterlegte Design dar. Das hat mehrere Vorteile, unter anderem können keine Designs mehr zu Hause vergessen werden, aber auch die Interaktion mit dem Handy wurde von den meisten Nutzenden als intuitiver empfunden als die klassische Bedienung mittels Tastatur und Maus.

Abb. 72
Die Benutzerschnittstelle des Tools Framer

Ein weiterer Vorteil von FabQR ist, dass die verwendeten Designdateien mit anderen Benutzer*innen geteilt oder dass die mit diesem Design erzeugten Implementierungen durch ein weiteres Foto in ein Dokumentationswerkzeug übertragen werden können. Diese Schritte können automatisiert werden, damit die Benutzer*innen keine zusätzlichen Aufgaben durchführen müssen, sondern sich auf die Produktion mit dem Lasercutter konzentrieren können.

fab101.de/visicut

13.5 Die Vereinfachung der Analyse

Die Analysephase des DIA-Zyklus besteht im Wesentlichen aus zwei Komponenten: Zunächst muss die Güte der Implementierung geprüft werden und dann muss in Nutzungsstudien analysiert werden, ob das Ergebnis weiterer Verbesserungen bedarf.

Während bei einfachen Projekten nach der Fabrikation durch Messen, Anfassen und Ausprobieren leicht erkannt werden kann, ob das fabrizierte Objekt den Erwartungen des Designers bzw. der Designerin entspricht, ist das bei komplexeren Projekten oft nicht so einfach. Häufig fehlt dem Besuchenden das nötige Wissen, um komplexere Fehler zu finden oder um an einer entscheidenden Stelle weiterzukommen.

Hilfe bei der Analyse und beim Übergang von der Analysephase in die nächste Designphase sind erforderlich. Zum Glück sind Fab Labs nicht nur Orte, an denen Maschinen stehen, sondern jedes Fab Lab hat eine Community, in der jeder Mensch einen eigenen Wissensschatz mitbringt. Und wenn die lokale Community nicht ausreicht, kann auf das Know-how des globalen Fab-Lab-Netzwerks zurückgegriffen werden. Wichtig für die Kommunikation ist allerdings eine gute Dokumentation aller (Zwischen-)Ergebnisse.

Es geht bei der Analyse außerdem darum, das Produkt an Benutzer*innen zu testen, um herauszufinden, wie gut es seinen Zweck erfüllt. Da in einem Fab Lab viele unterschiedliche Menschen vorbeikommen, bietet sich diese diverse Community hervorragend für Usability-Studien an.

Das Thema »Dokumentation« haben wir bereits in Kapitel 8 »Wer schreibt, der bleibt! Dokumentieren und Wissen teilen« angerissen. An dieser Stelle wollen wir konkrete Tools vorstellen, die im Fab Lab Aachen entstanden sind, um die Dokumentation und die Analyse von Projekten zu vereinfachen.

Bereits im Jahr 2012 wurde Fabiji als Projekt installiert. Es handelte sich um eine Fotobox für ein iPad®, die von einer ausgeklügelten App begleitet wurde. Alle im Fab Lab gefertigten Produkte wurden in die Fotobox gestellt und mit der App wurden mehrere Fotos aus verschiedenen Perspektiven gemacht und mit einer Notiz versehen. Dieser Projektfortschritt wurde mit allen das Fab Lab Besuchenden geteilt, so dass eine offene Diskussion über die Ergebnisse ermöglicht wurde. Deren Analyse oblag somit nicht mehr allein der das Projekt erstellenden Person, sondern es konnte Feedback von anderen Experten und Expertinnen eingeholt werden. Allerdings war dieser Prozess offline auf die iPad®-App reduziert, denn Fabiji konnte nur lokal im Fab Lab benutzt werden, weshalb in FabFAQ als Folgeprojekt eine browserbasierte Lösung entwickelt wurde. Obwohl es bei FabFAQ primär darum ging, allgemeines Wissen zu sammeln und die häufigsten Fragen im Umgang mit den Maschinen im Fab Lab zu beantworten, wurde es auch dafür genutzt, um Projektfortschritte zu dokumentieren. FabFAQ erinnert an Webseiten, wie Stack Overflow®, wo Fragen gestellt werden können und Antworten bewertet werden. Da FabFAQ im Web lief, konnte die gesamte Community des Fab Labs Aachen den jeweiligen Projektfortschritt von allen jeweils verfolgen und analysieren, um am Ende Tipps und Ratschläge zu geben oder Fragen ins System zu schreiben. Auch das in Abschnitt 13.4 »Die Vereinfachung der Fabrikation« vorgestellte FabQR unterstützt die Projektdokumentation in Fab Labs. Da aber weder Fabiji noch FabFAQ weiter in Betrieb sind, wurde eine Integration mit FabQR leider nie umgesetzt. Stattdessen kann man aus FabQR via VisiCut direkt in Facebook® und Thingiverse den Projektfortschritt teilen und die Analyse in diesen externen Plattformen fortführen.

Interview mit Jorge Appiah

Jorge Appiah is from Ghana, based in Kumasi, the second-largest city in Ghana. His background is engineering and he is a co-founder and the CEO of Kumasi Hive, an innovation hub in Kumasi. He is also a co-founder of Creativity Group, an interdisciplinary student network of using innovation and technology in a bottom-up approach to address community problems. As an active member of the Global Innovation Gathering (GIG), a global community of makers, he wants to enable more diversity in the global innovation processes and wants to support open and sustainable solutions.

Can you give me a brief history of Kumasi Hive and the maker community in Kumasi in general?

Jorge Appiah: Kumasi Hive was built on a community of innovators and makers that split off from a group called Creativity Group. The Creativity Group group still exists, but focuses only on innovation as a proof of concept that a community can create this innovation. With Kumasi Hive, we wanted to go one step further. We wanted our innovative ideas to have an impact and become scalable and in the best case scenario even provide some form of employment for the innovators. So in 2015, we established Kumasi Hive as a platform that gives comprehensive support to innovators. We are not only running a makerspace where for example a baker can develop a new product by producing prototypes, but we are additionally helping her*him bringing it to market and connect her*hin to the right partners. So business support became our vehicle to carry innovations to the people. We offer a broad range of support – not only access to the tools to quickly prototype ideas, but also mentorship and coaching to bring products to market.

fab101.de/creativitygroup
fab101.de/kumasihive

In which areas do you cooperate? With universities and other institutions?

With Kumasi Hive we are still strongly connected to the Kwame University that we worked for with the Creativity Group for nearly five years. And as I said before the Creativity Group still exists and is now present at five different public universities in Ghana and supplies the Hive with talents. Every year we offer the opportunity to the best students to work on their innovative ideas at the Hive. We organize a lot of programs on university level, we offer business and technology both reached out to us for collaboration and we are currently helping the University of Ghana with the design of their makerspace. The D:Lab at Ashesi University is something close to a makerspace, but not focusing on making. There is growing interest from universities in Ghana to have makerspaces.

What are the advantages for a university of cooperating with an independent makerspace?

I think the main advantage of cooperating would be the expertise that independent makerspaces like ours can provide.

...and that is expertise in...

The design of the space, the equipment to buy, programs to run, event styles, incubation, and all those things.

Introducing yourself you mentioned the GIG. How would you say GIG is different from other hacker or maker networks?

I think GIG is different because the connections that are created are real. It distinguishes by real active exchange while other networks often have "cold" memberships. It is characterized by its social demand and a flat organizational structure. Usually, all projects are open for all members. And for Kumasi Hive it was and still is very beneficial to be part of it. Together we realized a couple of projects. Especially in the Sub-Saharan and the Global South, where you

ness support, we organize Hackathons or Makeathons, and we are working on a long term initiative called digital manufacturing with which we are supporting the Ghanaian TVET-Program (Technical and Vocational Education and Training) by developing TVET-certified curricula that deal with CNC-machines, 3D Printers, lasercutters and electronics to be implemented at the partner schools to train for business. We also collaborate with other partners like for example the GIG to enhance the technical skills of women. One initiative is called "Bridge the Gap", where we are training women in various skills like IoT, 3D printing, and the basics of business management.

Do you think universities benefit from running their Makerspace or would you say it is more beneficial to have the Makerspace independently outside the campus?
It depends. In general, I think universities can have a makerspace as long as they open it for the students to give them access to the tools so that they can develop crucial skills in digital fabrication of which they can make use in their professional career after their studies. Besides that, universities need to find a way to make use of the makerspace's opportunities for academic research and combine both cultures, the maker culture and the academic culture.

Do you know of any universities that run makerspaces in Ghana?
There are no university makerspaces in Ghana yet, but the interest in having one is growing. The University of Ghana and the Kwame Nkrumah University of Science and Tech-

do not get a lot of opportunities for doing projects, GIG has literally opened the door by creating a path to be engaged and involved.

fab101.de/gig

Abb. 73
Jorge Appiah

14

Wir sind’s!

Vier Fab Labs im Profil

Abb. 74
»Makers at Work«
im Fab Lab
Siegen

Abb. 75
Blick ins Fab
Lab Wildau

Abb. 76
Blick ins Fab
Lab Bremen

Im Folgenden wollen wir zeigen, wie unterschiedlich Fab Labs an Hochschulen verortet und in der Arbeit ausgerichtet sein können. Hierfür stellen wir, die Autor*innen, unser jeweiliges Lab in den Kernpunkten vor.

Abb. 77
Community-Projekt »3D-gedruckte Geige«

Abb. 78
Blick ins ATL Essen

14.1 Das Fab Lab an der Folkwang Universität der Künste

Steckbrief Essen

Besonderheit	Entstanden aus einer klassischen Modellbauwerkstatt mit dem Fokus auf Material- und Technologieexperimenten mit einem Angebot an hellen Räumen und viel Platz sowie zahlreichen Materialien zum Arbeiten und Experimentieren
Ansiedlungsort	Professur im Fachbereich 4 Gestaltung, Fachgruppe Industrial Design, AG Design by Technology
Raumgröße und -anzahl	Zwei Räume, davon ein Raum von ca. 50 m² (ATL für überwiegend digitale Fabrikation) und ein Raum von ca. 120 m² (EMW mit Elektronikarbeitsplätzen und -lager sowie für die Metallbearbeitung) mit zusätzlichem Zugriff auf die Holz-, Metall-, Kunststoff-, Textil- sowie Siebdruckwerkstatt.
Zielgruppe	– Studierende – Lehrende – Mitarbeitende des Fachbereichs Gestaltung
Personal	1 ATL-Werkstattleiter*in (TV-L 11) – 50 % 1 EMW-Werkstattleiter*in (TV-L 11) – 100 % 1 WiMi zur Projektunterstützung und Lehre (TV-L 13) – 50 %
Lehr- und Bildungsangebote	– Fächerübergreifende Design-Projekt-Kurse – Werkstatteinführungskurse, wie das »Folkwang FabDiplom« – Spezialisierungskurse für einzelne Technologien, wie der »Folkwang FabExpert«
Art der Projekte	– Angewandte Design-Projekte – Prototypischer Modellbau – Materialexperimente – Regionale Workshops
Maschinen	– 12 3D-Drucker (FDM, FDM-Großformat, SLA, SLM, Binder-Jetting und Keramik) – 3 Lasercutter – 1 Vinylschneider – 3 CNC-Fräsen – 4 VR-/AR-Brillen – 2 UR5- und 1 UR10-Industrieroboter – 6 Nähmaschinen und 1 CNC-Stickmaschine – Diverse Maschinen für die handwerkliche Bearbeitung von Holz, Metall und Kunststoff – Diverse Elektrowerkzeuge – Diverse Mikrocont

Tab. 9

Die Folkwang Universität der Künste in Essen ist eine der traditionsreichsten Kunst- und Musikhochschulen Deutschlands. Am heutigen Standort des Fachbereichs Gestaltung auf dem Gelände des UNESCO-Welterbes Zeche und Kokerei Zollverein studieren rund 600 Studierende in den Fachgruppen ›Fotografie‹, ›Kommunikationsdesign‹, ›Industrial Design‹ sowie ›Kunst- und Designwissenschaften‹.

Abb. 79
Ein anderer Blick ins ATL

Das ATL und die Elektromechanische Werkstatt (EMW) der Folkwang Universität der Künste ergänzen auf eine für Gestaltungshochschulen typische Art die umfangreich ausgestatteten klassischen Werkstätten (zur Bearbeitung von Holz, Metall und Kunststoff) um die für ein Fab Lab typischen Tools und Methoden. Die (räumliche) Trennung in ATL und EMW ist dabei vorwiegend historisch begründet. Während im ATL die gängigsten Geräte zur digitalen Fabrikation, wie 3D-Drucker, Industrieroboter, Vinylschneider und kleinere CNC-Fräsen, für eigenständiges Arbeiten zur Verfügung stehen, bietet die EMW neben einem großen Elektronikbauteilelager Löt- und Messarbeitsplätze sowie Maschinen zur Metallbearbeitung für die Anfertigung von mechanischen Teilen. Den Studierenden stehen zudem Laserschneider und größere CNC-Fräsen in der Kunststoffwerkstatt, Stick- und Nähmaschinen im Textilatelier und Geräte für den Siebdruck in der Siebdruckwerkstatt zur Verfügung. Damit ist die Ausstattung des ATL und seiner Schwesterwerkstätten mit der eines Fab Labs vergleichbar oder geht in einigen Punkten darüber hinaus. Es gibt jedoch einige organisatorische Unterschiede, die das ATL per Definition kein ›echtes‹ Fab Lab sein lassen.

So wie die klassischen Werkstätten werden das ATL und die EMW mit einem Budget aus dem Globalhaushalt finanziert. Geführt werden sie jeweils von einer fest angestellten Werkstattleitung. Zudem übernehmen WiMis die Betreuung einzelner Projekte.

Vorrangiger Zweck der Werkstätten der Folkwang Universität der Künste und somit auch des ATLs ist es zunächst, den Studierenden die Möglichkeit zu geben, Design-Modelle und Prototypen eigenständig zu fertigen. Darüber hinaus werden sie aber auch als kommunikative Experimentier-, Lehr- und Lernorte verstanden, wo sich die Studierenden die Technologien zu eigen machen und sich gegenseitig in ihren Projekten unterstützen und ihre Projektideen diskutieren können. Auch das ist der Fab-Lab-Idee sehr nah.

Neben gut ausgestatteten klassischen Werkstätten sind mittlerweile auch solche, die über Geräte zur digitalen Fabrikation verfügen, in der deutschen Hochschullandschaft an Ingenieurs-, Architektur- und Maschinenbaufakultäten sowie an Kunst- und Designhochschulen keine Seltenheit mehr. In der Regel sind diese Werkstätten jedoch für die Öffentlichkeit geschlossene Orte, die ausschließlich den Studierenden zur Verfügung stehen. Sie sind aber auch die ideale Grundlage zur Schaffung eines Fab Labs. Die infrastrukturelle Basis ist in der Regel bereits vorhanden.

fab101.de/fudk
fab101.de/folkwangatl

14.2 Das Fab Lab in Aachen

Steckbrief Aachen

Besonderheit	2009 gegründet als Deutschlands erstes Fab Lab
Ansiedlungsort	Lehrstuhl für Informatik 10, Professur für Informatik (Medieninformatik und Mensch-Computer-Interaktion)
Raumgröße & -anzahl	Zwei Räume von je etwa 25 m^2
Zielgruppe	– Studierende – WiMis – Lehrende – Maker*innen – Die regionale Community
Personal	– 2 Promovierende (TV-L 13) – mit 50 % Organisationsaufgaben und 50 % wissenschaftlichen Aufgaben – 4 –5 SHKs mit jeweils 10h/Woche im Rahmen von Abschlussarbeiten oder zur Unterstützung des Fab-Lab-Betriebs
Lehr- und Bildungsangebote	– Lehrveranstaltungen in den Studiengängen → Informatik → Technik-Kommunikation → Media Informatics → Software System Engineering – Social Events, wie das »Maker-Meetup« jeden Monat und der »Open Lab Day« – Events für den »Girls' Day«, IHK-Fortbildungen sowie andere Förderungen von Schüler*innen
Art der Projekte	– Workshops mit unterschiedlichen Schwerpunkten, wie der »Girls' Day« – Fortbildungen/Einführungen in die Fab-Lab-Prozesse – Lehrveranstaltungen: → Projekte in Vorlesungen → Praktika und Seminare
Maschinen	– 6 3D-Drucker – 1 Lasercutter – 1 Schneidplotter – 1 CNC-Fräse – 1 Näh- und Stickmaschine

Tab. 10

Der Lehrstuhl für Medieninformatik und Mensch-Computer-Interaktion der RWTH Aachen eröffnete 2009 Deutschlands erstes Fab Lab. Das Fab Lab Aachen hat seitdem zwei grundlegende Funktionen: Zum einen bietet es als Fab Lab gemäß der internationalen Fab-Lab-Definition Bürger*innen und Besuchenden aus der Region einen offenen und kostenlosen Zugang zu modernen Technologien der digitalen Fabrikation und damit eine Möglichkeit, die Bedeutung dieser Technologien kennenzulernen und einschätzen zu üben. Dazu gehören unter anderem wöchentliche »Open Lab fab101.de/amm

Days« für Bürger*innen aus der Region sowie monatliche Maker*innen-Treffen. Zum anderen dient es dem Lehrstuhl als Werkstattlabor zur Fertigung von Forschungsprototypen für dessen wissenschaftliche Projekte.

Beim »Open Lab Day« können jeden Dienstag beliebige Nutzende stundenweise Zeitslots reservieren und ihre eigenen privaten Projektideen mit Hilfe der Werkzeuge des Fab Labs, wie dem 3D-Drucker und dem Lasercutter, umsetzen. Das Fab Lab Aachen bietet den Besuchenden neben dem üblichen Werkzeug mittlerweile sechs verschiedene 3D-Drucker, einen Lasercutter, eine Platinenfräse und mehrere Arbeitsplätze zum Löten und Basteln mit Arduino-Microcontrollerboards. Mitarbeitende des Lehrstuhls erklären die digitalen Fertigungsprozesse und helfen bei der Bedienung der Geräte. Teilnehmende zahlen nur die Verbrauchsmaterialien zum Selbstkostenpreis, während die Nutzung der Geräte und der personelle Support umsonst sind. Die Termine des »Open Lab Days« sind nach wie vor äußerst begehrt und oft über Wochen im Voraus ausgebucht.

Das Lab wird jedes Semester für Praktika und studentische Projekte des Lehrstuhls im Rahmen von Vorlesungen genutzt. Genauso gibt es stets Forschungsprojekte, die das Lab nutzen, um einen Prototyp für die wissenschaftliche Evaluation zu fertigen oder um Spezial-Hardware für interaktive Exponate für Museen und Ausstellungszentren im Rahmen von Industrieprojekten des Lehrstuhls anzufertigen.

Bei jedem »Girls' Day«, Schülerinformationstag oder dem Projekt »Helle Köpfe«, einer jährlichen Veranstaltungsreihe der RWTH-Informatik für Grundschüler*innen, wird das Fab Lab aktiv genutzt. Der Grund ist, dass digitale Konzepte und beispielsweise einfaches Programmierwissen sehr anschaulich vermittelt werden können, wenn die Programmierung tatsächlich dazu dient, einen physikalischen Effekt in der realen Welt außerhalb des Computers zu bewirken. Zudem sind 3D-Drucker und Lasercutter gute Anschauungsobjekte, um zu erklären, weshalb solche Systeme nur dank Digitaltechnologie und Informatik funktionieren können. Außerdem finden im und um das Fab Lab Workshops zur digitalen Fabrikation, Vorträge und Kurse (auch für Erwachsene) statt.

Das Fab Lab Aachen war 2013 und 2014 einer der größten Aussteller auf der »Maker Faire®« in Hannover und präsentierte sich auf den internationalen Fab-Konferenzen beispielsweise 2010, 2014 und 2018.

fab101.de/ac2

14.3 Das Fab Lab in Bremen

Steckbrief Bremen

Besonderheit	Lehr- und forschungsseitiger Schwerpunkt auf der Entwicklung, Umsetzung und Erprobung von Bildungssettings und lehrerbildende Studiengänge, Informatik und Digitale Medien als dispziplinäres Feld
Ansiedlungsort	Professur im Fachbereich Informatik, Forschungsgruppe und AG dimeb
Raumgröße & -anzahl	Ein Raum von 60 m² und ein Archiv für Materialien und Büros für die Mitarbeitenden
Zielgruppe	– Praktikant*innen aus Schulen und Berufsschulen – Studierende des Lehramtes aller Schulformen und Fächer – WiMis – Promovierende und Stipendiat*innen – Hochschullehrende
Personal	– 2 über den Fachbereich und die Stabsstelle fest angestellte Mitarbeitende (TV-L 10 und TV-L 13) für die Lehre und zur Betreuung von Abschlussarbeiten – 100 % – 2 Promovierende zur zeit- und bedarfsweisen Unterstützung und Evaluation – 16 SHKs im Rahmen von Abschlussarbeiten und zur Unterstützung des Fab-Lab-Betriebs
Lehr- und Bildungsangebote	– Lehrveranstaltungen → im Studiengang ›Informatik‹ → im Studiengang ›Digitale Medien‹ → in der Lehramtsausbildung/im Studiengang ›Bildungswissenschaften‹ – Schülerlabor – Im Rahmen von MINT-Aktivitäten und Angeboten speziell für Mädchen und Frauen, wie der »Girls' Day« sowie Fachtage – Lehramtsaus- und -fortbildung
Maschinen	– Etwa 10 3D-Drucker – 1 Lasercutter – 1 Plotter – 20 Laptops – Auswahl an Mikroelektronik

Tab. 11

Das Fab Lab an der Universität Bremen wurde 2012 von Heidi Schelhowe und ihrer AG dimeb gegründet. Das Fab Lab ist eine kreative Umgebung, die einerseits zum Lernen und Experimentieren anregen und andererseits die professionelle Umsetzung eigener Ideen ermöglichen soll.

Unser Schwerpunkt liegt in der Auseinandersetzung mit Digitalen Medien und Fertigungstechnologien und richtet sich insbesondere auf die Qualifizierung von Nachwuchskräften, die Förderung von informatischer und Medienkompetenz und das Wecken von Interesse für technische und kreative Berufe sowie neue Technologien.

Das Fab Lab in Bremen ist ein Ort, an dem Schüler*innen, Studierende sowie Lehrende und Forschende Möglichkeiten antreffen, um ihre Kompetenzen und Kreativität zu entwickeln und mit unterschiedlichen Technologien und Materialien zu experimentieren. Es gibt Einblicke in die Entstehungsprozesse und Funktionsweisen von Technologie und schafft Bedingungen für einen transdisziplinären und intergenerationellen Wissens- und Technologietransfer.

Ausgestattet ist das Fab Lab mit einem Lasercutter, einer Reihe von 3D-Druckern (vorwiegend Ultimaker und Prusa), einem Plotter, 20 Laptops für die Arbeit mit Schüler*innen sowie Studierenden, sehr viel kleinteiliger Mikroelektronik und einer Bibliothek.

Das Fab Lab wird für den laufenden Betrieb aus unterschiedlichen Töpfen finanziert. Für die Arbeit mit Schüler*innen erhalten wir ein wenig Geld für den Materialverbrauch, die Forschung im Fab Lab ist in der Regel drittmittelfinanziert oder wird von engagierten Promovierenden vorangetrieben, die Lehre wird über universitätseigene Töpfe getragen und das im Fab Lab tätige Personal ist kompetent und hoch motiviert, aber in der Regel nicht direkt über das Fab Lab angestellt. Anfragende anderer Disziplinen und Studiengänge im Bereich von Forschung und Lehre werden in einem basarähnlichen Gespräch, in dem die benötigten zeitlichen und materiellen Ressourcen abgeschätzt werden, uniintern verrechnet. Manchmal werden die benötigten Mittel in Naturalien ausgeglichen, manchmal über eine Fondsnummer und Fachbereichstöpfe. Ein Geschäftsmodell fehlt noch.

Offen ist das Fab Lab vorwiegend für alle Statusgruppen, Disziplinen und Studiengänge der Universität Bremen. Vorbehaltlich vorhandener zeitlicher Ressourcen und/oder einer Finanzierung ist es aber auch für anfragende Schulen zugänglich. Zudem haben wir wöchentlich zwischen zwei und sieben Praktikant*innen aus Schulen.

Geleitet wird das Fab Lab von Heidi Schelhowe, wobei es aber noch viele andere Akteur*innen gibt, die eigentlich genannt werden müssten, weil ohne sie das Fab Lab nicht der Ort wäre, der er heute ist: zentral gelegen, mit viel Platz und spannenden Menschen und der Entwicklung, dem Austausch und der Umsetzung von innovativen, manchmal verqueren Ideen gegenüber aufgeschlossen, aber immer bemüht um zukunftsweisende Projekte.

Dazu gehört zum Beispiel auch die Gründung eines Fab-Lab-Vereins, dessen Räumlichkeiten mitten in der Stadt der breiten Öffentlichkeit und einer wachsenden Fab-Lab-Community den Zugang zu digitalen Produktionstechnologien ermöglicht.

Durch die enge Kooperation zwischen dem an der Universität angesiedelten Fab Lab und dem Fab-Lab-Verein werden wissenschaftliche Erkenntnisse in die Fab-Lab-Community transferiert, während Problemstellungen und Erfahrungen aus der Community zurück in die Universität fließen.

14.4 Das Fab Lab in Siegen

Steckbrief Siegen

Besonderheit	Bottom-up aus der Studierendenschaft entstanden und dann in Richtung Projekt der gesamten Universität und Region entwickelt, Innenstadtlage
Ansiedlungsort	Projekt eines Zentralinstituts, der iSchool in Siegen, mit Projektleitung durch den Lehrstuhl für Computerunterstützte Gruppenarbeit und Soziale Medien (CSCW)
Raumgröße & -anzahl	Ein großer Raum von ca. 250 m², ein Lager, ein Büro sowie eine Küche
Zielgruppe	– Studierende – Lehrende – Forschende – Große regionale Community aus privaten Personen und Firmen
Personal	In Aufbau/Entwicklung befindliches Lab-Koordinationsteam: – 3 nichtwissenschaftliche Mitarbeitende – Ca. 1–2 Promovierende – 2–4 SHKs
Lehr- und Bildungsangebote	– Unterstützung der Lehre und von Bildungsangeboten Dritter – Unregelmäßig eigene Seminare – Offene Workshops (meist aus Forschungsprojekten) mit verschiedenen Schwerpunkten aus Projekten und von Nutzenden – Regelmäßiger »Open Lab Day« – Monatliches Plenum
Art der Projekte	– Mensch-Computer-Interaktion und CSCW – Interdisziplinäre Bildung – Internationale und interkulturelle Zusammenarbeit
Maschinen	– 12 3D-Drucker – 1 Lasercutter – 1 Schneidplotter – 1 CNC-Fräse – 1 UR10e-Roboterarm – Holzwerkstatt – Elektrowerkstatt – VR-Ecke – Laptops – Kreativmaterial – Hand- und Elektrowerkzeug

Tab. 12

fab101.de/siegen

Abb. 80 Das Fab Lab Siegen von außen

Das Fab Lab Siegen hat als Projekt den Auftrag, in Siegen ein Fab Lab als dauerhafte **Infrastruktur** aufzubauen. Dies soll, soweit möglich, als ›Reallabor eines Labors‹ stattfinden, d. h., das Labor wird als experimentelle Struktur bottom-up aufgebaut und folgt in seiner Entwicklung neben Hochschul- und Projektinteressen im Bereich der Digitalisierung und der Lehre auch den sich entwickelnden Wünschen und der Nachfrage, die sich aus der Community und der Region in der Praxis ergeben.

Ca. 2013 hat das Fab Lab Siegen als **studentische Initiative** begonnen. 2014 erfolgte dann eine erste Förderung für die Erstausstattung. 2015 wurde das Fab Lab als Projekt in ein Zentralinstitut der Hochschule integriert und die Übertragung der leitenden Verantwortung an einen **Professor** übertragen. Die operative Leitung des Labors hat seitdem ein Team aus WiMis und nichtwissenschaftlichen Mitarbeitenden mehrerer Lehrstühle inne. Die Finanzierung von Personal und laufenden Kosten ist drittmittelabhängig und wird aus Hochschulzentral- und Lehrstuhlmitteln sowie durch Spenden (zwischen-)finanziert.

Der derzeitige **Raum** des Fab Labs Siegen wird von der Stadt bereitgestellt und liegt zentral im Stadtzentrum in einem ehemaligen Ladengeschäft. Er ist ca. 250 m² groß und unter anderem mit Arbeitsmöglichkeiten für bis zu 30 Personen und einer Veranstaltungsfläche für bis zu 70 Personen und mehr ausgestattet. Neben den üblichen Geräten aus dem Fab Inventory gibt es einen Roboterarm, Kreativbereiche, VR-Geräte, Nähmaschinen sowie eine Küche.

Um das Fab Lab Siegen haben sich starke und **vielfältige Community-Strukturen** entwickelt. Im Rahmen der wöchentlichen offenen Laborzeiten sind im Jahr 2019 meist zwischen 6 und 25 Nutzende gleichzeitig und über einen gesamten Tag ein Vielfaches davon im Fab Lab Siegen gewesen. Fast täglich sind einzelne Gruppen von Studierenden für individuelle Termine und offene Betreuungsangebote vor Ort. Ähnliches gilt für ca. bis zu zehn weitgehend selbständige hochschulexterne Nutzende.

Neben der direkten Community der Nutzenden gibt es auch Stakeholder, die wirtschaftliche Dienstleistungen des Fab Labs Siegen anfragen. Dies betrifft insbesondere Beratungen, Schulungs- und Qualifizierungswünsche sowie Forschung, Entwicklung und (Einzel-)Fertigung, aber auch Eventformate oder den Wunsch nach Coworking. Die Nachfrage nach solchen Angeboten ist deutlich höher als das mögliche Angebot. Dies liegt vor allem am örtlichen Umgang mit der hoheitlichen Finanzierung von Infrastruktur und Personal, die wirtschaftlichen Aktivitäten Grenzen setzt.

Seit Projektbeginn sind deutlich mehr Drittmittel im Zusammenhang mit dem Fab Lab Siegen eingeworben worden als Kosten verursacht wurden. In der Praxis hat sich jedoch auch klar gezeigt, dass selbst aus Drittmittelprojekten, in denen das Fab Lab wesentlich für die Antrags- und Projektlogik zuständig ist, eine Beteiligung am Betrieb und den (Dauer-)Aufgaben des Labors nur in geringem und nicht annähernd kostendeckendem Maße möglich ist. Mittel- bis langfristig ist daher das Ziel des Fab Labs Siegen, für diese Kosten ein langfristiges Finanzierungsmodell auf der Basis einer Kooperation der Universität in Form von hochschulexternen, regionalen Partnerschaften zu finden. Der offene Charakter des Labors soll dabei als Alleinstellungsmerkmal und Erfolgsvoraussetzung erhalten bleiben.

Abb. 81
Neil
Gershenfeld

Interview mit Neil Gershenfeld

Neil Gershenfeld is an American physicist and computer scientist. He currently heads the Center for Bits and Atoms at MIT, a spin-off from the MIT Media Lab. There he researches various areas of physical computing and alternative computer technologies. He founded the first Fab Lab there in 2001 and is considered the founder and thought leader of the maker movement.

What impact has the Covid-19 pandemic had on HTMAA, Fab Academy, the Fab Lab movement, and making?
Neil Gershenfeld: In a bunch of unexpected ways, the pandemic had an influence. I would never say it is a feature, given all the loss from the pandemic, but the pandemic accelerated futures more quickly. On the one hand, there was DIY which responds quickly, but does not scale and lacks a real research base. On the other hand, there is mass manufacturing that scales, but does not respond quickly. And what we found in the immediate pandemic response are these distributed, coordinated responses. So I have been running research workgroup meetings at MIT that have grown to hundreds of people on the basics of science and technology of how rapid prototyping can help with the pandemic. And then there are initiatives like in India in Mumbai, that coordinated production of a million items of PPE (personal protective equipment) across India, they took the whole Bay Area and makerspaces and turned it into a worker-owned cooperative. A number of these initiatives were neither DIY nor mass manufacturing, but distributed network production, very much getting at a future of global supply chains, being globally connected for knowledge, but doing local production. That is the most immediate influence of the pandemic. This leads to a bunch of interesting collaborations of researchers, big companies, little companies, governments, and community activists just in the immediate pandemic. For FABX live, we would all gather for a global fab meeting and do lots of carbon footprint. This year it was completely online and work almost as well, or in some ways better than the traditional media because it was more accessible and inclusive. And I think what the future is going to look like is very blended. It is not going to be we all go to one place, but it is neither going to be that we all are looking at a computer screen. There will be local gatherings that we then linked globally in a much more balanced kind of blended future. The pandemic hit in the middle of the Fab Academy, and we had to quickly scramble to figure out, do we just give up and cancel the cycle? What happened instead was a whole bunch of interesting responses. A lab in UAE worked on a complete VR immersive lab so you could learn about it at a distance. The Yanyi in Finland worked on remote links into his lab so students could be at home, but work at machines in the lab. Barcelona worked on many machines for students to take home. And right now in the fab class at MIT, MIT is open but with limited lab access and a limited population of students. At MIT, students are coming in to use the big machines, but we put together home labs for everything else, in particular the electronics. My student Jake has done a version of a little precision mill you can make in the lab. Now, we make kits of those for all the students to do a PCB milling. Additionally, we work on putting together a complete electronics kit and a briefcase, including a telescope and power supply and test equipment, and the inventory of components. Instead of students coming in to do the electronics work, each student gets their little machine and electronics lab.

Can you talk about what the cost is per student that you can get?
The Fab 2.0 labs making labs, where the lab is no longer the scarce resource. Everybody having access to the tools is

something we saw in the future and it is getting accelerated. There is a PCB mill in development which is a multi-headed version with a bigger volume aimed at covering more of the lab processes. And it builds on a whole bunch of prior things. So it is a mix of 3D printing plus extrusions to be able to quickly make a high-performance machine. And using interesting distributed network controllers he developed. The bomb cost for the home electronics lab per student is the following: We have to calibrate in the how to make class at MIT the budget. We have ten thousand dollars per section per semester. A section is 15–20 students. This is incremental cost and so this is consumables, projects, things like that. It means we are spending between 500–1000 US dollars a student on both weekly consumables and final project materials. And we are doing a similar budget for this. But now it is 750 per student for setting up their home labs and 250 for the central materials. The machine cost is a little higher. There are a number of few hundred dollars little and very variable tabletop NC mills on the market. We chose to do our own, even if it adds a bit to the cost because they have not gone through aggressive cost reduction, both for performance, but just for the kind of virtuous circle of open designs you can make in a lab and refined in the lab.

HTMAA was a university course. What did you change to create Fab Academy, and what model would you recommend other universities to establish?
Neil Gershenfeld: Fab Academy is primarily the same as the HTMAA. There are a few topics we do not do in HTMAA like management of intellectual property. But the MIT class was anomalous at MIT when they started teaching. It was aimed at a few research students and hundreds of students painful process to figure out how to change what we are doing to fit those standards. Instead, we did what we believe in, but we looked at how you can align it against the standards and so the growing body of accreditation that recognizes this as a different path to European credits. One of the things in turn now coming out from that is we are looking at progressing further. We do not plan a master's or Ph.D. thesis, but a diploma thesis as the next stage that you can do after the Fab Academy. It leads to this really interesting overlay where a student at the same time can be a student in her*his home institution, but also participating in the global program. I think it is a really important point because I see every institution tries to do its version of a maker class and sort of tries to reinvent the same body of material rather than leveraging the power of these educational networks.

How would you address the different national educational systems and the friction they create in an international brand like Fab Academy? How would Fab Academy scale?
From the beginning of the academy, we decided not to make it a charity, but to make it sustainable. And that meant exposing the real costs. As you know well, in much of Europe and in particular in Germany, there is a misleading fiction that it is free, that education is free. A lot of money gets moved, but the student does not see the money pipelines. One of the challenges is to tap into the money spigot that is paying for the free education and be able to spend that against the cost of running something like the Fab Academy. We are seeing some institutions starting to do that.

I take your question into two parts. One is just the financial sustainability of the Fab Academy, and another one is

would show up and they would say things like 'Can you teach this at MIT? It seems to be useful.' Or just year after year, students say this is the best class they have ever taken. This is what I came to MIT for. The class is very much just in time learning, peer learning, quick reduction to practice, and very different than almost any class at MIT. HTMAA is not a traditional university class in any way. To a great extent, I would say Fab Academy is more similar than different to HTMAA. Thinking about how it relates to university, there are a couple of really interesting arcs growing out. One is George Church. He was struck by the impact of Fab Academy and that led to the idea of the Bio academy, then the Textile Academy grew out, and then this idea of Academany, the academy of almost anything is beginning to emerge from these classes. When we started Fab Academy, I casually looked into getting a .edu for it and they said, you have to be accredited. But we ran into gears grinding because you accredit geography, you accredit a place. There is no way to accredit a network. The creditors said something really useful. They said, pretend, pretend you are accredited, make it real and we will eventually catch up to you. In HTMAA I just give a grade. In fact, in the Academy students build that very same sort of portfolios, but we have a very rigorous review process because there is not a traditional registrar for grading. We have local instructors and global instructors to supervise this grading. This is a very rigorous skills-based portfolio to document students skills. Based on all of that, we give a credential, this Fab diploma. Something I did not expect initially is in several parts of the world, but in particular in Europe, that it is getting recognized against ECTS credits. There are still some European educational institutions where we did not go through a how it relates to a more traditional institution. In the Fab Academy we are working a lot on is the talent pipeline. There is tremendous demand for people with exactly the sort of skills and sensibilities the Fab Academy trains and documents. But we do not capture that value for anybody, they are done, when they are done. A lot of money gets spent on just Human Resources (HR), on finding people with tech skills. I do think this is going to be a really important part of the Fab Academy. Financial sustainability is the value of the people coming from this pipeline, helping to pay for the costs of the pipeline, not for a traditional institution. All the content online in the videos, everything I do in HTMAA and Fab Academy, the things that do not cost to share, we share freely. The things that cost are aspects that consume resources, being in labs, getting oversight. A baseline for any German university is they know better than anybody else. They can make their own educational programs. They are welcome to use this sort of curated material, but stick to their own educational model. But again, like the whole fab story, the power really comes in networks. Surfing best current practices in the emerging world of digital fabrication and building, collaborating cohorts is a pretty high bar for an institution to manage. As the Fab Academy has grown, every year I think maybe its usefulness has outlived and it is over, but each year it keeps going. I've seen this virtuous circle of propagating best practices and training, collaborating cohorts, but I never expected to have, like the Siobhán and community group in India as peers. Going back a few years, I wrote an essay asking: Is MIT obsolete? My answer was 50 %, that means of what is done at MIT needs the cost structure of MIT. It uses very specialized tools and very specialized people and specialized resources, but about 50 % does not. The question is, what can you do in a setting like the Fab Academy, and what needs a campus? On-campus, we spend up to a thousand dollars a square foot in space and we reject almost everybody who wants to be there. And the people who are there are unusual and high in productivity. I do not know how many more years I will keep ping-ponging between HTMAA at MIT in the fall in the Fab Academy in the spring. But there is a sort of an interesting cycle between them. In the MIT class, you know, I do refreshes revisiting new devices and technology and then help propagate it globally through Fab Academy. Though, bit by bit the Fab Academy students are doing more impressive work than the MIT students. Therefore, I take the work of the Fab Academy students and I bring it back to MIT to challenge them and show them and sort of stretch them. The 5000 dollars we charge for the Fab Academy split between local and central cost is more than zero, but it is much less than a traditional university fees. And so ultimately, this is kind of nibbling at the role of the traditional university versus this much more kind of distributed network educational model.

What's your idea for Fab Academy scaling in that sense?
Neil Gershenfeld: Scaling is an interesting word. Fab Labs went through many years of exponential growth. The Fab Academy has been more like a linear growth. It has, and it is growing, but not exponentially. It is a very kind of curated training for the trainers. One of the thoughts we have on scaling is adding Fab Academy X, sort of by analogy with Ted X, adding one fan out where the Fab Academy runs as we know it. That means training the trainers. But then you run versions in local languages and local time cal lab creation. The way to create the thousand dollar labs is not to mass-produce them in Shenzhen, it is to create local million-dollar labs with the tools to create the ten thousand dollar labs. In a place like Aachen, you absolutely should have one of these super labs, but there is a shading there because a lot of universities have the tools I just started enumerating. The problem is they are in different spaces and they are very locked down. You cannot use them like you use the fab lab. It is not a matter of just taking off the tools, but doing the social engineering for the space around it. One aspect I can think of is more advanced universities explicitly having super labs aimed to anchor regional networks and labs. But once we got up to a thousand fab labs, I lost interest in counting because it just makes less sense. What is interesting now are the programs. Organisations like the National Fab Lab Network bill in the US give universal access to digital fabrication or the Fab CD program. The question is: once you have the lab, what is the impact of it?

Should every engineering student take HTMAA? What about every student? The population at large?
That has been an interesting discussion. I was very frustrated for many years when I started teaching HTMAA. We had so many students from for example the School of Architecture and the School of Electrical Engineering and Computer Science trying to take it. Finally, also Harvard students were trying to take it. But the students were voting with their feet, trying to get in. For many years we could only take a fraction of the students trying to get into it. But the heads of the departments they were coming from would say, that they do not need to change anything because mechan-

zones taught by Fab Academy instructors, and they go through the same curriculum, the same sort of oversight. They are doing a localized version rather than the global version. And it is a bit like Ted does not scale, but Ted has scaled in the same way the Fab Academy keeps running. But you have this localized version for fan out and that is something we are looking at to help provide that kind of scaling.

What do you see as the future of Fab Labs over the next five years? At universities and elsewhere?

One direction is, Fab 1.0 is 100,000 US dollars, two tons of room of about 10 machines. Fab 2.0 is labs making labs. And then in the research roadmap, Fab 3.0 is that subtractive and additive is replaced with assembly and disassembly. And 4.0 is self-assembly. To get to 2.0, something I did not expect to happen is us helping regions of the world set up million-dollar super labs. My lab at MIT you can think of is a 10 million dollar research lab with million-dollar machines, then a million-dollar workshop with a hundred thousand dollar machines, then one hundred thousand dollar fab lab with ten thousand dollar machines, and then a ten thousand dollar mini-lab with thousand dollar machines. In the million-dollar lab that has things like what are jet cutters and wire items and any one of those costs as much as a Fab Lab but they are the dream tools to make the advanced parts of lab tools. After doing Fab Labs in Kerala, in India, we helped them set up a million-dollar lab. We are doing this in Bhutan next. There is a few other parts of the world and it looks like we will be creating a real network of these million dollar super labs whose job first and foremost is creating labs. It is the technology base to do local engineering teaches mechatronics. But the mechanical students were saying, that they were not learning it and that they need this HTMAA class. There was a disconnect between schools and departments who felt like they were meeting this need and the students who felt like it was not met. It has gotten a little better because the notion that access to making is a common skill that should be widely spread has propagated. We used to drown in business school students who wanted to do tech entrepreneurial programs and want to try to get in the class. They would see the shiny things coming out from it and then would panic when they discover you have to work hard. What has emerged are things that are less than HTMAA, but intros to making aimed at business school students or smaller makerspaces on campus where you can learn to use an Arduino, but not learn to make an Arduino. Those courses have taken some of the pressure off HTMAA and meet more of the immediate need. HTMAA is for students that want to study further. We have had some discussions about the idea of this should be a universal experience. I have stayed away from a shorter version for everyone just because the system works so well, but at MIT other people have been stepping in to fill that gap. And initially, I felt like they are trying to teach what I am teaching. But the way it is settled there is a lower threshold that is getting met with more people learning less.

Is making a fashionable trend, or is there a longer-lasting, fundamental reason and need for it?

Last weekend, Laura and I were hiking in New Hampshire mountains and we drove back through Portsmouth, New Hampshire. That is a beautiful town that claim to fame is that is where White and Macworld and almost all the computer magazines were published. In ten years of bite, each issue of bite was such an exciting thing, and eventually, that dissipated. A bit analogous to how *Make:* magazine dissipated. But talking to you right now, I am counting 15 computers around me if you define not necessarily a computer interface, but the capacity of PDP (Programmed Data Processor). I no longer get *BYTE* magazine but I am surrounded by computing and that is probably the same in Aachen. We are coming out of the *BYTE* magazine phase where the act of making itself is what is notable. And what is interesting now in computing is not that you compute, but what do you do with it? You should not view digital fabrication and isolation, it is the fulfillment of communication and computation. You need to marry them, but this ability to bridge between hardware and software, between bits and atoms is sort of the fulfillment of this era. One hundred years ago, MIT had an electricity lab and just the very existence of electricity was notable. Then there was the computer lab phase. The pioneering era of Seymour Papert and Alan Kay was around this rare thing of being able to use a computer and the early days of HTMAA, where it was rare to have access to these digital fabrication tools. But now they are ubiquitous, now they are integrated. What is interesting that it is a new kind of literacy, but what do you do with that literacy? Another question that everybody focuses too much on is the fab lab embodiment as we know it today, which is going to be obsolete relatively briskly. What is interesting is what you do around it in the same way as date back using a PDP. The skills of how to use a PDP are obsolete but what you do with the PDP is as relevant as ever. ing some of the first quantum computers or making assemblies for spaceships, we looked at where the CBA fitted at MIT and it should move. Bill Mitchell had a really interesting perspective: You can view CBA emerging in the School of Architecture and Planning as just a historical accident or there is a deeper way to view it, which is it is like working in an atelier. It is design, but the means of expression are very, very different. But the sensibility is a design sensibility. I think that the challenge for design as a field is to stay relevant. Because the future designers and the future consumers of the designers, there is a risk of them running away from you. A student who comes through the Fab Academy is not segregated as hardware, software form function. They are empowered to design across means of expression. A real revisiting of just what is the scope of design, what it means, and recognizing how much that has expanded.

Looking back, what is the most successful topic in HTMAA, what the least successful?

I think the most successful is just the format. But for example having only one week with embedded programming, that is ridiculous. I am sure in Aachen, there is a multi-year sequence to learn embedded programming. To do embedded programming in a week, what does that even mean? In that one week, you learn what the words are. You learn about the taxonomy of types of processors. Crucially, you do a hello world project. You write programs for a processor, and then you learn pointers to go further. After that week you keep revisiting the topic by reusing it in the weeks to come. You get equipped to continue learning. Each week you do a rapid reduction to practice. One of the best assign-

What do you think is the role of design or thinking like a designer and design thinking?

Neil Gershenfeld: 'How to design almost anything' (HTDAA) started as a class at MIT. The people who are driving it were inspired by HTMAA and it was this really interesting exercise in a quick one week cycle of learning a skill across the whole space of design. Organiser ran into a lot of pushback from the canon of design as more traditional designers design education who did not like this way of teaching in the same way. It helps at MIT that I exist in a funny sort of outlier bubble outside of the more traditional department structure. So for HTMAA gears are grinding against the more traditional design education. Fab Academy is a design class, but it is design and hardware, design and software, it is designed to form, it is to design a function. It is a much wider sense of design. A few years back, I did a keynote for the 'International Design Association' and in the talk, I yelled at them for inappropriately segregating the meaning of design. The means of expression have changed since the Renaissance. Design can be so much more than Industrial design of how something looks, it can be molecular mechanisms, it can be the microcode algorithms that all are designed in a recognizable sense of design, but is very, very different means and media. And I was surprised by the reaction afterward: In this room full of designers some of them literally in tears were saying that is what they always wanted. I love and hate the word design. The word design gets over and over inappropriately segregated and does not really embrace these means of expression. CBA grew out of the media lab, the media lab grew out of the architecture machine group. It is in the School of Architecture and Planning at MIT. Several years ago as we were doments is in computer-controlled machining which is simply to make something big. I think the most successful thing was the style of learning content which is very different than the traditional pedagogy. I guess the least successful ultimately is this FAb 2.0, that a lot of the work in the class HTMAA has to do with preventing people from taking it. Students apply and we have to filter them and then we have to get rid of the ones who cannot take it. The implicit assumption that the class is limited by the number of machines we have is what the pandemic has pushed. A future where you can teach the class where machines are no longer limiting. The class started just as outreach for the original NSF investment in CBA, where we had this big NSF investment, and this was to do outreach from it, expanding access to the tools. I think it is the biggest blind spot we had when we started. In terms of the content, Fab Academy has been surprisingly stable. The reason I enjoy teaching it every year for many, many years is the annual ripping up and relearning and redoing.

What are the key differences in your world view between "Fab" and "Designing Reality"?

I wrote 'Fab' because people kept asking me about Fab Labs and I got tired of answering. I wrote 'Designing Reality' for two overlapping reasons. One is people were too focused on a Fab Lab as a laser cutter and a 3D printer and missing Glasses Law following Moore's Law of 50 years of scaling. Technologically, what does it mean to go from PDP to IoT, but for digital Fab? The other reason: I wrote it and we mentioned this in the book, The Genesis. My mother, who is no longer living, had memory loss, she had trouble conversing, but she enjoyed hearing me and my two brothers talk. Therefore, we would visit her and we would just talk to each other. And what came out of those conversations was. They believe me in the technical roadmap, and they thought I was being hopelessly naive about everything else. I felt like if everybody can make anything, we are done and we have succeeded. They looked at the early kind of libertarian to utopian views of the computer revolution and then saw parallels in fab, missing the equivalent of spam and fake news and income inequality in the city. I was not being crushingly naive about how technology plays out in society. But if I am right about the road map, which they believed, it meant we need to start thinking now about how to shape how it emerges in society rather than waiting 50 years for spam and fake news and inequality to be rediscovered again for bits to atoms. It was very hard to write the book. I have known them for years. Alan developed and ran the studio, an activist in the biggest videogame studio then switched the games for education and social change, and Joel ran the National Labor Relations Organization. And it was not until we started writing the book that we discovered how alien we were to each other, just how fundamentally different how we think was. There was a really funny thing at the end of the book where we were talking about propagating versus scale and we were writing about that. To me, propagation is bad, that is a linear process, scaling is good, that is exponential growth. To them, scaling is bad because it means you have to do the scaling and propagation is good because it means that self-reinforcing and it turns out we were just using the words exactly opposite of each other. But the book was really about this dialogue. The technical vision and designing reality goes far beyond the fab book, which is my contribution. But the social impact

rials for advanced manufacturing. I think the real message to share with German advanced education institutions is: Are you obsolete? There is a security in the German education system, in the hierarchy of your doctor, Professor. But take the last Fab Academy cycle where there is a vegan fab lab in a little village, and the students in the Sorbonne is one example completely as peers on an equal footing. Of course, that is just digital fabrication, not the whole university education. But it raises the question, how much can be done in this, not do it yourself, but in this distributed way, and how much can be done in a centralized way? Are Fab Labs obsolete? Can they compete in this world? Where do they add value? It is not about what the Fab Academy can do, it has to do with what the Fab Academy cannot do.

and implications are much broader for good and evil which is Joel's and Alan's contribution.

What are you excited about right now in your own research?

Neil Gershenfeld: A lot of my publishing is manic depressive, that there bursts of things than quiet periods. With beginning to emerge many things have been percolating. The idea of digital materials and assemblers for digital materials, we are starting to produce. We just got a paper accepted in science advances on mechanical metamaterials as a new kind of material science. We are working with Airbus on planes and Toyota and cars and Oldendorf on ships and just that whole chunk of the idea of digital materials being different from analog. I just gave a talk at a High-Performance Computing meeting on robotically assembling of computing structures. So hardware has the same structure as software. All those things that I have been talking about for a while are starting to happen. You have heard me talk for years and I talk about fab one, two, three, four, and assembling assemblies. But it is starting to happen in ways that are not just me arguing for it, but producing new kinds of results and things that did not exist before with compelling impact.

What are the answers Personal Fabrication can provide to global sustainability challenges, especially climate change, within the timeframe necessary?

The work I am describing is all about things like radically improving energy efficiency, energy conversion, and sustainable use of local resources. We have projects on sustainable use of natural materials to make High-Performance Mate-

15

(R)evo-lution!

Die Fab Labs der Zukunft

Wie geht es mit Fab Labs weiter? Im ersten Teil dieses Kapitels betrachten wir die Zukunft von Fab Labs an deutschen Hochschulen in den nächsten paar Jahren. Im zweiten Teil dann werfen wir einen tieferen Blick in die Glaskugel. Sie erfahren, weshalb die Revolution der digitalen Fabrikation erst ganz am Anfang steht und wie Fab Labs auch die nächsten fünfzig Jahre eine Schlüsselrolle in dieser Revolution spielen können.

15.1 Fab Labs an Hochschulen: Die 5-Jahres-Perspektive

Welche Entwicklung Fab Labs an Hochschulen in der näheren Zukunft durchlaufen werden, lässt sich recht eindeutig beantworten: Aufgrund der laufenden Förderprogramme und guten Rahmenbedingungen werden sich Fab Labs weiter etablieren und in der Lehre verankern. Durch die flexible Fertigungsinfrastruktur wird die Integration in Forschungsprojekte interessant, was die Finanzierung von Fab Labs mittelfristig sichern kann. Sie werden so dazu beitragen, den interdisziplinären Austausch unter Studierenden zu fördern, innovative Technologien niederschwellig nutzbar zu machen und technologische Entwicklungen kritisch zu hinterfragen. Es ist zu erwarten, dass dies durch neue Förderlinien in den nächsten Jahren unterstützt und die Nachfrage nach Kooperationen aus Industrie und Handwerk wachsen wird.

Langfristig ist die Entwicklung von Fab Labs an Hochschulen jedoch wesentlich schwerer einzuschätzen, da technologische Entwicklungssprünge und gesellschaftliche Entwicklungen nur in begrenztem Maße vorauszusehen sind. Es wird aber bereits heute deutlich, dass Entwicklungsfelder wie KI-, AR- und Biotechnologien in Fab Labs verstärkt Einzug halten werden. Auch Themenfelder wie »Nachhaltigkeit« und »Bildung« werden sich dort weiter etablieren, da Fab Labs ideale Rahmenbedingungen für die notwendige interdisziplinäre Erforschung ganzheitlicher Prozesse bieten.

Fab Labs werden sich technologisch immer wieder neu erfinden müssen und von der technischen Infrastruktur her sicher nicht mehr so aussehen wie heute. Derzeit übliche 3D-Drucker und grundlegende Fertigungsmaschinen werden zwar weiter eine Rolle spielen, aber sie werden um zunehmend relevantere Technologien, wie hybride Fertigungssysteme und KI-getriebene kollaborative Technologien, ergänzt werden, was den Charakter der Fab Labs verändern wird.

Die Funktion eines Fab Labs als kritischer und innovationsfördernder Katalysator in der Hochschule wird dabei jedoch hoffentlich erhalten bleiben und professionalisiert werden.

Rahmenbedingung dafür wird auch die Entwicklung der Förderlandschaft sein. Die gezielte finanzielle Förderung von Fab Labs über Sondertöpfe und Förderlinien wird langfristig keinen Bestand haben. Langfristige Finazierungswege müssen aber gefunden werden, was für viele Einrichtungen eine große Herausforderung darstellt. Falls der Mehrwert für Forschung und Lehre in den Hochschulen aber erkannt und verinnerlicht wird, könnte eine langfristige Finanzierung über zentrale Mittel der Hochschulen direkt erfolgen, was auch zu einer stärkeren Integration in die Hochschule als Institution führen wird. Fab Labs könnten so fest in einer Fakultät oder in anderen Strukturen verortet und als konstante Einrichtungen angesehen werden. Ob dadurch die einzigartige thematische Flexibilität, Unabhängigkeit und der zieloffene Charakter der Fab Labs aufrechterhalten werden kann, wird sich zeigen.

Ein Vorteil einer solchen Entwicklung wäre, dass durch planbare Personalstellen den Mitarbeitenden über ein Forschungsprojekt bzw. über eine Promotion hinaus eine langfristige berufliche Perspektive in einem Fab Lab geboten werden könnte und so neue Berufsfelder in diesem Kontext geschaffen würden.

Idealerweise werden künftig Methoden und Infrastrukturen der Fab Labs in allen Bereichen der Hochschule verankert und einer breiten Zahl von Lehrenden und Studierenden ähnlich wie in einer heutigen Bibliothek zur Verfügung gestellt. Ein weitläufiges Bündnis zwischen Schweizer Universitäten und Bildungseinrichtungen zeigt mit dem gemeinsamen Materialarchiv bereits eine mögliche Entwicklung: Material- und Prozessdatenbanken der fertigungsorientierten Lehre werden dort bereits in die klassischen Strukturen der Bibliotheken integriert und über die Universitäten hinaus auch einer breiten Öffentlichkeit verfügbar gemacht. Die dortige Entwicklung zeigt auch, dass fertigungsbezogene, interdisziplinäre Lehre in einem globaleren Maßstab über einzelne Hochschulen hinaus stattfinden kann und wahrscheinlich aufgrund der Wissensexplosion in diesem Bereich auch stattfinden muss, um eine nachhaltige Wissensverankerung zu erreichen und die Komplexität in der interdisziplinären Lehre beherrschbar zu machen. Es wäre eine sehr erstrebenswerte Entwicklung, die die heutigen Fab Labs mitgestalten können. Sie führt zu einer nachhaltigen Wissensintegration, die derzeit noch nicht vorhanden ist.

Ob dies dann immer noch den Namen ›Fab Lab‹ trägt, sei dahingestellt: Die Grenzen der Definition verschwimmen ja auch heute bereits und sind oft mehr der Ausdruck einer Idee von Lehre und offenem, technologienahem Arbeiten.

Dass der Charakter der gesellschaftlichen Teilhabe in dem Maße heutiger Fab Labs erhalten bleiben wird, ist zu vermuten, da sich die Entwicklung nicht nur auf Hochschulen bezieht, sondern vielmehr eine gesellschaftliche Dimension bekommen könnte. Vieles spricht jedenfalls auch dort dafür, da partizipative Beteiligungsansätze in allen Disziplinen immer wichtiger werden. Es ist die Erkenntnis gereift, dass eine nachhaltige Entwicklung nur mit der direkten Einbindung der Nutzenden stattfinden kann und eine Reflexion über technologische Entwicklungen mit der Gesellschaft deren Akzeptanz erhöhen kann. Heutige Fab Labs sind prototypische Orte dieser Entwicklung, von der vor allem diejenigen Hochschulen profitieren werden, die traditionell durch die internen wissenschaftlichen Abläufe in der Forschung und Lehre Schwierigkeiten haben, eine breite Bevölkerung mit einzubeziehen. Beiläufig können hier Verbindungen zwischen Forschenden unterschiedlicher Disziplinen und der hochschulexternen Öffentlichkeit aufgebaut werden, die es ermöglichen, technologische Entwicklungen sehr früh auf ihre Relevanz zu überprüfen. Aufgrund dessen ist auch zu erwarten, dass dieser Aspekt der Fab Labs in zukünftigen Strukturen seinen Platz haben wird. Da diese Entwicklung aber auch eine politische Dimension hat, wird sich zeigen, wie tief eine zukünftige Integration stattfinden kann und wie gewollt sie letztendlich von der Politik, aber auch der Öffentlichkeit ist.

Zusammenfassend sehen die Autor*innen dieses Buchs Fab Labs als Beginn einer nachhaltigen Entwicklung an den Hochschulen, die sehr wahrscheinlich dazu führen wird, dass sich die heutigen Fab Labs zu einer integrativeren Einrichtung weiterentwickeln werden oder sogar mit bestehenden Einrichtungen untrennbar fusioniert werden. Während sich die Themen wahrscheinlich zukünftig von den heutigen unterscheiden werden, werden vor allem die Prinzipien der gesellschaftlichen Teilhabe und der intendierten interdisziplinären Zusammenarbeit immer mehr in den Vordergrund rücken. All diejenigen, die heute Fab Labs an Hochschulen betreiben oder gründen, werden den Charakter dieser Entwicklung maßgeblich mitgestalten und prägen. Sie sind Wegbereiter einer nachhaltigen Entwicklung, deren Auswirkungen noch nicht abzusehen sind, deren Potenzial zur Transformation der generellen Art, zu lehren, an Hochschulen aber immer klarer erkennbar wird.

15.2 Die Zukunft der digitalen Fabrikation

Blicken wir noch weiter in die Zukunft, sind Fab Labs unmittelbar mit der Entwicklung der digitalen Fabrikation selbst verbunden.

Zum Zeitpunkt des Erscheinens dieses Buchs hat der 3D-Druck-Hype in der öffentlichen Wahrnehmung bereits seinen Höhepunkt überschritten. Dabei wird jedoch übersehen, dass die dritte digitale Revolution, die die digitale Fabrikation nach dem Computer und dem Internet darstellt, erst ganz am Anfang steht.

So erwartet MIT-Professor und Vater der Fab-Lab-Idee Neil Gershenfeld in den nächsten Jahrzehnten vier Phasen der Revolution (Gershenfeld et al., 2017), denn, nachdem derzeit digitale Maschinen, wie beispielsweise 3D-Drucker passive Objekte fertigen können, reift in Forschungslaboren bereits die nächste Generation von Maschinen heran, die in Fab Labs selbst gefertigt werden können: Dann produzieren Fab Labs ihre Maschinen selbst, die ihrerseits alle möglichen Dinge schnell herstellen können. Durch Modularisierung und dezentralisierte Steuerung sind diese Maschinen wesentlich einfacher zu fertigen, flexibler einzusetzen und besser mit komplexen Fertigungsanlagen zu kombinieren.

Die Phase danach wird die Verschmelzung der einzelnen, heute noch separaten digitalen Fertigungsprozesse ebenfalls digitalisieren und damit die komplette Fertigung als Prozess digital codieren.

Das Endziel dieser Entwicklung in rund fünfzig Jahren ist schließlich die Verschmelzung von Maschinen und Materialien zu digital programmierbarer Materie, die sich selbst assembliert. Schon heute wird auch an diesen Verfahren geforscht.

Die exponentielle Entwicklung der Anzahl von Fab Labs in der Welt wird deshalb analog zum Moore'schen Gesetz weiter stattfinden: In der ersten Phase tausend Fab Labs (eines pro Stadt in der Welt), in der zweiten Phase eine Million Fab Labs (eines pro Nachbarschaft), in der dritten Phase eine Milliarde (nahezu ein Fab Lab pro Mensch) und in der vierten Phase eine Billion (entsprechend der Anzahl Dinge, mit denen Menschen weltweit interagieren).

Natürlich werden dabei Fab Labs ihr Naturell verändern: Sie versorgen sich zunehmend selbst mit den erforderlichen Materialien, werden verteilter, kleiner, unauffälliger und selbstverständlicher – so, wie es Mark Weiser für Ubiquitous Computing in den 1990er Jahren beschrieb: »The most successful technologies are those that disappear« (Weiser, 1991). Dies passiert nicht, weil sie zu existieren aufhören, sondern weil sie sich in unsere Alltagswelt perfekt einbetten und uns als Selbstverständlichkeiten umgeben. In der digitalen Fabrikation bleiben die erzeugten Objekte letztlich ähnlich, aber ihre Produktion erfordert zunächst keine Werkhallen und irgendwann kein Inventar verschiedenster Bauteile und Materialien mehr, wenn sich Objekte aus grundlegenden Bausteinen per digitaler Programmierung nach biologischem Vorbild intelligent selbst assemblieren – und umweltfreundlich disassemblieren.

Gleichzeitig steht die Gesellschaft vor der Aufgabe, bei dieser dritten digitalen Revolution nicht dieselben Fehler wie bei den ersten beiden zu machen: Sie darf Teile der Gesellschaft nicht abhängen, und in einer Zukunft, in der theoretisch jede Person über die Entstehung materieller Objekte und Bauten so leicht verfügen kann wie heute über die Erstellung eines Online-Posts, muss ein Konsens darüber gefunden werden, wer diese Macht wie nutzen soll und darf. Die damit verbundenen Möglichkeiten für die digital gesteuerte physische Umgestaltung unseres Planeten – zum Guten im Sinne nachhaltiger Lösungen wie zum Schlechten im Sinne dystopischer Szenarien – sind kaum zu überschätzen.

Ob diese Entwicklung genau so oder etwas anders verläuft: Das Potenzial der digitalen Fabrikation beginnt gerade erst, sich zu entfalten, und Fab Labs als Orte, an denen diese Revolution erforscht, gelehrt und auch gesellschaftlich thematisiert wird, sind aus der Vision einer erfolgreichen Zukunft unserer Gesellschaft nicht wegzudenken.

Abkürzungsverzeichnis

ABS — Acrylnitril-Butadien-Styrol
AG dimeb — Arbeitsgruppe »Digitale Medien in der Bildung«
AI — Artificial Intelligence
AR — Augmented Reality
ATL — Advanced Technology Lab
bdvv — bundesverband deutscher vereine & verbände e. V.
BMBF — Bundesministerium für Bildung und Forschung
CAD — Computer-Aided Design
CHI — Conference on Human Factors in Computing Systems
CSCW — Computerunterstützte Gruppenarbeit und Soziale Medien
DGUV — Deutsche Gesetzliche Unfallversicherung
DIA-Zyklus — Design-Implement-Analyze-Zyklus
DSGVO — Datenschutz-Grundverordnung
E/A-Board — Eingabe/Ausgabe-Board
EMW — Elektromechanische Werkstatt
Fab Lab — Fabrication Laboratory
FAU Erlangen-Nürnberg — Friedrich-Alexander-Universität Erlangen-Nürnberg
FDM — Fused Deposition Modeling
GefStoffV — Gefahrstoffverordnung
GFK — Glasfaserverstärkter
GIG — Global Innovation Gathering
HCI — Human-Computer Interaction (englisch für Mensch-Maschine-Interaktion)
HDF — Hochdichte Faserplatte
Hiwi — wissenschaftliche Hilfskraft
HTMAA — How to Make Almost Anything
IoT — Internet of Things
IuK — Informations- und Kommunikationstechnologie
KI — Künstliche Intelligenz
MDF — Mitteldichte Holzfaseplatte
MINT — Mathematik, Informatik, Naturwissenschaften und Technik
MJP — Multijet Printing
MOSFET — Metal-Oxide-Semiconductor Field-Effect Transistor
NFC — Near Field Communication
OLED — Organic Light Emitting Diode (englisch für organische Leuchtdiode)
PA — Polyamid
PC — Personal Computer
PC — Polycarbonat
PCB — Printed Circuit Board
PET — Polyethylenterephthalat
PETG — Mit Glykol modifiziertes, viskoseres PET
PLA — Polylactide
PU — Polyurethan
PVA — Polyvinylalkohol
PVC — Polyvinylchlorid
RED — Reflexive Experience Design
RWTH Aachen — Rheinisch-Westfälische Technische Hochschule Aachen
SHK — studentische Hilfskraft
SLA — Stereolithografie
SLS — Selective Laser-Sintering
SLUB Dresden - Sächsische Landesbibliothek – Staats- und Universitätsbibliothek Dresden
TH Wildau — Technische Hochschule Wildau
TPE — Thermoplastische Elastomere
TPU — Thermoplastisches Polyurethan

TRGS	Technische Regeln für Gefahrstoffe
ViNN:Lab	Venture Innovation Lab
VOW	Verbund Offener Werkstätten e. V.
VR	Virtual Reality
WiMi	wissenschaftlicher Mitarbeitender/wissen schaftliche Mitarbeitende

Tabellenverzeichnis

Tab. 1 Studentisches Fab Lab — 115

Tab. 2 Institutsinternes Fab Lab — 115

Tab. 3 Fab Lab als Zentraleinrichtung — 116

Tab. 4 Ausgewählte typische Checklisten-Items im Rahmen einer Gefährdungsbeurteilung — 125

Tab. 5 Themenkatalog Lehrveranstaltung »Fab Lab« — 181

Tab. 6 Forschungsprojekte Aachen — 189

Tab. 7 Forschungsprojekte Bremen — 190

Tab. 8 Forschungsprojekte Siegen — 191

Tab. 9 Steckbrief Essen — 226

Tab. 10 Steckbrief Aachen — 228

Tab. 11 Steckbrief Bremen — 230

Tab. 12 Steckbrief Siegen — 232

Literaturverzeichnis

FAB Foundation (2012): The Fab Charter. https://fab.cba.mit.edu/about/charter/ (abgerufen 26.01.2021)

Gershenfeld N., Gershenfeld A., Cutcher-Gershenfeld J. (2017): Designing reality: How to survive and thrive in the third digital revolution. New York: Basic Books

Lange B., Domann V., Häfele V. (2016): Wertschöpfung in offenen Werkstätten: Eine empirische Erhebung kollaborativer Praktiken in Deutschland (Schriftenreihe des IÖW 213/16). Berlin: Institut für ökologische Wirtschaftsforschung

Schachtner C. (Hrsg.) (2014): Kinder und Dinge: Dingwelten zwischen Kinderzimmer und FabLabs. Bielefeld: transcript

Schelhowe H. (2016): ›Through the Interface‹ – Medienbildung in der digitalisierten Kultur. Medienpädagogik: Zeitschrift für Theorie und Praxis der Medienbildung, Heft 25/2016, 40–58. https://doi.org/10.21240/mpaed/25/2016.10.27.X

Weiser M. (1991): The Computer for the 21st Century. Scientific American, September issue, 94–104. https://www.lri.fr/~mbl/Stanford/CS477/papers/Weiser-SciAm.pdf

Zhang Q., Wong J. P. S., Davis A. Y., Black M. S., Weber R. J. (2017): Characterization of particle emissions from consumer fused deposition modeling 3D printers. Aerosol Science and Technology, Volume 51, 1275–1286. https://doi.org/10.1080/02786826.2017.1342029

Abbilddungsverzeichnis

Abb. 1 Ein typisches Fab Lab, hier in Island © *Frosti Gíslason, Saethor Vido, Neil Gershenfeld* — 16

Abb. 2 Das erste Fab Lab. Kleiner Witz. *Alexander Bönninger* — 24

Abb. 3 UR5-Roboterarme an der Folkwang Universität der Künste *Daniel Wilkens* — 24

Abb. 4 Die stets griffbereiten Handwerkszeuge *Oliver Stickel* — 24

Abb. 5 Metall-Arbeitsplatz *Oliver Stickel* — 25

Abb. 6 Mitch Altman *Dennis van Zuijlekom* — 37

Abb. 7 Mobiler Lötarbeitsplatz an der Folkwang Universität der Künste *Daniel Wilkens* — 42

Abb. 8 Dynamische Nutzung des in Fab Labs vorhandenen Platzes: Geräte auf Rollwagen *Oliver Stickel* — 42

Abb. 9 Fräsmaschine *Oliver Stickel* — 43

Abb. 10 Lasercutter, der Pappe schneidet *Oliver Stickel* — 43

Abb. 11 3D-Drucker im Regal *Oliver Stickel* — 49

Abb. 12 Lagerung von Filamentrollen für den FDM-3D-Drucker *Oliver Stickel* — 53

Abb. 13 Studierende bei der Arbeit mit der Schaper-Origin-Fräse *Daniel Wilkens* — 60

Abb. 14 CNC-Fräse mit Absaugung *Oliver Stickel* — 61

Abb. 15 Lötarbeitsplatz mit stets griffbereiten Verbrauchsmaterialien *Oliver Stickel* — 65

Abb. 16 Mit Hilfe der Arduino-Plattform lassen sich mit einfachen Programmierkenntnissen »interaktive« Prototypen erstellen. *Daniel Wilkens* — 66

Abb. 17 Eigene Platinenherstellung mit einer CNC-Fräse *Oliver Stickel* — 67

Abb. 18 Nähmaschinen im Fab Lab Siegen *Oliver Stickel* — 70

Abb. 19 Persönliche Schutzausrüstung & Erste-Hilfe-Kasten im Fab Labs Siegen *Oliver Stickel* — 72

Abb. 20 Robuste Lagerregale zur Lagerung und zum Gebrauch von Geräten *Daniel Wilkens* — 74

Abb. 21 Ein Fab Lab - nicht nur eine Werkstatt, sondern auch ein Lebensraum, wo gemeinsam diskutiert, gegessen oder auch mal gefeiert werden kann *Oliver Stickel* — 75

Abb. 22 Handwerkzeuge *Oliver Stickel* — 76

Abb. 23 Transparente Lagerboxen in der Elektromechanischen Werkstatt *Daniel Wilkens* — 77

Abb. 24 Projekt-Boxen *Oliver Stickel* — 77

Abb. 25 Gefahrstoffschrank *Oliver Stickel* — 79

Abb. 26 Tafel für Brainstormings im Fab Lab Siegen *Oliver Stickel* — 82

Abb. 27 Elektronisches Zugangskontrollsystem im Fab Lab Siegen *Oliver Stickel* — 83

Abb. 28 *Hannah Perner-Wilson* — 85

Abb. 29 Ordnung muss sein! *Oliver Stickel* — 88

Abb. 30 Nur gemeinsam funktioniert ein Fab Lab *Oliver Stickel* — 88

Abb. 31 Arbeiten am Lasercutter *Oliver Stickel* — 89

Abb. 32 Open Lab Day *Oliver Stickel* — 91

Abb. 33 *René Bohne* — 98

Abb. 34 Typische gerätespezifische Einweisung an der Maschine Oliver Stickel —— 120

Abb. 35 Ein Fab Lab vor einer Veranstaltung *Oliver Stickel* —— 120

Abb. 36 Ein Community-Event *Oliver Stickel* —— 120

Abb. 37 Das Fab Lab am Abend *Oliver Stickel* —— 121

Abb. 38 Jugendliche, Erwachsene, Uni-Interne und Uni-Externe am Lasercutter und der CNC-Fräsee *Oliver Stickel* —— 122

Abb. 39 Sicherheitsbereich am Lasercutter *Oliver Stickel* —— 123

Abb. 40 Unterweisung an einer CNC-Fräse *Oliver Stickel* —— 124

Abb. 41 In einem Fab Lab ausliegende Laborordnungen auf Deutsch und Englisch *Oliver Stickel* —— 126

Abb. 42 Reges Treiben im Fab Lab *Oliver Stickel* —— 128

Abb. 43 Prototyp eines drahtlosen, kartenbasierten Zugangskontrollsystems an einem 3D-Drucker *Oliver Stickel* —— 129

Abb. 44 Schwarzes Brett mit sicherheitsrelevanten Informationen *Oliver Stickel* —— 130

Abb. 45 Fab Lab Bremen *Anke Brocker* —— 134

Abb. 46 *Peter Troxler* —— 141

Abb. 47 Wand mit dokumentierten Projekten *ViNN:Lab* —— 146

Abb. 48 3D-Körperscan, Druck und Slicing auf MDF *Florian Saade* —— 156

Abb. 49 Lehrveranstaltung im Fab Lab Bremen 2018 *Iris Bockermann* —— 157

Abb. 50 3D-gedrucktes Fahrrad von Till Kolligs 2020 *Till Kolligs* —— 163

Abb. 51 Isabel Weidlich *FG Inno* —— 165

Abb. 52 Eva Ismer *M. von Amsberg* —— 165

Abb. 54 Selbstgebauter Feuchtigkeitssensor für die Bewässerung einer Zimmerpflanze *Oliver Stickel* —— 168

Abb. 53 Lochkamera und Foto *Jordan Dörthe* —— 168

Abb. 55 Augmented Reality Sandboxen, frei von Hand formbar *Oliver Stickel* —— 168

Abb. 56 Mit digitalen Informationen angereichert Sandoberfläche *Oliver Stickel* —— 169

Abb. 57 Das Folkwang FabDiplom ist der Fab-Lab-Grundlagenkurs an der FUdK *Daniel Wilkens* —— 171

Abb. 58 Interaktives Terrarium - mit Tieren, die mit Hilfe der Technologien im Fab Lab hergestellt wurden *Oliver Stickel* —— 174

Abb. 59 Nähmaschinen-Einführung *Oliver Stickel* —— 175

Abb. 60 Radierungen von Katharina Roß *Katharina Roß* —— 186

Abb. 61 Workshop im Projekt »Learnspaces« *Oliver Stickel* —— 186

Abb. 62 Projekt »ZEIT.RAUM«: Prototyp einer größeren, interaktiven Museumsinstallation *Oliver Stickel* —— 187

Abb. 63 Lasercutter-Radierung in Acrylglas, das auf Büttenpapier gedruckt wurde *Iris Bockermann* —— 189

Abb. 64 Körperscan-3D-Modell von *Katharina Roß* —— 191

Abb. 65 *Garnet Hertz* —— 196

Abb. 66 Fab:UNIverse 2019 in Berlin *Anke Brocker* —— 202

Abb. 67 Fab:UNIverse 2018 in Siegen *Anke Brocker* —— 203

Abb. 68 DIY-3D-Scanner »FabScan Pi« *René Bohne* — 212

Abb. 69 Die drei Phasen des DIA-Zyklus *René Bohne* — 214

Abb. 70 Die Benutzerschnittstelle des Tools Framer *René Bohne* — 216

Abb. 71 Die Benutzerschnittstelle der Software VisiCut *René Bohne* — 217

Abb. 72 Die Benutzerschnittstelle des Tools Framer *René Bohne* — 218

Abb. 73 Jorge Appiah *Joe Bonney* — 221

Abb. 74 »Makers at Work« im Fab Lab Siegen *Oliver Stickel* — 224

Abb. 75 Blick ins Fab Lab Wildau Melanie Stilz — 224

Abb. 76 Blick ins Fab Lab Bremen *Anke Brocker* — 224

Abb. 77 Community-Projekt »3D-gedruckte Geige« *Oliver Stickel* — 225

Abb. 78 Blick ins ATL Essen *Daniel Wilkens* — 225

Abb. 79 Ein anderer Blick ins ATL *Daniel Wilkens* — 227

Abb. 80 Das Fab Lab Siegen von außen *Oliver Stickel* — 233

Abb. 81 *Neil Gershenfeld* — 234

Errata-Liste

Irrtümer und Fehler können bitte hier notiert werden und der Autorenschaft unter `anmerkungen@fab101.de` gemeldet werden.